ネットワーク接続技術者 国家資格 工事担任者試験

合格ラインへ実力UP!

DD3種 受験マニュアル

～受験の手続きから合格まで～

2020年版
春・秋期対応

電気通信工事担任者の会 編

電波新聞社

まえがき
・・・・・・・・・・・・・・・・・・

　近年における情報通信ネットワーク社会は，インターネットの利用を中心にIP技術を用いたブロードバンド化によるユビキタスネットワーク社会へと急速な進展を遂げています。電気通信の端末設備工事に携わるための**国家資格**である工事担任者の役割は，今後，ますますその重要性を増すとともに，電気通信サービスをご利用になる皆様及び企業などからの認識と期待が一層高まりつつあります。このため，工事担任者には，ネットワーク接続技術者としての，より高度な知識と技能が求められています。

　本書は，平成10年に「デジタル3種受験マニュアル」として初版を発行して以来，平成17年度から実施された新しい工事担任者制度に対応した「DD3種受験マニュアル」として改訂し，これまで多くの受験者の皆様，関連企業様および学校様からご利用とご支援を頂いてまいりました。

　DD第3種工事担任者資格を受験される多方面の皆様からのご要望に沿うため，最新の知識と技能への学習効果と実力をさらに高め，**合格率のより一層の向上**に向けて毎年改版を行います。

　本書は，たくさんの読者の皆様からのご要望に応えられるようにいたしました。
◎春：5月，秋：11月の試験実施に向けた受験準備に合わせて，年1回発行します。
◎見やすく，分かりやすい**2色刷り**とし，受験する皆さんの学習効果と実力の養成・合格率のさらなる一層の向上が図れるようにしました。
◎試験科目ごとの第Ⅰ編，第Ⅱ編，第Ⅲ編は，試験問題に準拠して，第1問〜第5問（基礎科目），第1問〜第4問（技術科目，法規科目）と，試験問題の出題テーマごとに標準問題・解説・解答をまとめました。
◎各編の試験科目の出題テーマごとに最新の傾向と**過去に出題された重要問題（標準問題）と解説・解答**を加え，さらに標準問題ごとのポイント解説を設けることにより，実戦トレーニングによる大きな学習効果と実力を高め，合格率がさらに一層確実に向上できるように工夫しました。
◎**標準問題ごとのポイント解説**では，図を多く用いて分かりやすいようにするとともに，特に重点ポイントについては**赤文字**で表記し，知識および技能について確実に学習効果の向上が図れるようにしました。
◎第Ⅲ編（法規科目）では，平成26年度第1回以降に**出題された実施年度・回数別の法令を一覧表**としてまとめ，出題される法令問題の傾向が一目で確認できるようにしました。
◎巻末には，実戦トレーニングのため，**最新試験問題（令和元年5月・11月実施）と解説・解答**を掲載しています。

本書の活用により，短期間に効率よく，最短距離で合格ラインの実力に必ず到達できるものと確信しています。また，本書は，DD第3種工事担任者資格の取得を目指す方のみならず，工事担任者として活躍している方々のスキルアップにも役立つものであります。

　本書を活用されて資格を取得し，ユビキタスネットワーク社会を担うネットワーク接続技術者として自信を持って活躍されることを祈念いたします。

　2020年(令和2年) 1月

電気通信工事担任者の会

iv

本書の構成
（合格への実戦的活用）

1. 本書は，DD第3種の試験科目ごとに，第Ⅰ編 電気通信技術の基礎(基礎科目)，第Ⅱ編 端末設備の接続のための技術及び理論(技術科目)，第Ⅲ編 端末設備の接続に関する法規(法規科目)と大きく分けてあります。また，各編は，試験問題に準拠して，第1問～第5問(基礎科目)，第1問～第4問(技術科目，法規科目)にまとめてあります。

2. 試験科目の出題テーマごとに最新の傾向と過去に出題された重要問題(標準問題)と解説・解答を加え，さらに標準問題ごとのポイント解説を設けることにより，実戦トレーニングによる大きな学習効果を上げて，合格への実力が養えるようにされています。

3. 標準問題ごとのポイント解説では，図を多く用いて理解しやすいようにするとともに，特に重点ポイントについては赤文字で表記し，知識および技能について確実に学習効果の向上が図れるようにされています。

4. 第Ⅲ編(法規科目)では，平成26年度第1回以降に出題された実施年度・回数別の法令を一覧表としてまとめ，法令問題の出題傾向が一目で確認できるようにされています。

5. 巻末には，最新試験問題(令和元年5月，11月実施)を収録し，解説・解答を掲載してあります。

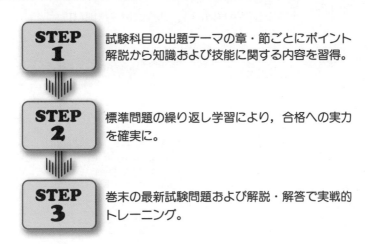

STEP 1 試験科目の出題テーマの章・節ごとにポイント解説から知識および技能に関する内容を習得。

STEP 2 標準問題の繰り返し学習により，合格への実力を確実に。

STEP 3 巻末の最新試験問題および解説・解答で実戦的トレーニング。

●試験科目の問題番号・出題テーマと，本書の章・節との対応

1. 電気通信技術の基礎

章・標準問題	出題テーマ	節(出題テーマの詳細)
第1章 第1問の標準問題	電気回路	直流回路，コンデンサ，交流回路，電流と磁気
第2章 第2問の標準問題	電子回路	半導体，ダイオード，トランジスタ
第3章 第3問の標準問題	論理回路	論理素子，論理回路，ブール代数，ベン図と論理式，2進数
第4章 第4問の標準問題	伝送理論	伝送量，伝送量の計算，特性インピーダンス，漏話，ケーブル，信号対雑音比
第5章 第5問の標準問題	伝送技術	伝送方式，変調方式，PCM，多重化伝送方式と多元接続方式，誤り制御方式，光ファイバ伝送方式

2．端末設備の接続のための技術及び理論

章・標準問題	出題テーマ	節（出題テーマの詳細）
第1章 第1問の標準問題	端末設備の技術	ADSLモデム・スプリッタ，IP電話機，LAN
第2章 第2問の標準問題	ネットワークの技術	データ通信技術，ブロードバンドアクセスの技術，IPネットワークの技術，CATV，Windowsのコマンド
第3章 第3問の標準問題	情報セキュリティの技術〈一部，他章のテーマからの出題あり〉	情報セキュリティの概要，端末設備とネットワークのセキュリティ
第4章 第4問の標準問題	接続工事の技術	ブロードバンド回線の配線工事と工事試験，ホームネットワークの配線工事と工事試験，配線工法

3．端末設備の接続に関する法規

章・標準問題	節（出題テーマ）
第1章 第1問の標準問題	電気通信事業法，電気通信事業法施行規則に関する条文
第2章 第2問の標準問題	工事担任者規則，端末機器の技術基準適合認定等規則，有線電気通信法，有線電気通信設備令，不正アクセス禁止法に関する条文
第3章 第3問・第4問の標準問題	端末設備等規則（Ⅰ），端末設備等規則（Ⅱ）に関する条文

目　次

まえがき……iii

本書の構成(合格への実戦的活用)……v

受験合格ガイド……xv

第Ⅰ編　電気通信技術の基礎(基礎科目)

1／電気回路に関する標準問題・ポイント解説　2

第１問の
標準問題

1.1　直流回路... 2　　3
　　1　オームの法則
　　2　合成抵抗
　　3　導体の電気抵抗
　　4　直流電力
　　5　電流と熱量

1.2　コンデンサ... 6　　11
　　1　静電容量
　　2　静電エネルギー
　　3　合成静電容量
　　4　クーロンの法則
　　5　静電誘導

1.3　交流回路... 8　　13
　　1　交　流
　　2　リアクタンスとインピーダンス
　　3　交流回路における位相
　　4　直列交流回路
　　5　並列交流回路
　　6　共振回路
　　7　交流回路の電力

1.4　電流と磁気... 18　　21
　　1　電磁誘導
　　2　相互誘導
　　3　自己誘導
　　4　フレミングの法則
　　5　磁気回路
　　6　平行導体に働く力

2 電子回路に関する標準問題・ポイント解説　22
第2問の標準問題

2.1 半 導 体 ———————————————————— 22　　23
1　半導体の種類
2　PN接合半導体と加える電圧

2.2 ダイオード ——————————————————— 24　　27
1　ダイオードの種類
2　ダイオードの特性とクリッパ回路

2.3 トランジスタ ————————————————— 28　　33
1　構　造
2　接地方式
3　トランジスタ増幅回路
4　トランジスタスイッチング回路
5　帰還増幅回路
6　電界効果トランジスタ
7　半導体集積回路

3 論理回路に関する標準問題・ポイント解説　38
第3問の標準問題

3.1 論理素子 ———————————————————— 38　　39
1　論理素子と図記号
2　真理値表

3.2 論理回路 ———————————————————— 38　　41
1　論理回路の出力
2　未知の論理素子

3.3 ブール代数(論理代数) ————————————— 42　　45
1　基本論理回路と論理式
2　ブール代数の公式
3　論理式の簡略化

3.4 ベン図と論理式 ———————————————— 44　　50
1　論理素子の論理式とベン図
2　ベン図と論理式
3　ベン図による論理和, 論理積

3.5 2進数 ————————————————————— 46　　54
1　2進数と10進数
2　2進数の加算
3　2進数の論理和・論理積

4 伝送理論に関する標準問題・ポイント解説　56
第4問の標準問題

4.1 伝 送 量 ———————————————————— 56　　57
1　伝送量

　　　　② 相対レベルと絶対レベル
　　　　③ 伝送系の伝送損失・利得
　4.2　伝送量の計算 ────────────────── 58　　57
　4.3　特性インピーダンス ────────────── 58　　61
　　　　① 特性インピーダンス
　　　　② 反射係数
　　　　③ インピーダンス整合
　4.4　漏　話 ────────────────────── 62　　63
　　　　① 遠端漏話・近端漏話
　　　　② 漏話減衰量
　4.5　ケーブル ──────────────────── 62　　63
　　　　① 同軸ケーブル
　　　　② 平衡対ケーブル
　　　　③ 静電誘導・電磁誘導
　4.6　信号対雑音比(SN 比) ────────────── 66　　67
　　　　① SN 比とその計算

5　伝送技術に関する標準問題・ポイント解説　68　　第5問の
　　　　　　　　　　　　　　　　　　　　　　　　　　標準問題

　5.1　伝送方式 ────────────────────── 68　　69
　　　　① デジタル伝送方式
　　　　② アナログ伝送方式
　5.2　変調方式 ────────────────────── 68　　69
　　　　① アナログ変調
　　　　② デジタル変調
　　　　③ パルス変調
　5.3　PCM ──────────────────────── 70　　71
　　　　① PCM 方式の概要
　　　　② PCM の原理
　　　　③ PCM の特徴
　5.4　多重化伝送方式と多元接続方式 ──────── 74　　75
　　　　① 多重化伝送方式
　　　　② 多元接続方式
　5.5　誤り制御方式 ──────────────────── 74　　77
　　　　① 誤り制御方式
　　　　② 伝送品質の評価尺度
　5.6　光ファイバ伝送方式 ────────────── 76　　79
　　　　① 概　要
　　　　② 光変調方式
　　　　③ 光ファイバ伝送方式
　　　　④ 光アクセス方式
　　　　⑤ 光中継方式

第II編　端末設備の接続のための技術及び理論(技術科目)

1 端末設備の技術に関する標準問題・ポイント解説　84

第1問の
標準問題

1.1 ADSL モデム，スプリッタ ──────────── 84　　85
　　① ADSL の構成
　　② ADSL スプリッタ
　　③ ADSL モデム

1.2 IP 電話機 ────────────────── 90　　89
　　① IP 電話の呼制御プロトコル
　　② VoIP
　　③ IP 電話の電話番号

1.3 LAN ─────────────────── 92　　89
　　① LAN の概要
　　② イーサネット
　　③ IP 電話機と LAN の接続
　　④ 無線 LAN
　　⑤ LAN 間接続装置

2 ネットワークの技術に関する標準問題・ポイント解説　104

第2問の
標準問題

2.1 データ通信技術 ───────────── 104　　105
　　① OSI 参照モデル
　　② データ伝送の技術

2.2 ブロードバンドアクセスの技術 ───── 110　　111
　　① メタリックアクセスの技術
　　② 光アクセスの技術

2.3 IP ネットワークの技術 ───────── 114　　124
　　① IPネットワーク
　　② IPv4
　　③ IPv6

2.4 CATV インターネットの技術 ────── 120　　127
2.5 Windows のコマンド ───────── 122　　127

3 情報セキュリティの技術に関する標準問題・ポイント解説　128

第3問の標準問題

3.1 情報セキュリティの概要 ───────────────── 128

129

1　情報セキュリティマネジメント
2　不正行為
3　不正アクセス

3.2 端末設備とネットワークのセキュリティ ───────── 130

133

1　暗号化と認証
2　不正侵入対策
3　無線 LAN のセキュリティ
4　コンピュータウイルスとその対策

4 接続工事の技術に関する標準問題・ポイント解説　138

第4問の標準問題

4.1 ブロードバンド回線の配線工事と工事試験 ──────── 138

139

1　メタリック回線の配線工事と工事試験
2　光回線の配線工事と工事試験

4.2 ホームネットワークの配線工事と工事試験 ───────── 144

147

1　LAN の配線工事
2　LAN の工事試験

4.3 配線工法 ─────────────────────── 148

151

1　配線工法

第III編　端末設備の接続に関する法規(法規科目)

1 電気通信事業法，電気通信事業法施行規則に関する条文　154

第1問の標準問題

1.1 電気通信事業法，電気通信事業法施行規則 ──────── 154

(1) 電気通信事業法　第1条(目的)，第2条(定義)，第3条(検閲の禁止)，第4条(秘密の保護)　*154*

155

(2) 電気通信事業法　第6条(利用の公平)，第7条(基礎的電気通信役務の提供)，第8条(重要通信の確保)，第9条(電気通信事業の登録)，第29条(業務の改善命令)　*156*

163

(3) 電気通信事業法　第46条(電気通信主任技術者資格者証)，第47条(電気通信主任技術者資格者証の返納)，第52条(端末設備の接続の技術基準)，第53条(端末機器技術基準適合認定)，第55条(表示が付されていないものとみなす場合) *158* 165

(4) 電気通信事業法　第69条(端末設備の接続の検査)，第70条(自営電気通信設備の接続) *162* 165

(5) 電気通信事業法　第71条(工事担任者による工事の実施及び監督)，第72条(工事担任者資格者証)，第73条(工事担任者試験) *164* 167

◆ 第1問の年度別出題法令一覧 ⋯⋯⋯⋯⋯⋯⋯⋯⋯⋯⋯⋯ 169

2 工事担任者規則，端末機器の技術基準適合認定等に関する規則，有線電気通信法，有線電気通信設備令，不正アクセス禁止法に関する条文　**170**　第2問の標準問題

2.1 工事担任者規則 ⋯⋯⋯⋯⋯⋯⋯⋯⋯⋯⋯⋯⋯⋯⋯⋯ 170

(1) 工事担任者規則　第4条(資格者証の種類及び工事の範囲) *170* 171

(2) 工事担任者規則　第37条(資格者証の交付の申請)，第38条(資格者証の交付)，第40条(資格者証の再交付)，第41条(資格者証の返納) *170*

2.2 端末機器の技術基準適合認定等に関する規則 ⋯⋯⋯⋯ 172

(1) 端末機器の適合認定等規則　第1条(目的)，第3条(対象とする端末機器) *172*

(2) 端末機器の適合認定等規則　第10条(表示) *174* 175

2.3 有線電気通信法 ⋯⋯⋯⋯⋯⋯⋯⋯⋯⋯⋯⋯⋯⋯⋯⋯ 176

(1) 有線電気通信法　第1条(目的)，第2条(定義)，第3条(有線電気通信設備の届出)，第5条(技術基準) *176* 177

(2) 有線電気通信法　第6条(設備の検査等)，第7条(設備の改善等の措置) *178*

2.4 有線電気通信設備令 ⋯⋯⋯⋯⋯⋯⋯⋯⋯⋯⋯⋯⋯⋯ 178

(1) 有線電気通信設備令　第1条(定義) *178* 181

(2) 有線電気通信設備令　第2条の2(使用可能な電線の種類)，第4条(線路の電圧及び通信回線の電力) *180*

2.5 不正アクセス行為の禁止等に関する法律 ⋯⋯⋯⋯⋯ 180

(1) 不正アクセス行為の禁止等に関する法律　第1条(目的)，第2条(定義)，第3条(不正アクセス行為の禁止) *180* 185

◆ 第2問の年度別出題法令一覧 ⋯⋯⋯⋯⋯⋯⋯⋯⋯⋯⋯ 187

3　端末設備等規則に関する条文　188

第3問・第4問の標準問題

3.1　端末設備等規則(I) ──────────── 188
- (1)　端末設備等規則　第2条(定義)　*188*　189
- (2)　端末設備等規則　第3条(責任の分界)　*190*　197
- (3)　端末設備等規則　第4条(漏えいする通信の識別禁止)，第5条(鳴音の発生防止)　*190*　199
- (4)　端末設備等規則　第6条(絶縁抵抗等)，第7条(過大音響衝撃の発生防止)　*192*　206
- (5)　端末設備等規則　第8条(配線設備等)　*192*　209
- (6)　端末設備等規則　第9条(端末設備内において電波を使用する端末設備)，第10条(基本的機能)，第11条(発信の機能)　*192*　211

3.2　端末設備等規則(II) ──────────── 194
- (1)　端末設備等規則〔アナログ電話端末〕　第12条(選択信号の条件)，第12条の2(緊急通報機能)　*194*　214
- (2)　端末設備等規則〔移動電話端末〕　第17条(基本的機能)，第18条(発信の機能)，第19条(送信タイミング)，第28条の2(緊急通報機能)　*196*　216
- (3)　端末設備等規則〔インターネットプロトコル電話端末〕　第32条の2(基本的機能)，第32条の3(発信の機能)，第32条の6(緊急通報機能)，第32条の7(電気的条件等)，第32条の8(アナログ電話端末等と通信する場合の送出電力)　*198*　219
- (4)　端末設備等規則〔インターネットプロトコル移動電話端末〕　第32条の10(基本的機能)，第32条の11(発信の機能)，第32条の12(送信タイミング)，第32条の23(緊急通報機能)　*200*　219
- (5)　端末設備等規則〔専用通信回線設備等端末〕　第34条の8(電気的条件等)，第34条の9(漏話減衰量)　*202*　220

◆　第3問・第4問の年度別出題法令一覧 ────────── 222

●最新試験問題　2019年春(5月26日)実施　223

I　電気通信技術の基礎(基礎科目)
最新試験問題／解説・解答 ──── 224　225

II　端末設備の接続のための技術及び理論(技術科目)
最新試験問題／解説・解答 ──── 238　239

III　端末設備の接続に関する法規(法規科目)
最新試験問題／解説・解答 ──── 250　251

●最新試験問題　2019年秋（11月24日）実施　　　　　　　　　263

I　電気通信技術の基礎（基礎科目）
　　　　最新試験問題／解説・解答 ―――― 264　　265

II　端末設備の接続のための技術及び理論（技術科目）
　　　　最新試験問題／解説・解答 ―――― 278　　279

III　端末設備の接続に関する法規（法規科目）
　　　　最新試験問題／解説・解答 ―――― 290　　291

DD第3種
受験合格ガイド

1．工事担任者資格について

　工事担任者資格は，電気通信回線に端末設備等を接続する工事を実施・監督するとき，必要な知識及び技能を持った資格者が工事を行うことにより，電気通信回線設備の全体的な安定及び利用者の皆さんが安心・安全で，かつ，安定した工事品質と良好な電気通信サービスを受けられるようにするため，電気通信事業法に基づき設けられた国家資格です。

◆AI第1種〜AI第3種は，アナログ伝送路設備に端末設備等を接続するための工事及び総合デジタル通信用設備に端末設備等を接続する工事を行うための資格であり，資格者証の種類により工事を実施・監督できる端末設備等の範囲が異なります（表1）。

◆DD第1種〜DD第3種は，デジタル伝送路設備に端末設備等を接続する工事を行うための資格であり，資格者証の種類により工事を実施・監督できる端末設備等の範囲が異なります。

◆AI・DD総合種は，AI第1種とDD第1種の工事範囲の工事を実施・監督できる資格です。

◎DD第3種工事担任者資格とは

　総合デジタル通信回線（ISDN回線）を除く，1ギガビット/秒以下のデジタル回線への接続工事のうち，主としてインターネット接続のための一般家庭・小規模オフィスなどへの光ファイバ回線やADSL回線にブロードバンドルータ／LAN及びこれに接続されるパソコンや各種情報家電などを接続するための工事を実施・監督できる資格です。

表1　資格者証の種類と工事の範囲

資格者証の種類	工事の範囲
AI第1種	アナログ伝送路設備（アナログ信号を入出力する電気通信回線設備をいう。以下同じ。）に端末設備等を接続するための工事及び総合デジタル通信用設備に端末設備等を接続するための工事。
AI第2種	アナログ伝送路設備に端末設備等を接続するための工事（端末設備等に収容される電気通信回線の数が50以下であって内線の数が200以下のものに限る。）及び総合デジタル通信用設備に端末設備等を接続するための工事（総合デジタル通信回線の数が毎秒64キロビット換算で50以下のものに限る。）
AI第3種	アナログ伝送路設備に端末設備を接続するための工事（端末設備に収容される電気通信回線の数が1のものに限る。）及び総合デジタル通信用設備に端末設備を接続するための工事（総合デジタル通信回線の数が基本インターフェースで1のものに限る。）
DD第1種	デジタル伝送路設備（デジタル信号を入出力とする電気通信回線設備をいう。以下同じ。）に端末設備等を接続するための工事。ただし，総合デジタル通信用設備に端末設備等を接続するための工事を除く。
DD第2種	デジタル伝送路設備に端末設備等を接続するための工事（接続点におけるデジタル信号の入出力速度が毎秒100メガビット（主としてインターネットに接続するための回線にあっては，毎秒1ギガビット）以下のものに限る。）。ただし，総合デジタル通信用設備に端末設備等を接続するための工事を除く。
DD第3種	デジタル伝送路設備に端末設備等を接続するための工事（接続点におけるデジタル信号の入出力速度が毎秒1ギガビット以下であって，主としてインターネットに接続するための回線に係るものに限る。）。ただし，総合デジタル通信用設備に端末設備等を接続するための工事を除く。
AI・DD総合種	アナログ伝送路設備又はデジタル伝送路設備に端末設備等を接続するための工事。

2．受験資格

　工事担任者資格への受験資格は，特にありません。学歴・年齢・性別は問いませんので，意欲のある人であれば，誰でも受験できます。

3．試験科目

　DD第3種の試験科目は，次の3科目です。

Ⅰ「電気通信技術の基礎」　　　　　・電気工学の初歩（電気回路，電子回路，論理回路）
　　　　　　　　　　　　　　　　　・電気通信の初歩（伝送理論，伝送技術）

Ⅱ「端末設備の接続のための技術及び理論」　・端末設備の技術

・ネットワークの技術

・情報セキュリティの技術

・接続工事の技術

Ⅲ「端末設備の接続に関する法規」　・電気通信事業法及びこれに基づく命令の大要

・有線電気通信法及びこれに基づく命令の大要

・不正アクセス行為の禁止等に関する法律の大要

◆ 試験時間

1科目40分（ただし，AI・DD総合種の「端末設備の接続のための技術及び理論」は80分）です。

◆ 出題方法／解答方法

1科目4問〜5問程度で，各問題はいくつかの小問題に分かれています。また，解答方法はマークシートによる択一方式です。

◆ 合格点と問題の配点

各試験科目の満点は100点で，合格点は60点です。

◎ 試験科目の一部免除

次に示す(1)から(3)の条件を満たす場合は，申請により試験を免除される科目があります。

(1) 科目合格者に対する試験の免除

（工事担任者規則第8条）

試験において，合格点を得た試験科目のある者が当該試験の実施された月の翌月の初めから起算して3年以内に試験を受ける場合は，申請により**表2**の区別に従い試験科目の試験が免除される。

(2) 一定の資格を有する者に対する試験の免除（工事担任者規則第9条）

①工事担任者が他の試験を受ける場合は，申請により**表3**の区別に従い，試験科目の試験が免除される。

②電気通信主任技術者資格者証の交付を受けている者又は電波法第41条の規定により，無線従事者の免許を受けている者が試験を受ける場合は，申請により，**表4**の区別に従い，試験科目の試験が免除される。

表2　免除される試験科目（DD第3種の試験を受験する場合）

科目合格している試験科目		電気通信技術の基礎	端末設備の接続のための技術及び理論	端末設備の接続に関する法規
AI 第1種	電気通信技術の基礎	●		
	端末設備の接続のための技術及び理論			
	端末設備の接続に関する法規			●
AI 第2種	電気通信技術の基礎	●		
	端末設備の接続のための技術及び理論			
	端末設備の接続に関する法規			●
AI 第3種	電気通信技術の基礎	●		
	端末設備の接続のための技術及び理論			
	端末設備の接続に関する法規			●
DD 第1種	電気通信技術の基礎	●		
	端末設備の接続のための技術及び理論		●	
	端末設備の接続に関する法規			●
DD 第2種	電気通信技術の基礎	●		
	端末設備の接続のための技術及び理論		●	
	端末設備の接続に関する法規			●
DD 第3種	電気通信技術の基礎	●		
	端末設備の接続のための技術及び理論		●	
	端末設備の接続に関する法規			●
AI・DD 総合種	電気通信技術の基礎	●		
	端末設備の接続のための技術及び理論		●	
	端末設備の接続に関する法規			●

（注）●印は免除される試験科目

表3　免除される試験科目（DD第3種の試験を受験する場合）

交付を受けている資格者証の種類	免除される試験科目	
	電気通信技術の基礎	端末設備の接続に関する法規
AI 第1種	●	●
AI 第2種	●	●
AI 第3種	●	●

（注）●印は免除される試験科目

表4　免除される試験科目（AI第3種又はDD第3種の試験を受験する場合）

区　別		免除される試験科目
受験する者が有する資格	電気通信主任技術者資格者証の交付を受けている者	電気通信技術の基礎
		端末設備の接続に関する法規
	第3級総合無線通信士	電気通信技術の基礎

(3) 実務経験を有する者に対する試験の
免除
（工事担任者規則第10条）

端末設備等の接続に係る工事に関し，
実務経験を有する者が試験を受ける場合
は，表 5 の区別に従い，試験科目の試験
が免除される。

表 5　免除される試験科目（DD 第 3 種の試験を受験する場合）

実務経歴期間	免除される試験科目	
	電気通信技術の基礎	端末設備の接続のための技術及び理論
端末設備又は自営電気通信設備の接続の工事に 1 年以上	●	
デジタル伝送路設備に端末設備を接続するための工事に 2 年以上	●	●

(注1)　●印は免除される試験科目
(注2)　電気通信主任技術者資格者証の交付を受けている者は，端末設備の接続のための技術及び理論の試験科目の免除に要する実務経歴は 1 年以上。

４．試験実施日

工事担任者試験は，年 2 回(5月，11月)実施されます。

試験の期日，場所，申請の受付期間等の具体的な試験の案内は，（一財）日本データ通信協会　電気通信国家試験センター窓口，ホームページ等で公表されます。

５．「試験申請書」の入手方法，提出先及び受付時間

入手方法：試験申請書その他の必要書類(申請書類一式)は，（一財）日本データ通信協会　電気通信国家試

表 6　一般財団法人 日本データ通信協会 電気通信国家試験センター及び支部事務所一覧

試験実施地	名　　称	事務所所在地	電話番号
旭　川 札　幌 青　森 盛　岡 仙　台 秋　田 郡　山 水　戸 小　山 さいたま 千　葉 東　京 横　浜 甲　府 新　潟 金　沢 長　野 静　岡 名古屋 津	（一財）日本データ通信協会 電気通信国家試験センター	〒170-8585 東京都豊島区巣鴨2-11-1　巣鴨室町ビル 6 階	(03) 5907-6556
京　都 大　阪 神　戸 和歌山 米　子 岡　山 広　島 周　南 徳　島 高　松 松　山 福　岡 大　村 熊　本 宮　崎 鹿児島 那　覇	（一財）日本データ通信協会 西日本支部	〒540-0029 大阪市中央区本町橋7-3　郵政福祉内本町ビル 2 階	(06) 6946-1046

・試験実施地については変更される場合がありますので，最新情報は，（一財）日本データ通信協会　電気通信国家試験センター又は試験実施地を受け持つ支部事務所にお問い合わせください。
・試験会場については，試験会場案内図が試験実施の約 1 か月前に日本データ通信協会のホームページに掲載されますので，そちらで再度ご確認下さい。

験センターで無料頒布しています。郵送を希望する場合は，受取人の住所・氏名を記入し，210円切手（1部の場合。以下，2部は250円，3〜4部は390円，5〜9部は590円）を貼った角型2号の返信用封筒と申請書類の郵送申込用紙を同封し，（一財）日本データ通信協会　電気通信国家試験センター宛に郵送ください。郵送申込用紙はホームページ（http://www.shiken.dekyo.or.jp/）からダウンロードできます。

　また，ゆうパック着払いの方法もあり，FAX またはメールで送付を依頼します。詳しくは，上記ホームページをご覧ください。

6．試験申請の手続き

　申請書による申請とインターネットによる申請があります。

(1) 申請書による申請

　5.の要領で「申請書類一式」を取り寄せ，「試験申請書兼払込用紙」に必要事項を記入し，試験手数料を郵便局に払い込んだ上，申請書を（一財）日本データ通信協会　電気通信国家試験センターあての封筒を使用して郵送してください。

　また，学校や会社で団体申請する場合は，5人を連記できる「一括申請書」があります。この申請書により申請した場合は「振替払込受付証明書」を添付して郵送して下さい。

(2) インターネットによる申請

　インターネットによる申請方法は，ホームページ（http://www.shiken.dekyo.or.jp/）を参照のうえ，手続きを行ってください。ただし，全科目免除申請および実務経歴による科目免除を伴う申請は，インターネットによる申請はできません。

7．試験結果の通知

　試験結果は，試験日の翌月の中旬，受験者全員に「試験結果通知書」（郵便）で通知するとともに，インターネット（http://www.shiken.dekyo.or.jp/）でも合否の検索ができます。

第 I 編
電気通信技術の基礎
（基礎科目）

1 第1問の標準問題

電気回路············直流回路，コンデンサ，交流回路，電流と磁気

2 第2問の標準問題

電子回路············半導体，ダイオード，トランジスタ

3 第3問の標準問題

論理回路············論理素子，論理回路，ブール代数(論理代数)，ベン図と論理式，2進数

4 第4問の標準問題

伝送理論············伝送量，伝送量の計算，特性インピーダンス，漏話，ケーブル，信号対雑音比(SN比)

5 第5問の標準問題

伝送技術············伝送方式，変調方式，PCM，多重化伝送方式と多元接続方式，誤り制御方式，光ファイバ伝送方式

1 電気回路に関する標準問題・ポイント解説

1.1 直流回路

1 オームの法則

直流回路において，電圧 V〔V〕，電流 I〔A〕，抵抗 R〔Ω〕の間には，次式の関係があり，オームの法則という。

$$V = I \cdot R \qquad R = \frac{V}{I} \qquad I = \frac{V}{R}$$

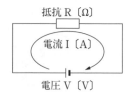

抵抗 R〔Ω〕
電流 I〔A〕
電圧 V〔V〕

2 合成抵抗

●直列接続・並列接続・分圧・分流

① 抵抗 R_1，R_2 を図のように接続した回路を**直列接続**といい，合成抵抗 R は各抵抗の和である。

　・直列合成抵抗　$R = R_1 + R_2$

　・R_1，R_2 にかかる電圧（分圧）V_1，V_2

　　$V_1 = IR_1 \quad V_2 = IR_2$

　・分圧の和

　　$V = V_1 + V_2 = IR_1 + IR_2 = I(R_1 + R_2)$

また，電圧は，直列接続の各抵抗の大きさに比例して分布する

　　$V_1 : V_2 = R_1 : R_2$

② 抵抗 R_1，R_2 を図のように接続した回路を**並列接続**といい，合成抵抗 R は各抵抗の逆数の和の逆数となる。

　・並列合成抵抗

　　$$\frac{1}{R} = \frac{1}{R_1} + \frac{1}{R_2} \quad \therefore R = \frac{R_1 \cdot R_2}{R_1 + R_2}$$

　・各抵抗 R_1，R_2 を流れる電流（分流）I_1，I_2

　　$$I_1 = \frac{V}{R_1} \qquad I_2 = \frac{V}{R_2}$$

　・分流の和　$I = \dfrac{V}{R} = I_1 + I_2$

また，電流 I_1，I_2 の分布は各抵抗 R_1，R_2 の大きさに反比例する。

　　$$I_1 : I_2 = \frac{1}{R_1} : \frac{1}{R_2} \qquad \left(\frac{R_1}{R_2} = \frac{I_2}{I_1} \right)$$

抵抗を3個並列接続するときの合成抵抗は

　　$$\frac{1}{R} = \frac{1}{R_1} + \frac{1}{R_2} + \frac{1}{R_3}$$

(a) 抵抗の直列接続

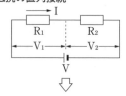

(b) 直列回路での求め方
合成抵抗　$R = R_1 + R_2$
電圧　　　$V = V_1 + V_2$
各抵抗にかかる電圧
　　$V_1 = IR_1$，$V_2 = IR_2$

(c) 合成抵抗回路

抵抗の並列接続

(a) 抵抗の並列接続

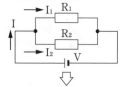

(b) 並列回路での求め方
・合成抵抗　$R = \dfrac{R_1 \cdot R_2}{R_1 + R_2}$
・電流　　　$I = I_1 + I_2$
・各抵抗を流れる電流
　　$I_1 = \dfrac{V}{R_1}$，$I_2 = \dfrac{V}{R_2}$

(c) 合成抵抗回路

抵抗の並列接続

第１問の標準問題

1.1　直流回路

〔１〕　図に示す回路において，抵抗 R_4 が ☐ オームであるとき，端子a−b間の合成抵抗は，１オームである。

① 12　　② 16　　③ 24

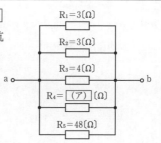

R₁=3〔Ω〕
R₂=3〔Ω〕
R₃=4〔Ω〕
R₄= (ア) 〔Ω〕
R₅=48〔Ω〕

(出題)
平成26年度第1回

☞ P.2
②合成抵抗

解説　図の回路の合成抵抗を R_0 とすると

$$\frac{1}{R_0}=\frac{1}{R_1}+\frac{1}{R_2}+\frac{1}{R_3}+\frac{1}{R_4}+\frac{1}{R_5}$$

である。この式に設問の数値を代入すると

$$\frac{1}{1}=\frac{1}{3}+\frac{1}{3}+\frac{1}{4}+\frac{1}{R_4}+\frac{1}{48}$$

$$\frac{1}{R_4}=1-\frac{1}{3}-\frac{1}{3}-\frac{1}{4}-\frac{1}{48}=\frac{48-16-16-12-1}{48}=\frac{48-45}{48}=\frac{3}{48}=\frac{1}{16}$$

よって，$R_0=\mathbf{16}$〔Ω〕

---

〔２〕　図に示す回路において，端子a−b間の合成抵抗は， ☐ オームである。

① 8　　② 9　　③ 10

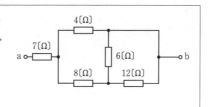

4〔Ω〕
7〔Ω〕
6〔Ω〕
8〔Ω〕　12〔Ω〕

(出題)
平成29年度第2回

☞ P.2
②合成抵抗

解説　設問の回路は図のように書き直すことができる。

6〔Ω〕と12〔Ω〕の並列合成抵抗 R_1 は

$$R_1=\frac{6\times12}{6+12}=4〔Ω〕$$

8〔Ω〕と R_1 の直列合成抵抗 R_2 は

$$R_2=8+4=12〔Ω〕$$

したがって，a−b間の合成抵抗 R は

$$R=7+\frac{4\times12}{4+12}=7+3=\mathbf{10}〔Ω〕$$

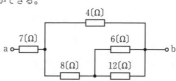

4〔Ω〕
7〔Ω〕　6〔Ω〕
8〔Ω〕　12〔Ω〕

---

〔３〕　図に示す回路において，端子a−b間の合成抵抗は， ☐ オームである。

① 1.6　　② 2.0　　③ 2.4

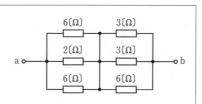

6〔Ω〕　3〔Ω〕
2〔Ω〕　3〔Ω〕
6〔Ω〕　6〔Ω〕

(出題)
平成30年度第1回

☞ P.2
②合成抵抗

解答

〔１〕 ②
〔２〕 ③
〔３〕 ③

3

●抵抗の直・並列回路の合成抵抗の計算例

図に示す回路において，端子a〜b間の合成抵抗は □6□ オームである。

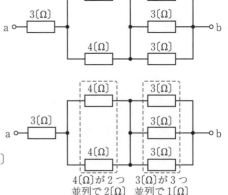

〔解き方〕

右図のように3〔Ω〕の抵抗が3個並列接続のとき，並列合成抵抗Rは

$$\frac{1}{R}=\frac{1}{R_1}+\frac{1}{R_2}+\frac{1}{R_3}$$

$$=\frac{1}{3}+\frac{1}{3}+\frac{1}{3}=\frac{3}{3}=1〔Ω〕 \quad \therefore R=1〔Ω〕$$

同様に，4〔Ω〕の抵抗が2個並列接続のとき合成抵抗は2〔Ω〕。

図のようにa〜b間の合成抵抗は**6〔Ω〕**。

4〔Ω〕が2つ　　3〔Ω〕が3つ
並列で2〔Ω〕　　並列で1〔Ω〕

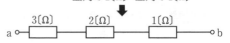

●直流回路の計算例

図に示す回路において，抵抗R_1に2〔A〕流れたとき，この回路に接続されている電池Vは，□27□〔V〕である。

〔解き方〕

R_2に流れる電流をI_2とすると

$$\frac{R_1}{R_2}=\frac{I_2}{I_1} \qquad \frac{6}{12}=\frac{I_2}{2} \qquad I_2=\frac{6}{12}\times2=1〔A〕 \quad より$$

この回路の全電流は，$I_3=3〔A〕$となる。

R_1，R_2の両端の電圧V_1は，$V_1=I_1\cdot R_1=2\times6=12〔V〕$

R_3の両端の電圧V_3は，$V_3=I_3\cdot R_3=3\times5=15〔V〕$

よって，$V=V_1+V_3=12+15=$**27〔V〕**

---

③ 導体の電気抵抗

導体の電気抵抗$R〔Ω〕$は，温度が一定ならば，その長さ$l〔m〕$に比例し，断面積$A〔m^2〕$に反比例する。

$$R=\rho\frac{l}{A}〔Ω〕$$

ここで，比例定数ρ（ロー）をその導体の抵抗率という。抵抗率は断面積1〔m^2〕，長さ1〔m〕の導体の電気抵抗で，単位として〔Ω・m〕を用いる。

(a) 導体

導体の長さ
$l〔m〕$

導体の抵抗率$\rho〔Ω・m〕$

$A〔m^2〕$導体の断面積

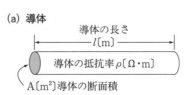

(b) 抵抗の求め方

$$R=\rho\frac{l}{A}$$

R：抵抗〔Ω〕
l：導体の長さ〔m〕
A：断面積〔m^2〕
ρ：抵抗率〔Ω・m〕

導体の抵抗

【重点事項】

① 導体の抵抗は，長さに比例し，断面積に反比例するので，**長さを3倍にしたとき**は，**断面積を3倍にすれば抵抗値は変わらない**。

② 単位長さ当たりの導線の電気抵抗は，その導線の**断面積を3倍にしたとき，1/3倍**になる。

③ 一般に，金属導体は正の温度係数であるので，**温度が上昇すると電気抵抗は増加する**。

解説　図の回路において，6〔Ω〕の抵抗が2個並列のときの合成抵抗は3〔Ω〕，3〔Ω〕の抵抗が2個並列のときの合成抵抗は1.5〔Ω〕であるから，図は次のように書き換えることができる。

したがって，端子a－b間の合成抵抗をRとすれば

$$R = \frac{3 \times 2}{3+2} + \frac{1.5 \times 6}{1.5+6} = 1.2 + 1.2 = 2.4 〔Ω〕$$

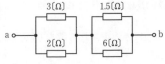

---

〔4〕　図に示す回路において，抵抗R_1に加わる電圧が16ボルトのとき，R_1は，□□□□オームである。ただし，電池の内部抵抗は無視するものとする。

　①　4　　②　6　　③　8

（出題）
平成27年度第1回

☞ P.2
②合成抵抗

解説　図の回路において，R_1両端の電圧をV_1，R_2両端の電圧をV_2とすると，

$$V_2 = 96 - 16 = 80 〔V〕$$

R_1，R_2に流れる電流をIとすると

$$I = \frac{V_2}{R_2} = \frac{80}{20} = 4 〔A〕$$

R_1に流れる電流Iが4〔A〕，両端の電圧V_1が16〔V〕であるから

$$R_1 = \frac{V_1}{I} = \frac{16}{4} = 4 〔Ω〕$$

---

〔5〕　図に示す回路において，100オームの抵抗に流れる電流Iが20ミリアンペア，200オームの抵抗に流れる電流I_2が2ミリアンペアであるとき，抵抗R_2は，□□□□キロオームである。ただし，電池の内部抵抗は無視するものとする。

　①　5.2　　②　6.3　　③　7.4

（出題）
平成29年度第1回

☞ P.2
②合成抵抗

解説　図の回路において，電池の電圧をV，100〔Ω〕の抵抗両端の電圧をV_1，200〔Ω〕＋R_2の両端の電圧をV_2，R_2両端の電圧をV_{R2}とすると，

$$V_1 = I \times 100 = 20 \times 10^{-3} \times 100 = 2 〔V〕$$
$$V_2 = V - V_1 = 15 - 2 = 13 〔V〕$$

また，$V_2 = I_2 \times (200 + R_2)$であるから

$$13 = 2 \times 10^{-3} \times (200 + R_2) \qquad 200 + R_2 = \frac{13}{2 \times 10^{-3}} = 6500$$

よって

$$R_2 = 6500 - 200 = 6300 〔Ω〕 = 6.3 〔kΩ〕$$

---

〔6〕　図に示す回路において，抵抗R_2に2アンペアの電流が流れているとき，この回路に接続されている電池Eの電圧は，□□□□ボルトである。ただし，電池の内部抵抗は無視するものとする。

　①　24　　②　32　　③　36

（出題）
平成27年度第2回

☞ P.2
②合成抵抗

☞ P.4
●直流回路の計算例

解答

〔4〕　①

〔5〕　②

〔6〕　②

4 直流電力　抵抗 R〔Ω〕の導体に I〔A〕の直流電流を加えたとき，導体の両端の電圧 V〔V〕は V＝RI，抵抗 R〔Ω〕で消費される電力 P〔W〕は，$P = V \cdot I = RI^2 = \dfrac{V^2}{R}$ で表せる。

5 電流と熱量　電気抵抗に電流が流れると熱が発生する。この熱をジュール熱といい，R〔Ω〕の抵抗に I〔A〕の電流が t 秒間流れたときに発生する熱量 H は次の式で表わされる。熱量の単位は〔ジュール：J〕である。

$$H = I^2 Rt \text{〔J〕}$$

1.2　コンデンサ

1 静電容量

面積が A〔m²〕，間隔が d〔m〕の平行な金属板の間に誘電率 ε〔F/m〕の絶縁体(誘電体)を挟んだコンデンサの静電容量 C〔F〕は，次式で表される。

$$C = \frac{\varepsilon \cdot A}{d} \text{〔F〕} \quad (\varepsilon：イプシロン)$$

また，コンデンサに蓄えられる電気量 Q〔C：クーロン〕は，コンデンサに加えられた電圧 V〔V〕に比例し，次式で表される。

$$Q = C \cdot V \text{〔C〕} \qquad C = \frac{Q}{V} \text{〔F〕} \qquad V = \frac{Q}{C} \text{〔V〕}$$

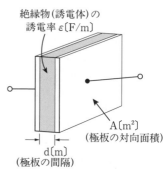

誘電体とコンデンサ

【重点事項】
①　平行電極板で構成されているコンデンサの静電容量を大きくする方法の一つに，**電極板間に誘電率の値が大きい物質を挿入する方法**がある。
②　コンデンサが蓄える電荷の量 Q〔C〕は，**静電容量 C〔F〕とコンデンサの両端の電圧 V〔V〕に比例**する。
③　コンデンサに蓄えられる電気量とそのコンデンサの端子間の**電圧**との比は，**静電容量**といわれる。
④　静電容量が 3C〔F〕のコンデンサに V〔V〕の直流電圧を加えると，コンデンサに蓄えられる電荷の量 Q は，3CV〔C〕で表される。

$$\left(\begin{array}{l} \text{静電容量が 3C〔F〕であり，Q＝C・V の C に 3C を代入すると電荷の量は} \\ \text{Q＝3CV となる。} \end{array} \right)$$

2 静電エネルギー

コンデンサに蓄えられる静電エネルギー W〔J：ジュール〕は次式で表される。

$$W = \frac{1}{2} Q \cdot V = \frac{1}{2} C \cdot V^2 \text{〔J〕}$$

　C：静電容量〔F〕　V：電位差〔V〕　Q：電荷〔クーロン〕

クーロンは，フランスの物理学者，シャルル・ド・クーロンにちなんで名づけられた電荷量の単位(SI 単位系：国際単位系)であり，1 秒間に 1 アンペアの電流により運ばれる電荷量(電気量)を 1 クーロンと定義している。

　　1 (クーロン) ＝ 1 (アンペア)・(秒)

解説　図の回路において，R_1 両端の電圧を V_1，R_2 および R_3 両端の電圧を V_2，R_1，R_2，R_3 に流れる電流を I_1，I_2，I_3 とすると

$\dfrac{R_2}{R_3}=\dfrac{I_3}{I_2}$ であるから $\dfrac{6}{4}=\dfrac{I_3}{2}$　よって $I_3=\dfrac{6}{4}\times2=3$〔A〕

$I_1=I_2+I_3=2+3=5$〔A〕

つぎに，E_1，E_2 を求めると

$E_1=I_1\cdot R_1=5\times4=20$〔V〕　$E_2=I_2\cdot R_2=6\times2=12$〔V〕

したがって

$E=E_1+E_2=20+12=\mathbf{32}$〔V〕

---

〔7〕　図に示す回路において，抵抗 R_1 が [　　　] オームのとき，抵抗 R_3 に流れる電流は6アンペアとなる。ただし，電池 E の内部抵抗は無視するものとする。

① 14　　② 16　　③ 18

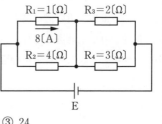

(出題)
平成26年度第2回
☞ P.2
②合成抵抗

解説　図の回路において，R_3 両端の電圧を V_2 とすると，5〔Ω〕の抵抗に6〔A〕の電流が流れているのであるから

$V_2=5\times6=30$〔V〕

R_1 と R_2 の合成抵抗両端の電圧を V_1 とすると

$V_1=E-V_2=62-30=32$〔V〕

したがって，R_1，R_2 に流れる電流を I_1，I_2 とすると

$I_2=\dfrac{V_1}{R_2}=\dfrac{32}{8}=4$〔A〕　$I_1=6-4=2$〔A〕

よって

$R_1=\dfrac{V_1}{I_1}=\dfrac{32}{2}=\mathbf{16}$〔Ω〕

---

〔8〕　図に示す回路において，抵抗 R_1 に流れる電流が8アンペアのとき，この回路に接続されている電池 E の電圧は，[　　　] ボルトである。ただし，電池の内部抵抗は無視するものとする。

① 16　　② 20　　③ 24

(出題)
平成30年度第2回
平成28年度第2回
☞ P.2
①オームの法則
②合成抵抗

解説　図の回路において，R_3，R_4 の合成抵抗を R_{34} とすると

$R_{34}=\dfrac{R_3\cdot R_4}{R_3+R_4}=\dfrac{2\times3}{2+3}=\dfrac{6}{5}=1.2$〔Ω〕

したがって，図の回路は右のように書き直すことができる。

R_1 両端の電圧を V_1，R_1，R_2 に流れる電流を I_1，I_2 とすると

$V_1=R_1\times I_1=1\times8=8$〔V〕

R_2 両端の電圧も V_1 と同じ8〔V〕であるから

$I_2=\dfrac{V_1}{R_2}=\dfrac{8}{4}=2$〔A〕

R_{34} に流れる電流を I_{34} とすると

$I_{34}=I_1+I_2=8+2=10$〔A〕

したがって，R_{34} 両端の電圧 V_{34} は

$V_{34}=R_{34}\times I_{34}=1.2\times10=12.0$〔V〕

よって，電池の電圧 E は

$E=V_1+V_{34}=8+12=\mathbf{20}$〔V〕

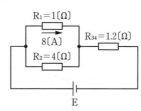

解答
〔7〕　②
〔8〕　②

③**合成静電容量**　直列回路の合成静電容量は　$C = \dfrac{C_1 \cdot C_2}{C_1 + C_2}$〔F〕

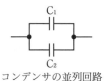

コンデンサの直列回路

並列回路の合成静電容量は　$C = C_1 + C_2$〔F〕

コンデンサの並列回路

④**クーロンの法則**　二つの電荷を帯びた粒子(荷電粒子)間に働く力 F (静電気力：クーロン力ともいう)は，二つの粒子の電荷(Q_1 と Q_2)の積に比例し，粒子間の距離 r の二乗に反比例する。

$$F = k \cdot \frac{Q_1 \cdot Q_2}{r^2} \text{〔N：ニュートン〕}$$

k：比例定数(9×10^9)，　F：静電気力〔N〕，
r：距離〔m〕，　Q_1, Q_2：電荷〔クーロン〕

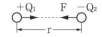 反発力　 吸引力

【重点事項】

① 電荷には，正電荷と負電荷があり，同種の電荷間には反発力，異種の電荷間には吸引力が働く。

② 二つの電荷の間に働く力の大きさは，それぞれの**電荷の量の積に比例し**，**距離の２乗に反比例する**。

③ 二つの電荷 Q_1, Q_2 の間には Q_1 と Q_2 を結ぶ直線方向に力が働く。

⑤**静電誘導**　帯電していない導体に帯電体を近づけると，図のように導体の帯電体に近い側には帯電体の電荷(＋)と異種の電荷(−)が引き寄せられ，遠い側には同種の電荷(＋)が現れる。この現象を**静電誘導**という。

帯電体　　　　導体

1.3　交流回路

①**交流**　正弦波交流の実効値，平均値と最大値との関係は次式で表される。

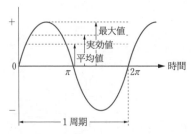

一般に，交流の電圧や電流を表す場合は，実効値が用いられる。一般家庭への商用電力100〔V〕は実効値であり，交流電圧計や電流計の目盛も実効値となっている。

実効値＝最大値×$\dfrac{1}{\sqrt{2}}$　　　平均値＝最大値×$\dfrac{2}{\pi}$　（π：パイ）

波形が正弦波でない方形波，三角波などの交流を非正弦波交流又はひずみ波交流という。**ひずみ波交流**は多くの周波数の正弦波交流に分解でき，このうち，周波数が最も低い

〔9〕　図に示す回路において，抵抗 R_1 に加わる電圧が10ボルトのとき，抵抗 R_3 で消費する電力は，□□□ ワットである。

① 8　　② 18　　③ 28

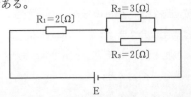

（出題）
平成28年度第1回

☞ P.2
②合成抵抗
☞ P.6
④直流電力

解　説　図の回路において，R_2，R_3 の並列合成抵抗を R_{23} とすると

$$R_{23} = \frac{3 \times 2}{3+2} = \frac{6}{5} = 1.2 \, \text{[Ω]}$$

R_1 両端の電圧を V_1，R_{23} 両端の電圧を V_{23} とすると，
$V_1 : V_{23} = R_1 : R_{23}$ であるから

$$10 : V_{23} = 2 : 1.2$$

内項の積は外項の積に等しいので

$$2 \times V_{23} = 10 \times 1.2 = 12 \quad V_{23} = \frac{12}{2} = 6 \, \text{[V]}$$

R_3 が消費する電力を P_3 とすると

$$P_3 = \frac{V_{23}^2}{R_3} = \frac{6^2}{2} = \frac{36}{2} = \mathbf{18} \, \text{[W]}$$

〔10〕　図に示すように，最大指示値が40ミリアンペア，内部抵抗 r が8オームの電流計Ａに，□□□ オームの抵抗 R を並列に接続すると，最大440ミリアンペアの電流 I を測定できる。

① 0.6　　② 0.8　　③ 1.0

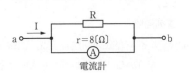

（出題）
平成28年度第2回

☞ P.2
①オームの法則
②合成抵抗

解　説　図の回路において，最大指示値40〔mA〕，内部抵抗8〔Ω〕の電流計は8〔Ω〕の抵抗に40〔mA〕の電流が流れていると考えればよい。したがって，図の回路は次のように書き直すことができる。

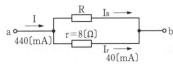

抵抗 R に流れる電流を I_R，抵抗 r に流れる電流を I_r とすると，$I = 440 \, \text{[mA]} = 0.44 \, \text{[A]}$，$I_r = 40 \, \text{[mA]} = 0.04 \, \text{[A]}$ であるから（1〔mA〕は0.001〔A〕である）

$$I_R = I - I_r = 0.44 - 0.04 = 0.4 \, \text{[A]}$$

抵抗 R 両端の電圧を V_R，抵抗 r 両端の電圧を V_r とすると

$$V_R = V_r = 8 \times 0.04 = 0.32 \, \text{[V]}$$

したがって

$$R = \frac{V_R}{I_R} = \frac{0.32}{0.4} = \mathbf{0.8} \, \text{[Ω]}$$

〔11〕　導線の単位長さ当たりの電気抵抗は，その導線の断面積を 3 倍にしたとき，□□□ 倍になる。

① $\frac{1}{9}$　　② $\frac{1}{3}$　　③ $\sqrt{3}$

（出題）
平成26年度第2回

☞ P.4
③導体の電気抵抗

ポイント

抵抗は導体の抵抗率と長さに比例しその断面積に反比例する

解答
〔9〕　②
〔10〕　②
〔11〕　②

正弦波を基本波，基本波の2倍，3倍…と整数倍の周波数の正弦波を**高調波**という。

②リアクタンスとインピーダンス

　交流回路では，抵抗のほか，コイルとコンデンサがあり，それぞれ誘導性リアクタンス，容量性リアクタンンスといわれる。これらは抵抗と同様に扱うことができ，あわせてインピーダンスという。

　① 誘導性リアクタンス X_L

$$X_L = 2\pi fL = \omega L〔\Omega〕$$

　② 容量性リアクタンス X_c

$$X_c = \frac{1}{2\pi fC} = \frac{1}{\omega C}〔\Omega〕$$

抵抗	（コイル） 自己インダクタンス	（コンデンサ） 静電容量
$R〔\Omega〕$	$L〔H：ヘンリー〕$	$C〔F：ファラド〕$
⇩	⇩	⇩
抵抗 $R〔\Omega〕$	誘導リアクタンス $X_L〔\Omega〕$	容量リアクタンス $X_c〔\Omega〕$

　ただし，f：周波数〔Hz〕，ω（オメガ）：角周波数〔ラジアン/秒〕，$\omega = 2\pi f$，L：自己インダクタンス〔H：ヘンリ〕，C：静電容量〔F：ファラド〕

③交流回路における位相

交流回路に抵抗・コイル・コンデンサを接続したときの電圧と電流の位相関係を次に示す。

　① **抵抗のみの回路**

　　抵抗のみの回路に交流電圧を加えたとき，流れる電流の位相と電圧の位相は同じ位相である。

　② **RL 直列回路**

　　抵抗とコイルの直列回路に交流電圧を加えたとき，流れる**電流($\dot{I}$)の位相は，電圧($\dot{V} = \dot{V}_R + \dot{V}_L$)の位相に比較して位相が θ 遅れている。**

　　(言い換えれば，**電圧($\dot{V}$)の位相は，電流($\dot{I}$)の位相に比較して位相が θ 進んでいる。**)

　③ **RC 直列回路**

　　抵抗とコンデンサの直列回路に交流電圧を加えたとき，流れる**電流($\dot{I}$)の位相は，電圧($\dot{V} = \dot{V}_R + \dot{V}_c$)の位相に比較して位相が θ 進んでいる。**

　　(言い換えれば，**電圧($\dot{V}$)の位相は，電流($\dot{I}$)の位相に比較して位相が θ 遅れている。**)

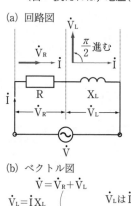

(a) 回路図

(b) ベクトル図

$\dot{V}_L$ は $\dot{I}$ より $\frac{\pi}{2}$ 位相が進む。言い換えれば $\dot{I}$ は $\dot{V}_L$ に対して $\frac{\pi}{2}$ 位相が遅れる。

図　RL 直列回路

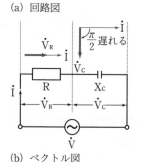
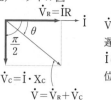

(a) 回路図

(b) ベクトル図

$\dot{V}_c$ は $\dot{I}$ より $\frac{\pi}{2}$ 位相が遅れる。言い換えれば $\dot{I}$ は $\dot{V}_c$ に対して $\frac{\pi}{2}$ 位相が進む。

図　RC 直列回路

解説　導体の電気抵抗は次式で表され，その長さに比例し，断面積に反比例する。

$$R = \frac{\rho \cdot l}{A}$$

R：抵抗〔Ω〕　　　　　 l：導体の長さ〔m〕
A：断面積〔m²〕　　　 ρ：抵抗率〔Ω・m〕

したがって，導線の単位長さ当たりの電気抵抗は，その導体の断面積を3倍にすれば $\frac{1}{3}$ 倍になる。

☐☐☐ 〔12〕　断面が円形の導線の長さを9倍にしたとき，導線の抵抗値を変化させないようにするためには，導線の直径を ☐☐☐ 倍にすればよい。

① $\frac{1}{3}$　　② 3　　③ 9

(出題)
平成28年度第1回

☞ P.4
③ 導体の電気抵抗

解説　断面が円形の導線の長さを l，導線の断面積を A，導線の抵抗率を ρ とすると，導線の抵抗値 R は次の式で表される。

$$R = \rho \frac{l}{A}$$

導線の直径を d とすると断面積 A は

$$A = \pi \cdot \left(\frac{d}{2}\right)^2 = \frac{\pi \cdot d^2}{4}$$

したがって，導線の抵抗値 R は

$$R = \rho \frac{l}{A} = \rho \frac{l}{\frac{\pi \cdot d^2}{4}} = \rho \frac{4 \cdot l}{\pi \cdot d^2}$$

よって，l を9倍にしたとき導線の抵抗値を変化させないようにするためには d を **3倍**にすればよい。

☐☐☐ 〔13〕　金属導体の抵抗値は，一般に，金属導体の温度が ☐☐☐ 。

① 上昇しても変わらない　　② 上昇すると減少する

③ 上昇すると増加する

(出題)
平成29年度第1回

☞ P.4
③ 導体の電気抵抗③

解説　金属導体の抵抗値は，一般に，金属導体の温度が**上昇すると増加する**。なお，半導体の抵抗値は，一般に，温度が上昇すると減少する。

1.2　コンデンサ

☐☐☐ 〔14〕　静電容量の単位であるファラドと同一の単位は， ☐☐☐ である。

① ボルト/アンペア　　② ジュール/クーロン　　③ クーロン/ボルト

(出題)
平成26年度第1回

☞ P.6
① 静電容量

解説　コンデンサの静電容量を C〔ファラド〕，両端に加わる電圧を V〔ボルト〕，蓄えられる電荷を Q〔クーロン〕とすると，これらの関係は次の式で表わされる。

$$C = \frac{Q}{V}$$

したがって，ファラドと同一の単位は，**クーロン／ボルト**である。

解答
〔12〕　②
〔13〕　③
〔14〕　③

11

① R-L-C 直列回路

・直列交流回路に加わる電圧をV〔V〕とすると，

$$V = I \cdot Z \text{〔V〕}$$

・R-L-C 直列回路のインピーダンス Z〔Ω〕

$$Z^2 = R^2 + (X_L - X_C)^2$$

$$Z = \sqrt{R^2 + (X_L - X_C)^2} \text{〔Ω〕}$$

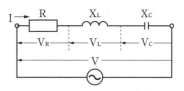

② R-L 直列回路

・直列交流回路に加わる電圧をV〔V〕とすると，

$$V = I \cdot Z \text{〔V〕}$$

・R-L 直列回路のインピーダンス Z〔Ω〕

$$Z^2 = R^2 + X_L^2$$

$$Z = \sqrt{R^2 + X_L^2} \text{〔Ω〕}$$

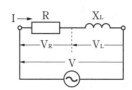

③ R-C 直列回路

・直列交流回路に加わる電圧をV〔V〕とすると，

$$V = I \cdot Z \text{〔V〕}$$

・R-C 直列回路のインピーダンス Z〔Ω〕

$$Z^2 = R^2 + X_C^2$$

$$Z = \sqrt{R^2 + X_C^2} \text{〔Ω〕}$$

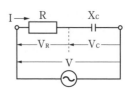

④ L-C 直列回路

・直列交流回路に加わる電圧をV〔V〕とすると，

$$V = I \cdot Z \text{〔V〕}$$

・L-C 直列回路のインピーダンス Z〔Ω〕

$$Z = |X_L - X_C| \text{〔Ω〕}$$

（上式で｜ ｜の記号を絶対値記号という。）

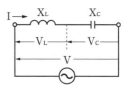

●R-L-C の直列回路計算例

端子の a-b 間に交流電圧 140〔V〕を加えたとき，この回路に流れる電流は ☐ 7 ☐〔A〕である。

R=12〔Ω〕 X_L=22〔Ω〕 X_C=6〔Ω〕

a ○━━▭━━━━⌒⌒⌒━━━┤├━━○ b

〔解き方〕

$$Z = \sqrt{R^2 + (X_L - X_C)^2} = \sqrt{12^2 + (22-6)^2} = \sqrt{144 + 256} = \sqrt{400} = 20 \text{〔Ω〕}$$

$$I = \frac{V}{Z} \quad \text{より} \quad I = \frac{140}{20} = \mathbf{7} \text{〔A〕}$$

●R-L の直列回路計算例

端子 a-b 間に交流電圧 175〔V〕加えたとき，流れる電流は ☐ 5 ☐〔A〕である。

R=21〔Ω〕 X_L=28〔Ω〕

a ○━━▭━━━⌒⌒⌒━━○ b

〔解き方〕

$$Z = \sqrt{R^2 + X_L^2} = \sqrt{21^2 + 28^2} = \sqrt{441 + 784} = \sqrt{1225} = 35 \text{〔Ω〕}$$

〔15〕　コンデンサに蓄えられる電気量とそのコンデンサの端子間の□□□□との比は，静電容量といわれる。

① 静電力　　② 電荷　　③ 電圧

(出題)
平成29年度第2回
平成27年度第2回

📖 P.6
①静電容量

解説　コンデンサの静電容量をC，蓄えられる電気量をQ，端子間の電圧をVとすると$C=\dfrac{Q}{V}$の式で表される。したがって，静電容量はコンデンサに蓄えられる電気量と端子間の**電圧**の比といえる。

〔16〕　平行板コンデンサにおいて，両極板間にVボルトの直流電圧を加えたところ，一方の極板に＋Qクーロン，他方の極板に－Qクーロンの電荷が現れた。このコンデンサの静電容量をCファラドとすると，これらの間には，Q＝□□□□の関係がある。

① $\dfrac{1}{2}$CV　　② CV　　③ 2CV

(出題)
平成28年度第2回

📖 P.6
①静電容量

解説　静電容量Cファラドの平行板コンデンサにVボルトの直流電圧を加えると，Qクーロンの電荷が蓄えられる。このとき，これらの間の関係は
$$Q=CV$$
の式で示される。

〔17〕　電荷を帯びていない導体球に帯電体を接触させないように近づけたとき，両者の間には□□□□。

① 力は働かない　　② 引き合う力が働く　　③ 反発し合う力が働く

(出題)
平成30年度第1回
平成27年度第2回

📖 P.8
⑤静電誘導

解説　電荷を帯びていない導体球に帯電体を接触させないように近づけると，導体球の帯電体に近い側には帯電体の電荷と異種の電荷が現れるので，両者の間には**引き合う力**が働く。

1.3　交流回路

〔18〕　正弦波でない交流は，一般に，ひずみ波交流といわれ，周波数の異なる幾つかの正弦波交流成分に分解することができる。これらの正弦波交流成分のうち，基本波以外は，□□□□といわれる。

① 定在波　　② リプル　　③ 高調波

(出題)
平成30年度第2回
平成26年度第2回

解説　ひずみ波交流はいくつかの周波数の正弦波交流に分解でき，このうち，最も周波数が低い正弦波を基本波，基本波以外の周波数の高い正弦波を**高調波**という。

解答
〔15〕　③
〔16〕　②
〔17〕　②
〔18〕　③

13

$$I = \frac{V}{Z} = \frac{175}{35} = \mathbf{5} \text{〔A〕}$$

●R-C の直列回路の計算例

交流電流が 4〔A〕流れているとき，この回路の端子 a−b 間に現れる電圧は，$\boxed{52}$〔V〕である。

$$R=5\text{〔Ω〕} \quad X_C=12\text{〔Ω〕}$$
a o——[   ]——||——o b

〔解き方〕
$$Z = \sqrt{R^2 + X_C{}^2} = \sqrt{5^2 + 12^2} = \sqrt{25 + 144} = \sqrt{169} = 13 \text{〔Ω〕}$$
$$V = I \cdot Z = 4 \times 13 = \mathbf{52} \text{〔V〕}$$

●L-C の直列回路計算例

端子 a−b 間の合成インピーダンスは，$\boxed{22}$〔Ω〕である。

$$X_L=33\text{〔Ω〕} \quad X_C=55\text{〔Ω〕}$$
a o——⏛——||——o b

〔解き方〕

$Z = |X_L - X_C|$ で表され X_L と X_C のうち大きい方から引けばよい。

$Z = 55 - 33 = \mathbf{22} \text{〔Ω〕}$ 〈または，$Z = |X_L - X_C| = |33 - 55| = |-22| = \mathbf{22} \text{〔Ω〕}$〉

⑤ 並列交流回路

① R-L-C 並列回路

・並列交流回路全体の電圧
$$V = I \cdot Z$$

・R−L−C 並列回路のインピーダンス Z〔Ω〕
$$\left(\frac{1}{Z}\right)^2 = \left(\frac{1}{R}\right)^2 + \left(\frac{1}{X_L} - \frac{1}{X_C}\right)^2$$

・電流 I〔A〕　$I^2 = I_R{}^2 + (I_L - I_C)^2$
$$I = \sqrt{I_R{}^2 + (I_L - I_C)^2}$$

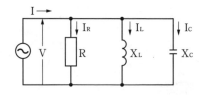

② R-L 並列回路

・並列交流回路全体の電圧
$$V = I \cdot Z$$

・R−L 並列回路のインピーダンス Z〔Ω〕
$$Z^2 = \frac{R^2 \cdot X_L{}^2}{R^2 + X_L{}^2}$$
$$Z = \frac{R \cdot X_L}{\sqrt{R^2 + X_L{}^2}}$$

・電流 I〔A〕　$I^2 = I_R{}^2 + I_L{}^2$
$$I = \sqrt{I_R{}^2 + I_L{}^2}$$

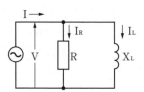

〔19〕　コイルのインダクタンスを大きくするには，□□□□□方法がある。

(出題)
平成28年度第2回

① コイルの中心に比透磁率の大きい磁性体を挿入する

② 巻線の断面積を小さくする　　③ 巻線の巻数を少なくする

解説　　コイルのインダクタンスは長さが同じならば，断面積が大きく，巻数が多いほど大きくなる。また，比透磁率の大きい金属などをコイルの中心に挿入すると，大きくすることができる。透磁率は磁束の集めやすさを示す値で，磁束密度の大きさと磁場の強さとの比で表され，真空の透磁率と比を比透磁率でいう。

コイルのインダクタンスを大きくする方法

（元のコイル）（断面積を大きくする）（巻き数を多くする）（比透磁率の大きい金属などを挿入する）

したがって，コイルのインダクタンスを大きくする方法は①である。②③の方法ではインダクタンスは小さくなる。

〔20〕　抵抗とコイルの直列回路の両端に交流電圧を加えたとき，流れる電流の位相は，電圧の位相□□□□□。

(出題)
平成30年度第2回
平成26年度第1回

📖 P.10
③交流回路における位相

① に対して遅れる　　② に対して進む　　③ と同相である

解説　　抵抗とコイルの直列回路両端に電圧 V を加えたとき，回路に流れる電流 I の位相は，電圧 V の位相に対して90°以下の**遅れ**となる。

〔21〕　抵抗とインダクタンスの直列回路の両端に交流電圧を加えたとき，電圧の位相は，流れる電流の位相に対して，□□□□□。

(出題)
平成28年度第1回

📖 P.10
③交流回路における位相②

① 同じである　　② 遅れている　　③ 進んでいる

解説　　抵抗とインダクタンスの直列回路両端の電圧は，流れる電流の位相に対して**進んで**いる。

〔22〕　図に示す回路において，回路に4アンペアの交流電流が流れているとき，端子 a−b 間に現れる電圧は，□□□□□ボルトである。

(出題)
平成28年度第1回

📖 P.12
②R−L 直列回路

① 68　　② 80　　③ 92

$R=8〔\Omega〕$　　　　　　$X_L=15〔\Omega〕$

a ○───[ ]───────^^^^───○ b

解答
〔19〕　①
〔20〕　①
〔21〕　③
〔22〕　①

③ R-C 並列回路

・並列交流回路全体の電圧

$$V = I \cdot Z$$

・R-C 並列回路のインピーダンス Z〔Ω〕

$$Z^2 = \frac{R^2 \cdot X_C{}^2}{R^2 + X_C{}^2}$$

$$Z = \frac{R \cdot X_C}{\sqrt{R^2 + X_C{}^2}}$$

・電流 I〔A〕　　$I^2 = I_R{}^2 + I_C{}^2$

$$\qquad\qquad I = \sqrt{I_R{}^2 + I_C{}^2}$$

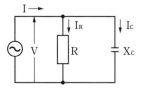

⑥共振回路

　抵抗 R，インダクタンス L のコイル，静電容量 C のコンデンサを直列または並列に接続し，電源周波数を変化させると，ある周波数において誘導リアクタンスと容量リアクタンスが打ち消し合って，インピーダンス Z は，抵抗 R のみとなる。この現象を**共振**といい，このときの周波数を共振周波数という。共振周波数 f_0〔Hz〕は，次の式で求められる。

$$f_0 = \frac{1}{2\pi\sqrt{LC}} \text{〔Hz〕}$$

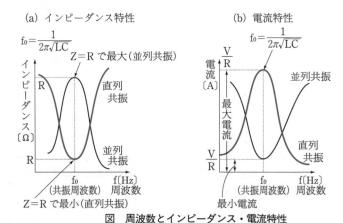

図　周波数とインピーダンス・電流特性

● **直列共振回路**では，f_0 のとき，インピーダンスは**最小**（Z＝R）となる。
● **並列共振回路**では，f_0 のとき，インピーダンスは**最大**（Z＝R）となる。

⑦交流回路の電力

交流回路の電力には有効電力，無効電力，皮相電力がある。

① 一般に，交流回路における電圧及び電流は，**実効値**で表した値を用いる。

② 電圧と電流の実効値の積 V・I を**皮相電力**といい，単位は〔**VA**〕を用いる。

③ **皮相電力** V・I と力率 $\cos\theta$ の積 V・I$\cos\theta$ を**有効電力**といい，単位は〔**W**〕を用いる。

④ **力率** $\cos\theta$ は，**有効電力** P〔W〕と**皮相電力** S〔VA〕の比で表す。

$$力率 = \cos\theta = \frac{P}{S} = \frac{P}{V \cdot I}$$

16

解説　　図の回路において，a－b間の電圧をV，インピーダンスをZ，流れる電流をIとすると

$$Z^2 = R^2 + X_L{}^2 = 8^2 + 15^2 = 289$$
$$Z = \sqrt{289} = 17 \,(\Omega)$$
$$V = I \cdot Z = 4 \times 17 = \mathbf{68} \,(V)$$

〔23〕　図に示す回路において，端子a－b間に65ボルトの交流電圧を加えたとき，回路に流れる電流が5アンペアであった。この回路の誘導性リアクタンス X_L は，□□□□オームである。

① 12　　② 13　　③ 15

R＝5〔Ω〕　　　　　　X_L

a ○────▭────────◯◯◯◯──── ○ b

(出題)
平成30年度第2回
平成27年度第2回

P.12
②R-L直列回路

解説　　a－b間の電圧をV，流れる電流をI，回路のインピーダンスをZとすると

$$Z = \frac{V}{I} = \frac{65}{5} = 13 \,(\Omega)$$

また $Z^2 = R^2 + X_L{}^2$ であるから

$$13^2 = 5^2 + X_L{}^2$$
$$X_L{}^2 = 13^2 - 5^2 = 144 \,(\Omega) \qquad \therefore \quad Z = \sqrt{144} = \mathbf{12} \,(\Omega)$$

〔24〕　図に示す回路において，回路に流れる交流電流が4アンペアであるとき，端子a－b間の交流電圧は，□□□□ボルトである。

① 16　　② 24　　③ 48

$X_L = 8$〔Ω〕　　　　　　$X_C = 4$〔Ω〕

a ○────◯◯◯◯────────┤├──── ○ b

(出題)
平成29年度第1回
平成26年度第1回

P.12
④L-C直列回路

解説　　a－b間の電圧をV，回路に流れる電流をI，回路のインピーダンスをZとすると

$$Z = |X_L - X_C| = |8 - 4| = 4 \,(\Omega)$$

よって

$$V = I \cdot Z = 4 \times 4 = \mathbf{16} \,(V)$$

〔25〕　図に示す回路において，端子a－b間に45ボルトの交流電圧を加えたとき，この回路に流れる電流は，□□□□アンペアである。

① 3　　② 5　　③ 9

$X_L = 12$〔Ω〕　　　　　　$X_C = 3$〔Ω〕

a ○────◯◯◯◯────────┤├──── ○ b

(出題)
平成29年度第2回

P.12
④L-C直列回路

解答
〔23〕　①
〔24〕　①
〔25〕　②

1.4 電流と磁気

①電磁誘導

コイルを貫く磁界に変化を与えると起電力を生ずる現象を電磁誘導といい，発生する起電力を誘導起電力という。誘導起電力 e は，コイルと交わる磁束の変化 $\frac{\varDelta\phi}{\varDelta t}$ とコイルの巻数 N に比例する。この現象は，ファラデーの電磁誘導の法則といわれる。

$$e=-N\times\frac{\varDelta\phi}{\varDelta t}〔V〕$$

e：誘導起電力〔V〕　N：コイルの巻数〔回〕
$\varDelta\phi$：磁束の変化量〔Wb〕　$\varDelta$t：時間の変化量〔秒〕

また，式の右辺のマイナスは，「**コイルを貫く磁束が変化するとき，磁束の変化を妨げる方向に誘導起電力が発生すること**」を表し，これをレンツの法則という。

②相互誘導

コイル A，B を近づけて，片側のコイルに流れる電流を変化させると，もう一方のコイルに誘導起電力が発生する。この現象は相互誘導といわれる。－（マイナス）は発生する起電力が逆の向きであることを表す。

$$e=-M\times\frac{\varDelta I}{\varDelta t}〔V〕$$

e：誘導起電力〔V〕　M：相互インダクタンス〔H〕
$\varDelta$I：電流の変化量〔A〕　$\varDelta$t：時間の変化量〔秒〕

③自己誘導

コイルを流れる電流によって生じる磁束は，そのコイル自身を貫いているので，電流を変化させると磁束が変化し，そのコイル自身に誘導起電力が発生する。－（マイナス）は発生する起電力が逆の向きであることを表す。

$$e=-L\times\frac{\varDelta I}{\varDelta t}〔V〕$$

e：誘導起電力〔V〕　L：自己インダクタンス〔H〕
$\varDelta$I：電流の変化量〔A〕　$\varDelta$t：時間の変化量〔秒〕

④フレミングの法則

磁界中において導体を移動したり，電流を流したとき，導体に電流を生じたり，力（電磁力）を生じたりする。

（1）　**フレミングの左手の法則**：左手の親指，人差し指，中指をそれぞれ直角に開き，人差し指を**磁界の方向**，中指を**電流の方向**とすると，親指は**電磁力の方向**となる。

（2）　**フレミングの右手の法則**：右手の親指を導体の運動方向，人差し指を磁界の方向とすると中指は，**誘起される電流の方向**となる。

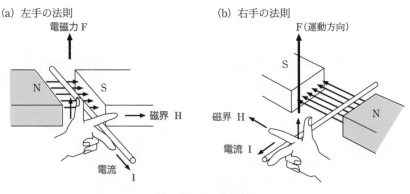

（a）左手の法則　　　　　　　　　　（b）右手の法則

図　フレミングの法則

解 説　a－b間の電圧をV，回路のインピーダンスをZ，流れる電流をIとすると
$$Z=|X_L-X_C|=|12-3|=9〔Ω〕$$
よって
$$I=\frac{V}{Z}=\frac{45}{9}=\mathbf{5}〔A〕$$

---

〔26〕　図に示す回路において，端子a－b間に52ボルトの交流電圧を加えたとき，この回路に流れる電流は，□□□□アンペアである。

(出題)
平成27年度第1回

📖 P.12
③R-C直列回路

①　2　　②　4　　③　13

R＝12〔Ω〕　　　　　Xc＝5〔Ω〕

a○———[ ]———| |———○b

解 説　図の回路において，a－b間の電圧をV，インピーダンスをZ，流れる電流をIとすると
$$Z^2=R^2+X_C{}^2=12^2+5^2=169$$
$$Z=\sqrt{169}=13〔Ω〕$$
$$I=\frac{V}{Z}=\frac{52}{13}=\mathbf{4}〔A〕$$

---

〔27〕　図に示す回路において，端子a－b間に6.0アンペアの交流電流が流れているとき，端子a－b間の交流電圧は，□□□□ボルトである。

(出題)
平成30年度第1回
平成26年度第2回

📖 P.12
③R-C直列回路

①　6.6　　②　7.8　　③　8.4

R＝1.2〔Ω〕　　　　　Xc＝0.5〔Ω〕

a○———[ ]———| |———○b

解 説　a－b間の電圧をV，流れる電流をI，回路のインピーダンスをZとすると
$$Z^2=R^2+X_C{}^2=1.2^2+0.5^2=1.69〔Ω〕 \quad \therefore Z=1.3〔Ω〕$$
したがって
$$V=I\cdot Z=6.0×1.3=\mathbf{7.8}〔V〕$$

---

〔28〕　Rオームの抵抗，Lヘンリーのコイル及びCファラドのコンデンサを直列に接続したRLC直列回路のインピーダンスは，共振時に□□□□となる。

(出題)
平成29年度第2回

📖 P.16
⑥共振回路

①　最大　　②　最小　　③　ゼロ

解 説　R－L－C直列回路の共振時のインピーダンスは**最小**となる。共振周波数 $f_0=\dfrac{1}{2\pi\sqrt{LC}}$ ではLとCのリアクタンスが打ち消しあって回路のインピーダンスはRのみとなる。

解答
〔26〕　②
〔27〕　②
〔28〕　②

⑤磁気回路

磁気回路において，起磁力を F，磁束を φ，磁気抵抗を R_m とすると，これらの間には $F = \phi \cdot R_m$ の関係がある。

鉄心にコイルを巻いて電流を流すと磁束を発生するが，磁束のほとんどが鉄心の中を通って磁気回路を構成する。**コイルの巻数 n と電流 I の積**は，磁束を発生させる原動力を表すので，**起磁力 F** である。

$$F = n \cdot I = \phi \cdot R_m \text{〔A〕}$$

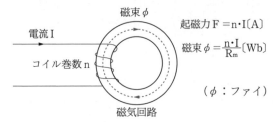

起磁力 $F = n \cdot I$ 〔A〕

磁束 $\phi = \dfrac{n \cdot I}{R_m}$ 〔Wb〕

（φ：ファイ）

F：起磁力，n：コイルの巻数，I：電流，φ：磁束，R_m：磁気抵抗〔A/Wb〕

⑥平行導体に働く力

図(a)，(b)に示すように，2本の導体を平行に置いたとき，それぞれの導体に同じ方向の電流が流れるとき，2本の導体間に**吸引力**を生じる。

また，互いに異なる方向に電流が流れるとき，**反発力**を生じる。

(a) 吸引力

(b) 反発力

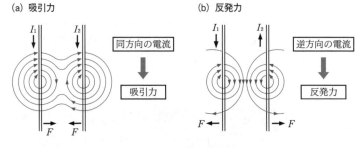

図　平行導体に働く力

20

1.4 電流と磁気

〔29〕 磁界中に置かれた導体に電流が流れると，電磁力が生ずる。フレミングの左手の法則では，左手の親指，人差し指，中指をそれぞれ直角にし，親指を電磁力の方向とすると，□□□の方向となる。

① 人差し指は電流，中指は磁界　　② 人差し指は電流，中指は起電力

③ 人差し指は磁界，中指は電流　　④ 人差し指は磁界，中指は起電力

解 説　フレミングの左手の法則は磁界中に置かれた導体を流れる電流に働く電磁力の方向を示す。親指を電磁力の方向とすると，**人差し指は磁界，中指は電流**の方向を表す。

ポイント

左手の法則でも右手の法則でも，人差し指は磁界方向だよ

☞ P.18
④フレミングの法則

---

〔30〕 磁気回路において，磁束をΦ，起磁力をF，磁気抵抗をRとすると，これらの間には，$\Phi = $□□□の関係がある。

① $\dfrac{F}{R}$　　② $\dfrac{R}{F}$　　③ RF

解 説　磁気回路において，起磁力F，磁束Φ，磁気抵抗Rの間には$F = \Phi \cdot R$の関係がある。

したがって，$\Phi = \dfrac{F}{R}$ と表すことができる。

(出題)
平成30年度第1回
平成29年度第1回

☞ P.20
⑤磁気回路

---

〔31〕 平行に置かれた2本の直線状の電線に，互いに反対向きに直流電流を流したとき，両電線間には□□□。

① 互いに引きあう力が働く　　② 互いに反発しあう力が働く

③ 引きあう力も反発しあう力も働かない

解 説　平行に置かれた2本の直線状の電線に電流を流すと，一方の電線に流れる電流によって生じた磁界ともう一方の電線に流れる電流の間に電磁力が発生し，電線に流れる電流の方向が同じ向きのときは互いに引きあう力が，反対向きのときは**互いに反発しあう力が働く**。

ポイント

同方向の電流が流れる場合は吸引力，逆方向電流が流れる場合は反発力が働くよ

(出題)
平成27年度第1回

☞ P.20
⑥平行導体に働く力

---

〔32〕 Rオームの抵抗にIアンペアの電流をt秒間流したときに発生する熱量は，□□□ジュールである。

① IRt　　② IR^2t　　③ I^2Rt

解 説　電気抵抗に電流を流すと熱が発生する。$R〔\Omega〕$の抵抗に$I〔A〕$の電流をt秒間流したときに発生する熱量は$I^2Rt〔J〕$で表される。$〔J〕$(ジュール)は熱量の単位である。

(出題)
平成27年度第1回

☞ P.6
⑤電流と熱量

解答

〔29〕	③
〔30〕	①
〔31〕	②
〔32〕	③

電子回路に関する標準問題・ポイント解説

2.1 半 導 体

①半導体の種類

① 真性半導体

シリコン(Si)やゲルマニュウム(Ge)の半導体では，不純物の極めて少ない純粋の単結晶を用いる。このような半導体を真性半導体という。Si や Ge の真性半導体は最外殻に 4 つの電子(価電子)を持ち，隣り合った原子が互いに価電子を共通の電子として結合している。これを共有結合という。純粋な半導体の結晶に不純物としての原子を加えると，共有結合を行う電子に過不足を生じる。

また，一般に，金属は，温度の上昇と共に電気抵抗が高くなるが，半導体は温度の上昇の熱エネルギーにより電子や正孔(ホール)が増えて電流が流れやすくなり，電気抵抗が減少する特性を有する。

② N 形半導体

4 価のシリコン(Si)真性半導体に，5 価のひ素(As)を微量加えると，共有結合のためのひ素の価電子が一つ余る。これを**自由電子**といい，電気伝導を行うという意味で**キャリア**という。また，自由電子を作る不純物を**ドナー**(doner：価電子の供給者)と呼び，ドナーにより生じた自由電子がキャリアとなるので，**N 形半導体**〈負(Negative)の電荷を持つ電子(自由電子)が多数キャリアとなる半導体〉という。

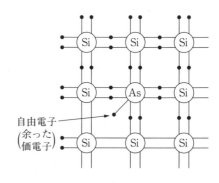

自由電子
(余った)
(価電子)

N 形半導体

③ P 形半導体

4 価のシリコン(Si)真性半導体に，3 価のインジウム(In)を微量加えると，価電子が一つ不足する。これを**正孔**(ホール)という。また，正孔を作る不純物を**アクセプタ**(acceptor：価電子を受け入れる者)と呼び，アクセプタにより生じた正孔も自由電子と同様に電気伝導のキャリアとなる。

この正(Positive)の電荷を持つ**正孔**が多数キャリアとなる半導体を，**P 形半導体**という。

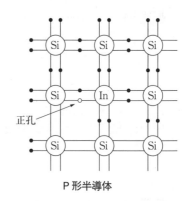

正孔

P 形半導体

②PN 接合半導体と加える電圧

P 形半導体と N 形半導体を接合したものを **PN 接合半導体**という。半導体の pn 接合の接合面付近では，p 層の正孔(＋)と n 層の電子(－)が拡散して再結合するので，正孔や電子が存在しない**空乏層**といわれる領域ができる。

第2問の標準問題

2.1 半 導 体

〔1〕 n形半導体の多数キャリアは，□□□□であり，キャリアが動くことによって電流が流れる。

① イオン　　② 自由電子　　③ 正孔

(出題)
平成28年度第1回

☞ P.22
⒠N形半導体

解 説　n形半導体は純粋な半導体結晶にドナーといわれる砒素(As)など5価の不純物を微量に加えて**自由電子**を作って多数キャリアとしたもので，この自由電子が動くことで電流が流れる。
　p形半導体はアクセプタといわれるインジューム(In)など3価の不純物を加えて作られる正孔を多数キャリアとしたものである。

P形半導体　　　　　　　　　　　　　　N形半導体

正孔
(ホール)

電子

ほとんどが
正孔(ホール)で構成される

電子
(e⁻)

正孔

ほとんどが
電子(e⁻)で構成される

〔2〕 純粋な半導体の結晶内に不純物原子が加わると，□□□□結合を行う結晶中の電子に過不足が生ずることによりキャリアが発生し，導電性が高まる。

① 共有　　② イオン　　③ 誘導

(出題)
平成30年度第1回
平成26年度第1回

☞ P.22
①真性半導体

解 説　純粋な半導体の結晶では，隣り合った原子が価電子を共有する共有結合をしている。ここに不純物原子が加わると，**共有**結合を行う結晶中の電子に過不足が生じ，発生した自由電子や正孔(キャリア)によって**導電性**が高まる。

〔3〕 真性半導体に不純物が加わると，結晶中において共有結合を行う電子に過不足が生じてキャリアが生成されることにより，□□□□が増大する。

① 抵抗率　　② 導電率　　③ 禁制帯幅

(出題)
平成28年度第2回

☞ P.22
①真性半導体

解 説　不純物を含まない純粋な半導体を真性半導体といい，隣り合った原子が互いに値電子を共有して結合する共有結合をしている。この真性半導体に不純物が加わると共有結合を行う電子に過不足が生じて自由電子や正孔が発生し，これらがキャリアとなって導電性が高まるので，半導体の**導電率**が増大する。

解答
〔1〕 ②
〔2〕 ①
〔3〕 ②

PN接合半導体に電圧を加えた場合，電圧の方向により次の動作を生じる。

① **順方向電圧(P形に＋，N形に－電圧)**

PN接合半導体に順方向電圧(順方向バイアス)が加わると，N形領域にある自由電子は＋側に，P形領域にある正孔(ホール)は－側に引き寄せられて，電流が流れる。

② **逆方向電圧(P形に－，N形に＋電圧)**

PN接合半導体に逆方向電圧(逆方向バイアス)が加わると，接合面付近にキャリアの存在しない空乏層が広がるので電流は流れない。

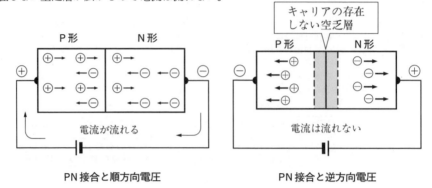

PN接合と順方向電圧　　　　　　　　PN接合と逆方向電圧

2.2　ダイオード

①ダイオードの種類

① バリスタは，印加電圧がある値を超えると抵抗値が急激に減少する非直線性の素子であり，その特性を用いて電話機回路における衝撃音の防止などに用いられる。

② ツェナーダイオードは，ツェナー(降伏)現象を有するダイオードの特性を利用して，定電圧ダイオードとして用いられる。

③ ホトダイオードは，逆方向電圧(逆方向バイアス)を加えたダイオードのPN接合面に光を当てると，光の強さに応じた電流が流れる現象である光電効果を利用して，光信号を電気信号に変換する機能を持つ半導体素子であり，受光素子の一つである。

④ 可変容量ダイオードは，逆方向に加える電圧の大きさにより，静電容量が変化する。

⑤ サーミスタは，電気抵抗が負の温度係数を持つものがよく使われ，温度係数の絶対値は，金属のそれに比べ大きい。

⑥ 発光ダイオード(LED)は，順方向の電圧(アノード側に⊕電圧，カソード側に⊖電圧)を加えるとPN接合面から発光する。

②ダイオードの特性とクリッパ回路

●ダイオードの特性

ダイオードは，P型半導体とN型半導体を接合(PN接合半導体)した構造からなり，P型半導体側の端子を**アノード(A)**，N型半導体側の端子を**カソード(K)**という。P型半導体(アノード端子)にプラス電圧，N型半導体(カソード端子)にマイナス電圧を加えた場合を「**順方向電圧**」といい，P型半導体側からN型半導体方向に電流が流れる。逆に，P型半導体(アノード端子)にマイナス電圧，N型半導体(カソード端子)にプラス電圧を加えた場合を「**逆方向電圧**」といい，電流はほとんど流れない。

〔4〕　n形半導体において，□□□□を作るために加えられた5価の不純物はドナーといわれる。

① 正孔　　② 自由電子　　③ 価電子

(出題)
平成27年度第1回

☞ P.22
②N形半導体

解 説　シリコンなど4価の真性半導体に5価の不純物をわずかに加えると共有結合を行う電子が余り，**自由電子**が生成する。このような半導体をn型半導体といい，加えた5価の不純物をドナーという。

〔5〕　p形半導体において，正孔を作るために加えられた不純物は，□□□□といわれる。

① ドナー　　② キャリア　　③ アクセプタ

(出題)
平成27年度第2回

☞ P.22
③P形半導体

解 説　p形半導体やn形半導体は純粋な半導体結晶に微量の不純物を加えて作られる。p形半導体はインジューム(In)など3価の不純物を加えて正孔を作り多数キャリアとしたもので，加えた不純物を**アクセプタ**という。

〔6〕　半導体には電気伝導に寄与するキャリアの違いによりp形とn形があり，このうちn形の半導体における少数キャリアは，□□□□である。

① 自由電子　　② イオン　　③ 正孔

(出題)
平成29年度第2回

☞ P.22
①半導体の種類

解 説　n形半導体の多数キャリアは自由電子であり，少数キャリアは**正孔**である。正孔や電子は電気伝導に寄与するのでキャリアといわれる。

〔7〕　電子デバイスとして使われている半導体には，p形とn形がある。通電時に電荷を運ぶ主役が□□□□であるものは，p形半導体といわれる。

① 電子　　② 正孔　　③ イオン

(出題)
平成26年度第2回

☞ P.22
①半導体の種類

解 説　電子デバイスとして使われている半導体には，p形とn形の半導体がある。この半導体の中に多数あって電気伝導の主役となる正孔，または電子を多数キャリアという。p形半導体の場合，この正孔が電気伝導の主役いわゆる多数キャリアである。解答は②の**正孔**である。

解答
〔4〕　②
〔5〕　③
〔6〕　③
〔7〕　②

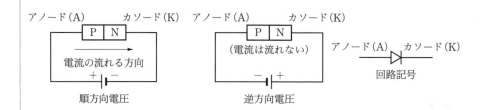

アノード（A）　　　カソード（K）　アノード（A）　　　カソード（K）

| P | N |　　　　　　| P | N |　　　　アノード（A）　カソード（K）

電流の流れる方向　　　（電流は流れない）　　　　回路記号

＋｜－　　　　　　　　－｜＋

順方向電圧　　　　　　　逆方向電圧

●クリッパ回路

　クリッパ回路は，ダイオードの特性を利用して，入力信号のうち，**設定値以上又は以下の部分だけを取り出す機能を有する**。また，クリッパ回路は，ダイオードが入出力端子に直列に接続されているダイオード直列回路と並列に接続されているダイオード並列回路に分けられる。

① 「ベースクリッパ回路」　正弦波入力信号のうち，あるレベル以上又は以下の**先端部（入力信号波形の山の部分）のみを出力信号として取り出す回路**。

② 「ピーククリッパ回路」　正弦波入力信号のうち，あるレベル以上又は以下の**先端部（入力信号波形の山の部分）を切り取る回路**。

　クリッパ回路に正弦波信号を入力(V_i)したときの出力信号波形(V_o)を図に示す。

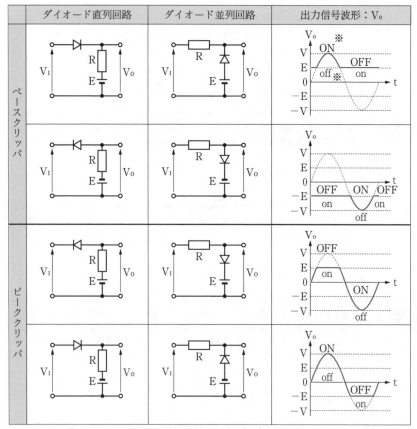

ただし，ダイオードは理想的な特性を持ち，$|V| > |E|$ とする。

※ ON，OFF：直列回路でのダイオードの動作
　　on，off ：並列回路でのダイオードの動作

26

〔8〕　半導体の pn 接合の接合面付近には，拡散と再結合によって電子などのキャリアが存在しない □□□□□ といわれる領域がある。

① 禁制帯　　② 絶縁層　　③ 空乏層

(出題)
平成29年度第1回

☞ P.22
②PN 接合半導体と加える電圧

解説　半導体の pn 接合の接合面付近では，p 層の正孔と n 層の電子が互いに拡散し，正孔と電子が再結合するので，正孔や電子が存在しない**空乏層**といわれる領域がある。なお，正孔や電子は電気伝導に寄与するのでキャリアといわれる。

〔9〕　半導体の pn 接合に外部から逆方向電圧を加えると，p 形領域の多数キャリアである正孔は電源の負極に引かれ，□□□□□ が広がる。

① 荷電子帯　　② 空乏層　　③ n 形領域

(出題)
平成30年度第2回

☞ P.24
②逆方向電圧

解説　半導体の pn 接合に逆方向の電圧を加えると，p 形領域の多数キャリアである正孔は電源のマイナス極に引かれ，n 形領域の多数キャリアである電子は電源のプラス極に引かれるので，pn 接合の境界にあるキャリアの存在しない**空乏層**が広がる。

〔10〕　ダイオードの順方向抵抗は，一般に，周囲温度が □□□□□ 。

① 上昇すると大きくなる　　② 上昇しても変化しない
③ 上昇すると小さくなる

(出題)
平成29年度第2回
平成26年度第2回

☞ P.22
①真性半導体

解説　温度が上昇すると，一般に金属の電気抵抗は大きくなるが，半導体は熱エネルギによってキャリアが増え，電気抵抗が減少する。したがって，ダイオードの順方向抵抗も周囲温度が**上昇すると小さくなる**。

2.2　ダイオード

〔11〕　LED は，pn 接合ダイオードに □□□□□ を加えて発光させる半導体光素子である。

① 磁界　　② 逆方向の電圧　　③ 順方向の電圧

(出題)
平成30年度第2回
平成27年度第2回

☞ P.24
①ダイオードの種類

解説　LED(発光ダイオード)は順方向の電圧(アノード側に＋，カソード側に−)を加えると pn 接合面から発光する pn 接合ダイオードである。

解答
〔8〕　③
〔9〕　②
〔10〕　③
〔11〕　③

2.3 トランジスタ

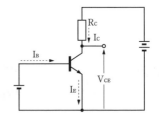

トランジスタには，NPN 形と PNP 形がある。

NPN 形はエミッタを基準にしてベースに小さなプラスの電圧を，コレクタに大きなプラスの電圧を加える。

エミッタ電流 I_E，ベース電流 I_B，コレクタ電流 I_C の間には次の関係がある。

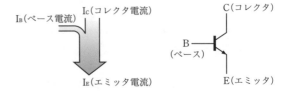

$$I_E = I_B + I_C$$

〔解き方例〕

① トランジスタに電圧を加えて，ベース電流が 30〔μA〕，コレクタ電流が 2.87〔mA〕流れているとき，エミッタ電流は，　2.90　〔mA〕となる。

〈ポイント：ベース電流の〔μA〕値を単位変換し，〔mA〕値に統一して計算する。I_B＝30〔μA〕＝30/1,000〔mA〕＝0.03〔mA〕〉

$$I_E = I_B + I_C = 0.03〔mA〕+ 2.87〔mA〕= 2.90〔mA〕$$

② トランジスタに電圧を加えて，ベース電流が 20〔μA〕，エミッタ電流が 2.32〔mA〕流れているとき，コレクタ電流は，　2.30　〔mA〕となる。

〈ポイント：ベース電流の〔μA〕値を単位変換し，〔mA〕値に統一して計算する。I_B＝20〔μA〕＝20/1,000〔mA〕＝0.02〔mA〕〉

$$I_C = I_E - I_B = 2.32〔mA〕- 0.02〔mA〕= 2.30〔mA〕$$

●計算のポイント

小さい電流を表す電流の単位と変換

小さい電流を表す電流の単位として，ミリアンペア〔mA〕，マイクロアンペア〔μA〕が用いられる。エミッタ電流 I_E，ベース電流 I_B，コレクタ電流 I_C の関係式（$I_E = I_B + I_C$）の計算問題では，ベース電流のマイクロアンペア〔μA〕をミリアンペア〔mA〕へ変換し，電流の単位を〔mA〕に統一して計算することがポイントである。

$$1〔mA〕= \frac{1}{1000}〔A〕= 10^{-3}〔A〕$$

$$1〔μA〕= \frac{1}{1,000,000}〔A〕= 10^{-6}〔A〕= 10^{-3}〔mA〕$$

トランジスタは，三つの端子を持つので，トランジスタ回路で入出力端子を設けるためには，一つの端子を共通にする必要がある。この共通端子の名称を取ってトランジスタ回路の接地方式が名付けられている。

〔12〕　pn 接合ダイオードに光を照射すると光の強さに応じた電流が流れる現象である光電効果を利用して，光信号を電気信号に変換する機能を持つ半導体素子は，一般に，□□□□□といわれる。

① 発光ダイオード　　② 可変容量ダイオード　　③ ホトダイオード

(出題)
平成30年度第1回
平成26年度第1回

P.24
①ダイオードの種類③

解 説　光電効果を利用して光信号を電気信号に変換する機能をもつ半導体素子は，**ホトダイオード**である。光電効果は逆方向電圧を加えたダイオードの pn 接合面に光を照射すると光の強さに応じた電流が流れる現象である。
　また，□□□□□効果を利用して，光信号を電気信号に……も出題されている。

〔13〕　可変容量ダイオードは，コンデンサの働きを持つ半導体素子であり，pn 接合ダイオードに加える□□□□□電圧の大きさを変化させることにより，静電容量が変化することを利用している。

① 高周波　　② 低周波　　③ 順方向　　④ 逆方向

(出題)
平成28年度第1回

P.24
①ダイオードの種類

解 説　可変容量ダイオードは**逆方向**に加えた電圧に応じて静電容量が変化する半導体素子である。加えた電圧に応じて，P-N 接合の境界面にあるキャリアの存在しない空乏層の幅が変化し，可変容量コンデンサの働きをする。

〔14〕　加えられた電圧がある値を超えると急激に□□□□□が低下する非直線性の特性を利用し，サージ電圧から回路を保護するためのバイパス回路などに用いられる半導体素子は，バリスタといわれる。

① 抵抗値　　② 容量値　　③ インダクタンス

(出題)
平成30年度第1回
平成27年度第2回

P.24
①ダイオードの種類①

解 説　バリスタは加えられた電圧がある値を超えると**抵抗値**が急激に低下する非直線性素子で，バイパス回路などサージ電圧から回路を保護するために用いられる。
　また，**バリスタ**が□□□□□になった問題も出題されている。

〔15〕　電話機の衝撃性雑音の吸収回路などに用いられる□□□□□は，印加電圧がある値を超えると，その抵抗値が急激に低下して電流が増大する非直線性を持つ素子である。

① PIN ダイオード　　② バリキャップ　　③ バリスタ

(出題)
平成28年度第2回
平成26年度第2回

P.24
①ダイオードの種類

解 説　印加電圧がある値を超えると，その抵抗値が急激に減少する非直線性を持ち，電話機の衝撃性雑音の吸収回路などに用いられる半導体素子は**バリスタ**である。

解答
〔12〕　③
〔13〕　④
〔14〕　①
〔15〕　③

項　　目	ベース接地	エミッタ接地	コレクタ接地
回路図（NPN形）			
入　力 インピーダンス	⑨数10Ω～ 100Ω程度	⊕数100Ω～ 2kΩ程度	⑤数100kΩ～ 1MΩ程度
出　力 インピーダンス	⑤500kΩ～ 2MΩ程度	⊕10kΩ～ 100kΩ程度	⑨数10Ω～ 数100Ω程度
電　圧　増　幅　率	⑤	⊕	⑨ 1弱
電　流　増　幅　率	⑨ 1弱	⑤	⑤
電　力　利　得	⊕	⑤	⑨
入出力電圧の位相	同　　相	逆　　相	同　　相
周　波　数　特　性	最　　良	普　　通	良　　好

●各接地方式の特徴

① ベース接地方式

・**電圧増幅率が最も大きい**増幅回路である。

・電流増幅率は $\dfrac{\varDelta I_\mathrm{C}}{\varDelta I_\mathrm{E}}$ で表され，1より小さい。

・高周波特性がよい。

・**入出力電流がほぼ等しくなる回路**である。

② エミッタ接地方式

・**電力増幅率(電力増幅作用)が最も大きい**増幅回路である。

・低周波増幅回路に用いられる。

③ コレクタ接地方式

・入力インピーダンスが高く，出力インピーダンスが低い。

・インピーダンス変換回路に用いられる。

●トランジスタ回路のバイアス

① **バイアス回路**は，トランジスタ等の動作点の設定を行うために必要な**直流電流**を供給するための回路である。

② トランジスタ増幅回路では，入力波形を忠実に増幅するために，あらかじめ一定の直流電流をトランジスタに流しておき(動作点)，入力信号に応じてこの電流を増減させて増幅を行う。

●増幅作用

　図の**エミッタ接地**トランジスタ増幅回路において，入力信号電圧 V_I が変化するとベース-エミッタ間電圧 V_BE が増減し，それに応じてベース電流 I_B が変化する。I_B が変化すると，I_B の変化に比例してコレクタ電流 I_C が大きく変化する。

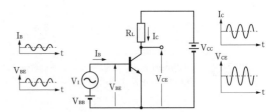

3 トランジスタ
増幅回路

重要

30

〔16〕　図1に示す回路に，図2に示す波形の入力電圧 V_I を加えると，出力電圧 V_0 は，□□□□□ の波形となる。ただし，ダイオードは理想的な特性を持ち，$|V| > |E|$ とする。

(出題)
平成27年度第1回

✎ P.26
●クリッパ回路

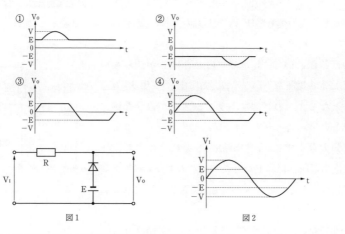

図1　　　　　　　図2

解 説　ダイオードのアノード側には $-E$〔V〕の電圧がかかっているので，$V_I > -E$〔V〕のときアノードの電圧はカソードより低くなる。したがって，ダイオードにかかる電圧は逆方向であり，ダイオードには電流が流れない(OFF)ので，V_0 には V_I の電圧がそのまま出力される。

　$V_I < -E$〔V〕のときはカソードの電圧がアノードの電圧 $-E$〔V〕より低くなり，ダイオードにかかる電圧は順方向となるので，ダイオードに電流が流れ(ON)，V_0 には $-E$〔V〕の電圧が出力される。したがって，V_0 の電圧の波形は④となる。

✎ P.26
●クリッパ回路

〔17〕　□□□□□ に示す回路に，図1に示す波形の入力電圧 V_I を加えると，出力電圧 V_0 は，図2に示すような波形となる。ただし，ダイオードは理想的な特性を持ち，$|V| > |E|$ とする。

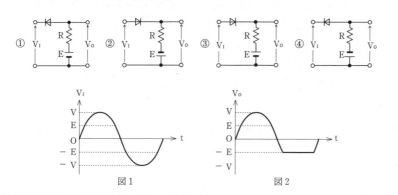

図1　　　　　　　図2

解 説　②の回路について，V_I が $-E$〔V〕より高い場合と V_I が $-E$〔V〕より低い場合とに分けて考えてみると

● $V_I > -E$〔V〕のときはダイオードが順方向となり入力電圧がそのまま V_0 に出力される。

● $V_I < -E$〔V〕のときはダイオードが逆方向となるため断線と同じ状態となり，入力 V_I は出力側には影響を与えなくなることから，V_0 には $-E$〔V〕が出力される。したがって，該当する回路は②である。

他の回路については P.26クリッパ回路の図を参照。

解答
〔16〕　④
〔17〕　②

この現象はトランジスタの**増幅作用**といわれ，コレクタ電流とベース電流の比 I_C/I_B を電流増幅率という。

I_C が増加すると R_L による電圧降下が大きくなりコレクタ-エミッタ間電圧 V_{CE} は小さくなるので，コレクタ電流 I_C が**最大**のときコレクタ-エミッタ間電圧 V_{CE} は最小になる。したがって，入力信号電圧 V_I と出力の V_{CE} の交流分の位相は逆相となる。

④トランジスタ スイッチング 回路

図の回路において，I_1 がゼロのときは I_2 が流れないので R による電圧降下がなく，出力電圧(コレクタ電圧)は V_{CC} となる。この状態をトランジスタが**遮断領域**に入ったといい，スイッチの OFF に対応させる。また，I_1 を十分大きくすると，I_2 が最大となり R による電圧降下で出力電圧はほぼゼロとなる。このような状態を飽和領域に入ったといい，スイッチの ON に対応させる。

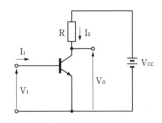

⑤帰還増幅回路

図のように，出力信号電圧 V_0 の一部を帰還回路を通して入力側に戻し，信号源入力電圧 V_S と帰還された電圧 V_F とを合成して増幅回路の入力電圧 V_I とし，さらに増幅を繰り返す回

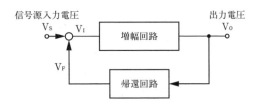

路を帰還増幅回路という。信号源入力電圧 V_S と帰還された電圧 V_F が**同位相**の場合を正帰還といい，発振回路に用いられる。また，V_S と V_F が**逆位相**の場合は負帰還といい，増幅回路の周波数特性の改善やひずみの軽減などに用いられる。

⑥電界効果トランジスタ

電界効果トランジスタ(FET[*1])はドレイン，ゲート，ソースの三つの電極を持ち，ゲートに加えた電圧(電界)でドレイン電流を制御する電圧制御型の半導体素子で N チャネル型と P チャネル型があり，それぞれ電子または正孔のどちらか**多数キャリア**だけが電気伝導に寄与する。電界効果トランジスタ(FET)は多数キャリアだけが電気伝導に寄与するのでユニポーラトランジスタともいわれる。これに対して，通常のトランジスタは多数キャリアとともに少数キャリアも電気伝導に寄与するのでバイポーラトランジスタといわれる。

また，電界効果トランジスタは構造により接合形 FET と MOS[*2] 形 FET に分類される。

⑦半導体集積回路

半導体集積回路(IC[*3])は，半導体基板上に多数のトランジスタ，ダイオード，抵抗，コンデンサなどを生成，相互に接続して電子回路を作成した電子部品で，トランジスタの動作原理からバイポーラ型とユニポーラ型に大別される。ユニポーラ型 IC の代表的なものが MOS 型 IC である。

---

*1　FET：Field Effect Transistor
*2　MOS：Metal Oxide Semiconductor　金属酸化膜半導体
*3　IC：Integrated Circuit

2.3　トランジスタ

〔18〕　トランジスタ回路において，ベース電流が □ マイクロアンペア，コレクタ電流が2.48ミリアンペア流れているとき，エミッタ電流は2.52ミリアンペアとなる。

① 0.04　　② 40　　③ 50

出題
平成29年度第2回
平成26年度第1回

☞ P.28
①構　造

解説　トランジスタ回路において，エミッタ電流 I_E，コレクタ電流 I_C，ベース電流 I_B の間には，$I_E＝I_C＋I_B$ の関係がる。
この式に設問の数値を代入すると
$2.52＝2.48＋I_B$　　∴ $I_B＝2.52－2.48＝0.04$〔mA〕
0.04〔mA〕をマイクロアンペアに直すと，$I_B＝0.04×1000＝\mathbf{40}$〔$\mu A$〕

〔19〕　トランジスタ回路において，ベース電流が90マイクロアンペア，コレクタ電流が2.71ミリアンペア流れるとき，エミッタ電流は，□ ミリアンペアとなる。

① 2.62　　② 2.74　　③ 2.80

出題
平成28年度第2回
平成27年度第1回

☞ P.28
①構　造

解説　トランジスタ回路において，エミッタ電流 I_E，コレクタ電流 I_C，ベース電流 I_Bの関係は次の式で表される。
$I_E＝I_B＋I_C$
ベース電流の90〔μA〕をミリアンペアに直すと，$I_B＝90÷1000＝0.09$〔mA〕であるから
$I_E＝I_B＋I_C－＝0.09＋2.71＝\mathbf{2.80}$〔mA〕

〔20〕　トランジスタ回路において，ベース電流が40マイクロアンペア，エミッタ電流が2.62ミリアンペアのとき，コレクタ電流は □ ミリアンペアである。

① 2.22　　② 2.58　　③ 2.66

出題
平成30年度第1回
平成28年度第1回
平成26年度第2回

☞ P.28
①構　造

解説　トランジスタのエミッタ電流 I_E，ベース電流 I_B，コレクタ電流 I_C の間には $I_E＝I_B＋I_C$ の関係があり，$I_B＝40$〔μA〕$＝0.04$〔mA〕であるので
$2.62＝0.04＋I_C$　　よって　$I_C＝2.62－0.04＝\mathbf{2.58}$〔mA〕

解答
〔18〕　②
〔19〕　③
〔20〕　②

33

（出題）
平成30年度第2回
平成28年度第2回
平成27年度第1回

☞ P.30
●各接地方式の特徴

〔21〕 トランジスタ回路を接地方式により分類したとき，電力増幅度が最も大きく，入力電圧と出力電圧が逆位相となるのは，□□□□接地方式である。

① エミッタ　　② ベース　　③ コレクタ

解　説　電力増幅度が最も大きく，入力電圧と出力電圧の位相が逆になるトランジスタの接地方式は**エミッタ**接地方式であり，低周波増幅回路などに用いられる。

（出題）
平成29年度第1回

☞ P.30
●各接地方式の特徴

〔22〕 ベース接地トランジスタ回路において，コレクターベース間の電圧 V_{CB} を一定にして，エミッタ電流を2ミリアンペア変化させたところ，コレクタ電流が1.96ミリアンペア変化した。このトランジスタ回路の電流増幅率は，□□□□である。

① 0.04　　② 0.98　　③ 49

解　説　ベース接地トランジスタ回路の電流増幅率は，エミッタ電流の変化分を $\varDelta I_E$，コレクタ電流の変化分を $\varDelta I_C$ とし，コレクターベース間の電圧 V_{CB} を一定とすると $\dfrac{\varDelta I_C}{\varDelta I_E}$ で表される。よって，$\dfrac{\varDelta I_C}{\varDelta I_E} = \dfrac{1.96}{2.00} = \mathbf{0.98}$

（出題）
平成30年度第1回
平成29年度第1回
平成28年度第2回
平成26年度第2回

☞ P.30
●増幅作用

〔23〕 図に示すトランジスタ増幅回路において，正弦波の入力信号電圧 V_I に対する出力電圧 V_{CE} は，この回路の動作点を中心に変化し，コレクタ電流 I_C が□□□□のとき，V_{CE} は最も小さくなる。

① ゼロ　　② 最小　　③ 最大

解　説　トランジスタ増幅回路において，入力信号電圧 V_I が増加するとベース電流 I_B が増加し，それにともなってコレクタ電流 I_C が増加してコレクタ抵抗による電圧降下でコレクタ電圧（出力電圧）V_{CE} は低下する。また，入力信号電圧が低下したときは，コレクタ電流が減少してコレクタ電圧が増加する。したがって，出力電圧 V_{CE} は，この回路の動作点を中心に変化し，コレクタ電流 I_C が**最大**のとき V_{CE} は最も小さくなるといえる。
　　なお，V_{CE} は**最も小さくなる**が□□□□になった問題も出題されている。

解答
〔21〕①
〔22〕②
〔23〕③

〔24〕　トランジスタによる増幅回路を構成する場合のバイアス回路は，トランジスタの動作点の設定を行うために必要な　　　　　を供給するために用いられる。

① 入力信号　② 出力信号　③ 交流電流　④ 直流電流

(出題)
平成29年度第2回
平成28年度第1回
平成26年度第1回

📖 P.30
●トランジスタ回路の
バイアス

解説　トランジスタ増幅回路は，あらかじめ設定した直流電流値（動作点）を中心に電流を増減させることで交流信号を増幅している。バイアス回路は，このトランジスタの動作点を設定するために必要な**直流電流**を供給するための回路である。

〔25〕　トランジスタ増幅回路における　　　　　回路は，トランジスタの動作点を設定するための回路である。

① バイアス　② 共振　③ 平滑

(出題)
平成29年度第1回

📖 P.30
●トランジスタ回路の
バイアス

解説　トランジスタ増幅回路は，あらかじめ設定した直流電流値を中心（動作点）にして，電流を増減させることで交流信号を増幅しているが，このトランジスタの動作点を設定するための回路を**バイアス**回路という。

〔26〕　図に示すトランジスタ回路において，ベース電流 I_B の変化に比例して，コレクタ電流 I_C が大きく変化する現象は，トランジスタの　　　　　作用といわれる。

① 発振　② 増幅　③ 整流

(出題)
平成29年度第2回
平成27年度第2回

📖 P.30
③トランジスタ増幅回
路

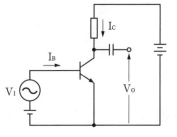

解説　トランジスタ回路では入力電圧 V_I の変化に応じてベース電流 I_B が変化すると，これに比例してコレクタ電流 I_C が大きく変化する。この現象をトランジスタの**増幅**作用といい，ベース電流の変化に対するコレクタ電流の変化の比を電流増幅率という。

解答	
〔24〕	④
〔25〕	①
〔26〕	②

（出題）
平成30年度第2回

☞ P.32
④トランジスタスイッチング回路

〔27〕 図に示すトランジスタスイッチング回路において，I_B を十分大きくすると，トランジスタの動作は _____ 領域に入り，出力電圧 V_0 は，ほぼゼロとなる。このようなトランジスタの状態は，スイッチがオンの状態と対応させることができる。

① 飽和　　② 遮断　　③ 降伏

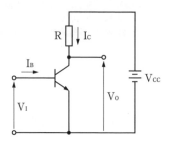

解 説　　ベース電流 I_B を十分大きくすると大きな I_C が流れ，R による電圧降下でコレクタ電圧(出力電圧) V_0 はほぼゼロとなり，トランジスタは**飽和**領域に入る。また，I_B をゼロにすると I_C が流れず，R による電圧降下がないので V_0 は電源電圧 V_{CC} とほぼ同じ値となり，遮断領域に入る。この二つの状態をスイッチの ON と OFF に対応させることができる。

（出題）
平成28年度第1回
平成26年度第1回

☞ P.32
⑤帰還増幅回路

〔28〕 図において，信号源の入力電圧 V_S と入力側に戻る電圧 V_F とによって，増幅回路の入力電圧 V_I を合成するとき，V_S と V_F とが _____ の関係にある帰還(フィードバック)を正帰還といい，発振回路に用いられる。

① 直列
② 並列
③ 逆位相
④ 同位相

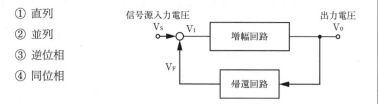

解 説　　図のような回路を帰還増幅回路といい，出力信号電圧 V_0 の一部を帰還回路を通して入力側に戻し，帰還された電圧 V_F と信号源入力電圧 V_S を合成して増幅回路の入力電圧 V_I とする。設問は正帰還であるから，V_S と V_F は**同位相**の関係にある。また，負帰還の場合は V_S と V_F は**逆位相**の関係にある。

解答
〔27〕 ①
〔28〕 ④

〔29〕　電界効果トランジスタは，半導体の　　　　　キャリアを電界によって制御する電圧制御型のトランジスタに分類される半導体素子である。

① 多数　　② 少数　　③ 真性

(出題)
平成29年度第1回
平成27年度第1回

✎ P.32
6 電界効果トランジスタ

解説　　電界効果トランジスタは電子または正孔のどちらか**多数**キャリアだけが電気伝導に寄与する半導体素子で，ドレイン，ゲート，ソースの三つの電極を持ち，ゲートに加えた電圧(電界)でドレイン電流を制御する電圧制御型の素子である。

〔30〕　半導体の集積回路(IC)は，回路に用いられるトランジスタの動作原理から，バイポーラ型とユニポーラ型に大別され，ユニポーラ型のICの代表的なものに　　　　　ICがある。

① アナログ　　② MOS型　　③ プレーナ型

(出題)
平成30年度第2回
平成27年度第2回

✎ P.32
7 半導体集積回路

解説　　半導体集積回路(IC)は回路に用いられているトランジスタの動作原理によってバイポーラ型とユニポーラ型に大別される。バイポーラ型は半導体の自由電子と正孔が動作に関与するバイポーラトランジスタ(通常のトランジスタ)を用い，ユニポーラ型は自由電子か正孔のどちらか一方のみが動作に関与するユニポーラトランジスタ(電界効果トランジスタ)を用いて構成されており，ユニポーラ型ICの代表的なものに**MOS**(Metal Oxide Semiconductor：金属酸化膜半導体)型ICがある。

解答
〔29〕　①
〔30〕　②

3.1 論理素子

論理素子と図記号

コンピュータなどの論理演算回路や制御回路に用いられる最小の回路は，2値(0と1)論理素子といわれ，入力A，Bに対応する出力Cを有する。論理素子は一般に，図に示すようなMIL記号が用いられる。

重要

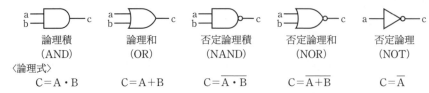

論理積 （AND）	論理和 （OR）	否定論理積 （NAND）	否定論理和 （NOR）	否定論理 （NOT）

〈論理式〉

$C=A \cdot B$　　　　$C=A+B$　　　　$C=\overline{A \cdot B}$　　　　$C=\overline{A+B}$　　　　$C=\overline{A}$

②真理値表

真理値表は，論理回路の動作を理解しやすくするために，論理素子の入出力関係(入力論理レベルをAおよびB，出力論理レベルをCとする)を表にまとめたものである。

入 力		出 力（C）			
A	B	AND $C=A \cdot B$	OR $C=A+B$	NAND $C=\overline{A \cdot B}$	NOR $C=\overline{A+B}$
0	0	0	0	1	1
0	1	0	1	1	0
1	0	0	1	1	0
1	1	1	1	0	0

3.2 論理回路

①論理回路の出力

●論理回路の出力論理レベル

① 論理回路の出力の論理レベルを求める。

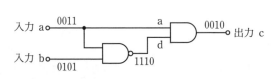

入力		出力
a	b	c
0	0	0
0	1	0
1	0	1
1	1	0

入力aに0011，入力bに0101の論理レベルを記入し，各素子の論理レベルを順に求めていく。NAND素子の出力dは真理値表から1110である。次のAND素子の入力はaとdであり，aが0，dが1のとき出力cはANDの真理値表から0，同様に0・1のとき0，1・1のとき1，0・0のとき0であるから，出力cの論理レベルは0，0，1，0となる。

第3問の標準問題

3.1　論理素子

(出題)
平成27年度第2回

✎ P.38
① 論理素子と図記号

〔1〕　図に示す論理回路において，入力A及び入力Bから出力Cの論理式を求め変形せずに表すと，C＝□□□□となる。

① $\overline{A} \cdot \overline{B} + \overline{(A + \overline{B})}$　　② $\overline{A} \cdot \overline{B} + (A + \overline{B})$　　③ $\overline{(A + \overline{B})} \cdot A \cdot \overline{B}$

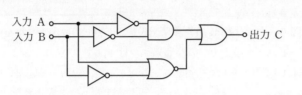

解　説　　入力A，Bから出力Cに向かって，図のように各素子の出力の論理式を順に求めていくと，出力Cの論理式は $\overline{A} \cdot \overline{B} + \overline{(A + \overline{B})}$ となる。

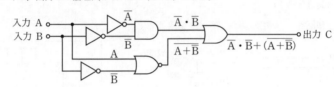

(出題)
平成29年度第2回

✎ P.38
① 論理素子と図記号

〔2〕　図に示す論理回路において，入力A及びBから出力Cの論理式を求め変形せずに表すと，C＝□□□□となる。

① $\overline{(\overline{A} + B)} + \overline{\overline{A} \cdot \overline{B}}$　　② $\overline{(A + B)} \cdot (\overline{A} + \overline{B})$　　③ $A \cdot \overline{B} + \overline{(\overline{A} + \overline{B})}$

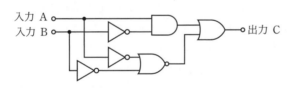

解　説　　図の論理回路に論理式を記入していくと，出力Cの論理式は $A \cdot \overline{B} + \overline{(\overline{A} + \overline{B})}$ となる。

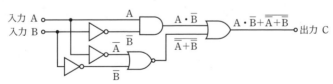

解答
〔1〕　①
〔2〕　③

② 入力が図で示されたときの出力の論理レベルを求める。

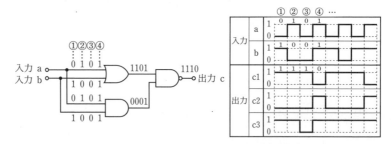

回路図に図の入力レベル a，b を順に記入し，出力 c の論理レベルを求める。①入力 a，b が 0・1 のときの出力 c の論理レベルは 1，②1・0 のときは 1，③0・0 のときも 1，④1・1 のときは 0…である。したがって，出力 c の論理レベルを示すものは c1 である。

2 未知の論理素子

重要

●未知の論理素子M

① 論理回路の未知の論理素子 M を求める。

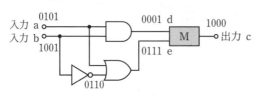

入出力の図から論理レベルを回路図に記入し，各論理素子の出力を順に求める。M の入出力の関係を左から見ていくと，d が 0，e が 0 のとき出力 c は 1，同様に 0・1 のとき 0，1・1 のときも 0 である。なお，1・0 のときの出力は 0 か 1 か分からないので＊で表して真理値表にまとめると，表のようになる。したがって，この真理値表に相当する素子 M は NOR である。

入力		出力
d	e	c
0	0	1
0	1	0
1	0	＊
1	1	0

② 論理回路の未知の論理素子 M を求める。

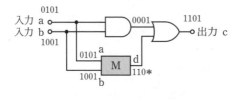

入出力の関係を示す図から論理レベルを回路図に記入し，M の出力 d の論理レベルを推定する。OR 素子は一方の入力が 0 のとき，出力が 1 であれば他方の入力は 1，出力が 0 であれば他方の入力も 0 である。また，一方の入力が 1 のとき出力は常に 1 であり，他方の入力は 0 か 1 か定まらないので，d の論理レベルは 110＊となる（0 か 1 か定まらない場合は＊で表す）。M の入出力の関係を真理値表にまとめると，この表に相当する素子 M は OR である。

入力		出力
a	b	d
0	0	0
0	1	1
1	0	1
1	1	＊

3.2 論理回路

(出題)
平成30年度第2回
平成29年度第2回

📖 P.40
②未知の論理素子①

〔3〕 図1に示す論理回路において，Mの論理素子が [　　　] であるとき，入力a及びbと出力cとの関係は，図2で示される。

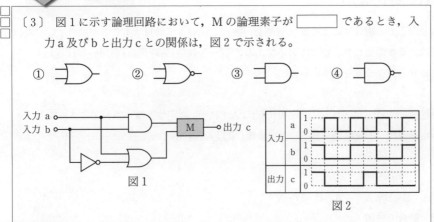

図1　図2

解説 図のタイムチャートの入力a, b, 出力cの論理レベルを図1の回路図に記入し，各素子の論理レベルを求める。

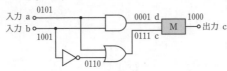

Mの入出力の関係を真理値表にまとめると(d, eが1, 0のときの出力は分からないので＊で表す)

入力		出力
d	e	c
0	0	1
0	1	0
1	0	＊
1	1	0

素子Mは，この真理値表に相当する論理素子であるから，論理素子の一覧表(P.38)と見比べると，**NOR**であることが分かる。試験では，問題用紙の余白に各素子の真理値一覧表を書いておき，見比べながら解くとよい。

(出題)
平成28年度第2回
平成26年度第1回

📖 P.40
②未知の論理素子①

〔4〕 図1に示す論理回路において，Mの論理素子が [　　　] であるとき，入力a及び入力bと出力cとの関係は，図2で示される。

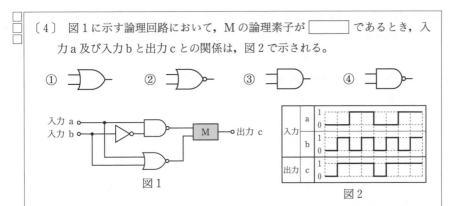

図1　図2

解答

〔3〕 ②
〔4〕 ④

3.3 ブール代数(論理代数)

論理素子での組合せによる論理回路を，数式と見なして計算することができる。この計算では，変数の値が0または1のみであり，**ブール代数**(論理代数)が用いられる。

次に基本的な公式を示す。

1 基本論理回路と論理式

論理積(AND)：$A \cdot B$　　　論理和(OR)：$A+B$　　　否定論理積(NAND)：$\overline{A \cdot B}$

否定論理和(NOR)：$\overline{A+B}$　　　否定論理(NOT)：$\overline{A}$

2 ブール代数の公式

重要

① 交換の法則

　$A+B=B+A$　　　$A \cdot B=B \cdot A$

② 結合の法則

　$A+(B+C)=(A+B)+C$　　　$A \cdot (B \cdot C)=(A \cdot B) \cdot C$

③ 分配の法則

　$A \cdot (B+C)=A \cdot B+A \cdot C$

④ 恒等の法則

　$A+1=1$　　　$A+0=A$　　　$\overline{A}+1=1$

　$A \cdot 1=A$　　　$A \cdot 0=0$　　　$\overline{A} \cdot 1=\overline{A}$

⑤ 同一の法則

　$A+A=A$　　　$A \cdot A=A$

⑥ 補元の法則

　$A+\overline{A}=1$　　　$A \cdot \overline{A}=0$

⑦ 復元の法則

　$\overline{\overline{A}}=A$　　　$\overline{\overline{A+B}}=A+B$　　　$\overline{\overline{A \cdot B}}=A \cdot B$

⑧ ド・モルガンの法則

　$\overline{A+B}=\overline{A} \cdot \overline{B}$　　　$\overline{A \cdot B}=\overline{A}+\overline{B}$

⑨ 吸収の法則

　$A+A \cdot B=A \cdot (1+B)=A$

　$A \cdot (A+B)=A$

3 論理式の簡略化

●**ブール代数の公式等を利用しての簡略化例**

① 論理式 $X=A \cdot (A+\overline{B})+B \cdot (\overline{A}+B)$ をブール代数の公式等を利用して変形し，簡単にする。

重要

$$X=A \cdot (A+\overline{B})+B \cdot (\overline{A}+B)$$
$$=A \cdot A+A \cdot \overline{B}+B \cdot \overline{A}+B \cdot B$$
$$=A+A \cdot \overline{B}+B \cdot \overline{A}+B \quad (\because A \cdot A=A, \ B \cdot B=B \ \langle 同一の法則\rangle)$$
$$=A \cdot (1+\overline{B})+B \cdot (\overline{A}+1)$$
$$=\mathbf{A+B} \qquad (\because A \cdot (1+\overline{B})=A, \ B \cdot (\overline{A}+1)=B \ \langle 吸収の法則\rangle)$$

② 論理関数 $X=(A+B) \cdot (A+\overline{B})$ をブール代数の公式等を利用して変形し，簡単にする。

42

解 説　図1の回路図に論理レベルを記入すると

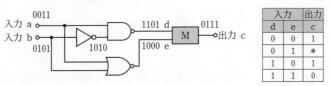

入力		出力
d	e	c
0	0	1
0	1	＊
1	0	1
1	1	0

　Mの入力d，eと出力cを真理値表にまとめると表のようになる。（0か1か分からない場合は＊で表す。）
　素子Mは，この真理値表に相当する素子であるから**NAND**である。

〔5〕　図1に示す論理回路において，Mの論理素子が□□□□であるとき，入力a及び入力bと出力cとの関係は，図2で示される。

（出題）
平成28年度第1回

📖 P.40
②未知の論理素子②

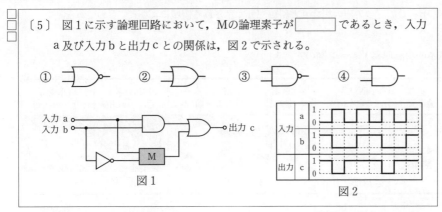

図1　図2

解 説　図1の回路図に論理レベルを記入し，Mの出力eの論理レベルをORの入・出力の関係から類推する。ORは入力の一方が0のとき，出力が0であれば他方の入力は0，出力が1であれば他方の入力は1である。また，入力の一方が1のときは出力は常に1であり，他方の入力は0か1か定まらない。定まらない場合を＊で表すと，eの論理レベルは1，0，1，＊となる。

入力		出力
a	d	e
0	0	1
0	1	1
1	0	＊
1	1	0

　Mの入，出力を真理値表にまとめると表のようになる。
　素子Mは，この真理値表に相当する素子であるから**NAND**である。

〔6〕　図1に示す論理回路において，Mの論理素子が□□□□であるとき，入力a及びbと出力cとの関係は，図2で示される。

（出題）
平成30年度第1回
平成29年度第1回
平成27年度第2回
平成27年度第1回
平成26年度第2回

📖 P.40
②未知の論理素子②

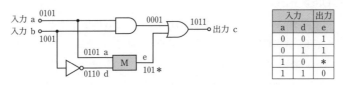

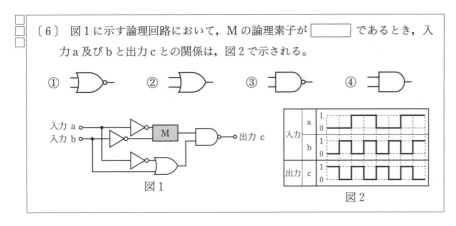

図1　図2

解答
〔5〕　③
〔6〕　③

$$X = (A+B) \cdot (A+\overline{B})$$
$$= A \cdot A + A \cdot \overline{B} + B \cdot A + B \cdot \overline{B}$$
$$= A + A \cdot \overline{B} + B \cdot A \quad (\because A \cdot A = A \text{〈同一の法則〉}, \; B \cdot \overline{B} = 0 \text{〈補元の法則〉})$$
$$= A \cdot (1 + \overline{B} + B)$$
$$= \mathbf{A} \qquad\qquad (\because A \cdot (1 + \overline{B} + B) = A \text{〈吸収の法則〉})$$

3.4 ベン図と論理式

論理式を表す方法の一つとしてベン図があり，四角形と一つの円，A，Bの二つの円またはA，B，Cの三つの円の組合せと斜線部分で示される領域により表すものである。

1 論理素子の論理式とベン図

基本的な論理素子とベン図の対応を図に示す。

重要

基本論理素子	AND素子（論理積）	OR素子（論理和）	NOT素子（否定論理）	NAND素子（否定論理積）	NOR素子（否定論理和）
ベン図と論理式	A B	A B	A	A B	A B
	$f = A \cdot B$	$f = A + B$	$f = \overline{A}$	$f = \overline{A \cdot B}$	$f = \overline{A + B}$

① AND 素子

　AND 素子のベン図では，斜線部分は，「AとBのいずれをも含む部分」を示し，論理積 A・B と表す。

② OR 素子

　OR 素子のベン図では，斜線部分は，「AとBの少なくともどちらか一方を含む部分」を示し，論理和 A＋B と表す。

③ NOT 素子

　NOT 素子のベン図では，変数Aを円の部分とすれば，$\overline{A}$ はA以外の部分（四角形で囲まれた円以外の部分）を示し，否定論理 $\overline{A}$ と表す。

2 ベン図と論理式

論理回路での論理式を単純化するためには，論理代数（ブール代数）を使用した数式手法による場合と，ベン図による図式手法がある。

A，Bの2変数あるいは，A，B，Cの3変数の例を示す。

重要

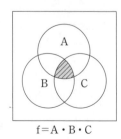

$f = A \cdot B \cdot C$

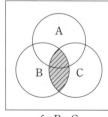

$f = B \cdot C$

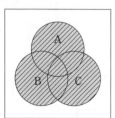

$f = A + B + C$

解説　図1の回路図に図2にしたがって論理レベルを記入し，Mの出力fの論理レベルをNANDの入・出力の関係から類推する。NANDは入力の一方が1のとき，出力が0であれば他方の入力は1，出力が1であれば他方の入力は0である。また，入力の一方が0のときは出力は常に1であり，他方の入力は0か1か定まらない。定まらない場合を＊で表すと，fの論理レベルは0, 1, ＊, 1となる。

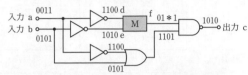

Mの入，出力の関係を真理値表にまとめると

入力		出力
d	e	f
0	0	1
0	1	＊
1	0	1
1	1	0

この真理値表と選択肢の各素子の真理表を比較すると，素子Mに相当する素子は**NAND**であることが分かる。

3.3　ブール代数（論理代数）

〔7〕　次の論理関数Xは，ブール代数の公式等を利用して変形し，簡単にすると，□□□□になる。

$$X=\overline{A}\cdot\overline{B}\cdot(A+\overline{C})+A\cdot C\cdot(\overline{A}+B)$$

①　$A\cdot B\cdot C$　　②　$A\cdot B\cdot C+\overline{A}\cdot\overline{B}\cdot\overline{C}$　　③　$\overline{A}\cdot\overline{B}\cdot\overline{C}$

（出題）
平成26年度第1回

📖 P.42
③論理式の簡略化

解説　論理関数Xを変形し，簡単にすると
$$X=\overline{A}\cdot\overline{B}\cdot(A+\overline{C})+A\cdot C\cdot(\overline{A}+B)$$
$$=\overline{A}\cdot\overline{B}\cdot A+\overline{A}\cdot\overline{B}\cdot\overline{C})+A\cdot C\cdot\overline{A}+A\cdot C\cdot B$$
$$=A\cdot\overline{A}\cdot\overline{B}+\overline{A}\cdot\overline{B}\cdot\overline{C}+A\cdot\overline{A}\cdot C+A\cdot B\cdot C$$
ここにおいて，$A\cdot\overline{A}=0$ であるから
$$X=\overline{A}\cdot\overline{B}\cdot\overline{C}+A\cdot B\cdot C=\mathbf{A\cdot B\cdot C+\overline{A}\cdot\overline{B}\cdot\overline{C}}$$

〔8〕　次の論理関数Xは，ブール代数の公式等を利用して変形し，簡単にすると，□□□□と表すことができる。

$$X=(A+B)\cdot(\overline{B}+\overline{C})+(C+\overline{A})\cdot(A+\overline{B})$$

①　$\overline{A}+\overline{B}+B\cdot C$　　②　$\overline{A}+B+\overline{B}\cdot\overline{C}$　　③　$A+\overline{B}+B\cdot\overline{C}$

（出題）
平成27年度第2回

📖 P.42
③論理式の簡略化

解答
〔7〕　②
〔8〕　③

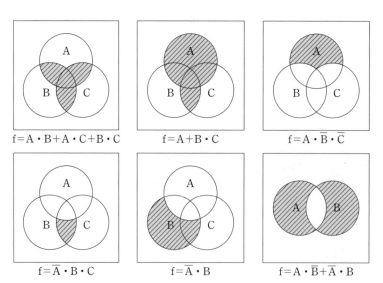

$$f = A \cdot B + A \cdot C + B \cdot C \qquad f = A + B \cdot C \qquad f = A \cdot \overline{B} \cdot \overline{C}$$

$$f = \overline{A} \cdot B \cdot C \qquad f = \overline{A} \cdot B \qquad f = A \cdot \overline{B} + \overline{A} \cdot B$$

③ベン図による
論理和，論理
積

　ベン図の塗りつぶした部分を示す論理式の論理和や論理積はベン図を用いて求めること
ができる。

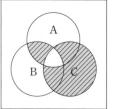 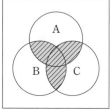

　論理和は二つまたは三つのベン図の塗りつぶされた部分すべての領域で表され，論理積
はすべての図に共通する塗りつぶされた領域で表される。したがって，上の二つのベン図
で示される論理式の論理和や論理積は次のベン図で表される。

論理和 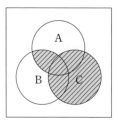　　　論理積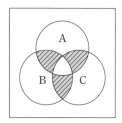

3.5　2進数

　2進数は，"0"と"1"の2種類の数字の組み合わせにより数値を表すものであり，電子
回路やコンピュータなどにおけるあらゆるソフトウェア，データの処理に用いられている。

①2進数と10進
数

　①　10進数と2進数の考え方

　　●10進数と2進数の対応

2進数ビット位置とビットの重み(2^n)	2^7	2^6	2^5	2^4	2^3	2^2	2^1	2^0
2進数	10000000	1000000	100000	10000	1000	100	10	1
対応する10進数	128	64	32	16	8	4	2	1

解説　論理関数 X を変形し，簡単にすると
$$X=(A+\overline{B})\cdot(\overline{B}+\overline{C})+(C+\overline{A})+(A+\overline{B})$$
$$=A\cdot\overline{B}+A\cdot\overline{C}+B\cdot\overline{B}+B\cdot\overline{C}+A\cdot C+\overline{B}\cdot C+\overline{A}\cdot A+\overline{A}\cdot\overline{B}$$
ここに B・$\overline{B}$=0，$\overline{A}$・A=0 であるから
$$=A\cdot\overline{B}+A\cdot\overline{C}+B\cdot\overline{C}+A\cdot C+\overline{B}\cdot C+\overline{A}\cdot\overline{B}$$
$$=A\cdot(\overline{C}+C)+\overline{B}\cdot(A+\overline{A})+B\cdot\overline{C}+\overline{B}\cdot C$$
ここに $\overline{C}$+C=1，A+$\overline{A}$=1 であるから
$$=A\cdot1+\overline{B}\cdot1+B\cdot\overline{C}+\overline{B}\cdot C$$
$$=A+\overline{B}+B\cdot\overline{C}+\overline{B}\cdot C$$
$$=A+\overline{B}\cdot(1+C)+B\cdot\overline{C}$$
ここに 1+C=1 であるから
$$=A+\overline{B}\cdot1+B\cdot\overline{C}$$
$$=\mathbf{A+\overline{B}+B\cdot\overline{C}}$$

〔9〕　次の論理関数Xは，ブール代数の公式等を利用して変形し，簡単にすると，□□□□になる。
$$X=\overline{(A+\overline{C})}\cdot(\overline{B}+C)+(\overline{A}+C)\cdot\overline{(B+\overline{C})}$$

① 0　　② 1　　③ A・$\overline{B}$+$\overline{A}$・B

(出題) 平成29年度第1回　P.42　③論理式の簡略化

解説　論理関数 X を変形し，簡単にすると
$$X=\overline{(A+\overline{C})}\cdot(\overline{B}+C)+(\overline{A}+C)\cdot\overline{(B+\overline{C})}$$
$$=\overline{A}\cdot C\cdot B\cdot\overline{C}+A\cdot\overline{C}\cdot\overline{B}\cdot C$$
$$=\overline{A}\cdot B\cdot C\cdot\overline{C}+A\cdot\overline{B}\cdot C\cdot\overline{C}$$
ここに C・$\overline{C}$=0 であるから
$$=0+0=\mathbf{0}$$

〔10〕　次の論理関数Xは，ブール代数の公式等を利用して変形し，簡単にすると，□□□□になる。
$$X=(A+B)\cdot((A+\overline{C})+(\overline{A}+B))\cdot(\overline{A}+\overline{C})$$

① 1　　② B+$\overline{C}$　　③ A・$\overline{C}$+$\overline{A}$・B+B・$\overline{C}$

(出題) 平成30年度第2回　P.42　③論理式の簡略化

解説　設問の論理式を変形すると
$$X=(A+B)\cdot((A+\overline{C})+(\overline{A}+B))\cdot(\overline{A}+\overline{C})$$
$$=(A+B)\cdot(A+\overline{C}+\overline{A}+B)\cdot(\overline{A}+\overline{C})$$
$$=(A+B)\cdot(A+\overline{A}+B+\overline{C})\cdot(\overline{A}+\overline{C})$$
A+$\overline{A}$=1 であるから
$$=(A+B)\cdot(1+B+\overline{C})\cdot(\overline{A}+\overline{C})$$
1+B+$\overline{C}$=1 であるから
$$=(A+B)\cdot(\overline{A}+\overline{C})=A\cdot\overline{A}+A\cdot\overline{C}+\overline{A}\cdot B+B\cdot\overline{C}$$
A・$\overline{A}$=0 であるから
$$=\mathbf{A\cdot\overline{C}+\overline{A}\cdot B+B\cdot\overline{C}}$$

解答
〔9〕　①
〔10〕　③

●10進数と２進数ビット列

10進数(X)と２進数ビット位置(2^n)および２進数(0，1)の対応

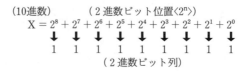

(10進数)　　　（２進数ビット位置$\langle 2^n \rangle$）
$$X = 2^8 + 2^7 + 2^6 + 2^5 + 2^4 + 2^3 + 2^2 + 2^1 + 2^0$$
↓　↓　↓　↓　↓　↓　↓　↓　↓
1　1　1　1　1　1　1　1　1
（２進数ビット列）

ここで，２進数ビット位置$\langle 2^n \rangle$のうち，乗数(n)のついていないビット位置がある場合は，そのビット位置を"0"とする

② 10進数２進数変換

10進数を２進数に変換する場合は，10進数を２で割って行き，その余りを下から順に並べることにより求められる。

10進数の126を２進数に変換すると1111110になる。

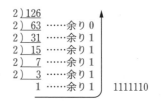

```
2) 126
2)  63 ……余り 0
2)  31 ……余り 1
2)  15 ……余り 1
2)   7 ……余り 1
2)   3 ……余り 1
    1 ……余り 1  } 1111110
```

③ ２進10進変換

２進数の1110101を10進数に変換すると 117 になる。

b^n……	b^6	b^5	b^4	b^3	b^2	b^1	b^0	２進数のビット位置
2^n……	2^6	2^5	2^4	2^3	2^2	2^1	2^0	各ビットの重み
	‖	‖	‖	‖	‖	‖	‖	
	64	32	16	8	4	2	1	
	×	×	×	×	×	×	×	
	1	1	1	0	1	0	1	２進数
	↓	↓	↓	↓	↓	↓	↓	
	64＋	32＋	16＋	0 ＋	4 ＋	0 ＋	1	＝117　10進数

各ビットの重みと２進数の各ビット数（0または1）を掛けて，その和を求める。

②２進数の加算

２進数の加算では桁ごと加算を行い，$0+0=0$，$1+0=1$，$0+1=1$であるが，$1+1$の場合は 10 と桁上がりする。したがって，２進数 10101 と 10110 を加算すると，101011 となる。

```
    10101
+)  10110
   101011
```
　（右から３桁目と５桁目で桁上がりしている）

③２進数の論理和・論理積

２進数の論理和は同じ桁どうしを比べ，どちらも0であれば0，1があれば1とする演算であり，$1 \cdot 1$の場合も桁上がりはない。また，論理積はどちらかに0があれば0で，$1 \cdot 1$の場合のみ1とする演算であり，桁上がりはない。

```
        1001101              1001101
        1011001              1011001
論理和  1011101      論理積  1001001
```

〔11〕　次の論理関数Xは，ブール代数の公式等を利用して変形し，簡単にすると，□□□□になる。

$$X=(A+B)\cdot(A+\overline{C})+(\overline{\overline{A}\cdot\overline{B}})+(\overline{A}\cdot C)$$

① 1　　② $A+B+\overline{C}$　　③ $A+B\cdot\overline{C}$

（出題）平成30年度第1回　平成26年度第2回

☞ P.42　③論理式の簡略化

解説　論理関数 X を変形し，簡単にすると
$$X=(A+B)\cdot(A+\overline{C})+(\overline{\overline{A}\cdot\overline{B}})+(\overline{A}\cdot C)$$
$$=A\cdot A+A\cdot\overline{C}+A\cdot B+B\cdot\overline{C}+\overline{A}+\overline{B}+\overline{A}+\overline{C}$$
$$=A+A\cdot\overline{C}+A\cdot B+B\cdot\overline{C}+A+B+A+\overline{C}$$
$$=A\cdot(1+\overline{C}+B+1+1)+B\cdot(\overline{C}+1)+\overline{C}$$
ここに $1+\overline{C}+B+1+1=1,\ \overline{C}+1=1$ であるから
$$=\mathbf{A+B+\overline{C}}$$

〔12〕　次の論理関数 X は，ブール代数の公式等を利用して変形し，簡単にすると，□□□□になる。

$$X=\overline{(A+B)\cdot(A+\overline{C})}+(\overline{\overline{A}+B})+(\overline{\overline{A}+\overline{C}})$$

① $\overline{B}+C$　　② $A+B\cdot\overline{C}$　　③ $A\cdot\overline{B}+\overline{A}\cdot C+B\cdot\overline{C}$

（出題）平成27年度第1回

☞ P.42　③論理式の簡略化

解説　論理関数 X を変形し，簡単にすると
$$X=\overline{(A+B)\cdot(A+\overline{C})}+(\overline{\overline{A}+B})+(\overline{\overline{A}+\overline{C}})$$
$$=(\overline{A+B})+(\overline{A+\overline{C}})+\overline{\overline{A}}\cdot\overline{B}+\overline{\overline{A}}\cdot\overline{\overline{C}}$$
$$=\overline{A}\cdot\overline{B}+\overline{A}\cdot\overline{\overline{C}}+A\cdot\overline{B}+A\cdot C$$
$$=\overline{A}\cdot\overline{B}+\overline{A}\cdot C+A\cdot\overline{B}+A\cdot C$$
$$=\overline{A}\cdot(\overline{B}+C)+A\cdot(\overline{B}+C)$$
$$=(\overline{B}+C)\cdot(\overline{A}+A)$$
ここに $A+\overline{A}=1$ であるから
$$=\mathbf{\overline{B}+C}$$

〔13〕　次の論理関数Xは，ブール代数の公式等を利用して変形し，簡単にすると，□□□□になる。

$$X=\overline{(A+\overline{B})+(B+\overline{C})}+\overline{(\overline{A}+B)+(\overline{B}+C)}$$

① 0　　② A　　③ $A\cdot\overline{C}+\overline{A}\cdot C$

（出題）平成28年度第1回

☞ P.42　③論理式の簡略化

解説　論理関数 X を変形し，簡単にすると
$$X=\overline{(A+\overline{B})+(B+\overline{C})}+\overline{(\overline{A}+B)+(\overline{B}+C)}$$
$$=\overline{(A+\overline{B})}\cdot\overline{(B+\overline{C})}+\overline{(\overline{A}+B)}\cdot\overline{(\overline{B}+C)}$$
$$=\overline{A}\cdot\overline{\overline{B}}\cdot\overline{B}\cdot\overline{\overline{C}}+\overline{\overline{A}}\cdot\overline{B}\cdot\overline{\overline{B}}\cdot\overline{C}$$
$$=\overline{A}\cdot B\cdot\overline{B}\cdot C+A\cdot\overline{B}\cdot B\cdot\overline{C}$$
ここに，$B\cdot\overline{B}=0$ であるから
$$=0+0=\mathbf{0}$$

解答
〔11〕　②
〔12〕　①
〔13〕　①

49

（出題）
平成29年度第2回

☞ P.42
③論理式の簡略化

〔14〕 次の論理関数 X は，ブール代数の公式等を利用して変形し，簡単にする
と，□□□□になる。
$$X=(\overline{A}+B)\cdot(B+\overline{C})+(A+B)\cdot(\overline{A}+\overline{C})$$

① B　② $B+\overline{C}$　③ $\overline{A}\cdot B+B\cdot\overline{C}$

解 説　論理関数 X を変形し，簡単にすると
$$X=(\overline{A}+B)\cdot(B+\overline{C})+(A+B)\cdot(\overline{A}+\overline{C})$$
$$=\overline{A}\cdot B+\overline{A}\cdot\overline{C}+B\cdot B+B\cdot\overline{C}+A\cdot\overline{A}+A\cdot\overline{C}+\overline{A}\cdot B+B\cdot\overline{C})$$
ここに $B\cdot B=B$, $A\cdot\overline{A}=0$ であるから
$$=\overline{A}\cdot B+\overline{A}\cdot\overline{C}+B+B\cdot\overline{C}+A\cdot\overline{C}$$
$$=B\cdot(\overline{A}+1)+\overline{C}\cdot(\overline{A}+B+A)$$
ここに $\overline{A}+1=1$, $\overline{A}+B+A=B+1=1$ であるから
$$=\boldsymbol{B+\overline{C}}$$

（出題）
平成28年度第2回

☞ P.42
③論理式の簡略化

〔15〕 次の論理関数 X は，ブール代数の公式等を利用して変形し，簡単にする
と，□□□□になる。
$$X=\overline{(\overline{A}+\overline{B})\cdot(\overline{A}+C)}+\overline{(A+\overline{B})}+\overline{(A+C)}$$

① $B+\overline{C}$　② $\overline{B}+C$　③ $A+B+\overline{C}$

解 説　論理関数 X を変形し，簡単にすると
$$X=\overline{(\overline{A}+\overline{B})\cdot(\overline{A}+C)}+\overline{(A+\overline{B})}+\overline{(A+C)}$$
$$=\overline{(\overline{A}+\overline{B})}+\overline{(\overline{A}+C)}+\overline{A}\cdot\overline{\overline{B}}+\overline{A}\cdot\overline{C}$$
$$=\overline{\overline{A}}\cdot\overline{\overline{B}}+\overline{\overline{A}}\cdot\overline{C}+\overline{A}\cdot B+\overline{A}\cdot\overline{C}$$
$$=A\cdot B+A\cdot\overline{C}+A\cdot B+\overline{A}\cdot\overline{C}$$
$$=B\cdot(A+\overline{A})+\overline{C}\cdot(A+\overline{A})$$
ここに $A+\overline{A}=1$ であるから
$$=\boldsymbol{B+\overline{C}}$$

3.4 ベン図と論理式

（出題）
平成29年度第2回
平成28年度第1回

☞ P.44
②ベン図と論理式

〔16〕 図1，図2及び図3に示すベン図において，A，B 及び C が，それぞれの
円の内部を表すとき，斜線部分を示す論理式が $\overline{A}\cdot C+B\cdot\overline{C}+\overline{B}\cdot C$ と表す
ことができるベン図は，□□□□である。

① 図1　② 図2　③ 図3

図1

図2

図3

解答
〔14〕 ②
〔15〕 ①
〔16〕 ②

解　説　設問のベン図のうち，$\overline{A}\cdot C+B\cdot\overline{C}+\overline{B}\cdot C$の論理式で表すことができるベン図は図2である。

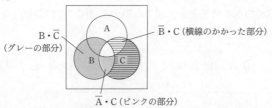

B・$\overline{C}$（グレーの部分）

$\overline{B}\cdot C$（横線のかかった部分）

$\overline{A}\cdot C$（ピンクの部分）

〔出題〕
平成27年度第1回
平成26年度第1回

📖 P.44
②ベン図と論理式

〔17〕　図1，図2及び図3に示すベン図において，A，B及びCが，それぞれの円の内部を表すとき，塗りつぶした部分を示す論理式が$B\cdot\overline{A\cdot C}+C\cdot\overline{A\cdot B}$と表すことができるベン図は，□□□□である。

① 図1　　② 図2　　③ 図3

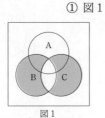

図1

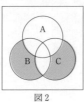

図2

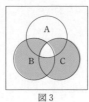

図3

解　説　論理式$B\cdot\overline{A\cdot C}+C\cdot\overline{A\cdot B}$を表すベン図は，$B\cdot\overline{A\cdot C}$を示すベン図と$C\cdot\overline{A\cdot B}$を示すベン図から求めることができる。$B\cdot\overline{A\cdot C}$を表すベン図は，AとCが重なるレンズ状の領域$A\cdot C$の外側の領域$\overline{A\cdot C}$と領域Bが重なった領域で表される。同様に，$C\cdot\overline{A\cdot B}$は，AとBが重なる領域$A\cdot B$の外側の領域$\overline{A\cdot B}$と領域Cが重なった領域で表される。

したがって，求めるベン図は下の図の網点領域の論理和を示す**図3**である。

$\overline{A\cdot C}$　　$A\cdot C$　　　$A\cdot B$　　$\overline{A\cdot B}$

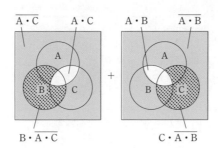

$B\cdot\overline{A\cdot C}$　　　　　　$C\cdot\overline{A\cdot B}$

解答
〔17〕　③

基礎科目　第3問の標準問題

〔18〕 図1，図2及び図3に示すベン図において，A，B及びCが，それぞれの円の内部を表すとき，図1，図2及び図3の斜線部分を示すそれぞれの論理式の論理積は，□□□□と表すことができる。

① A・B＋B・C　② A・$\overline{B}$・C＋$\overline{A}$・B・C　③ $\overline{A}$・B・C

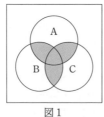
図1

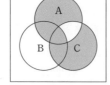
図2

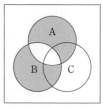
図3

解説　図1及び図2の斜線部分の論理積を示すベン図は，三つのベン図に共通する斜線部分の領域であり，下図のとおりである。したがって，$\overline{A}$・B・C の論理式で表すことができる。

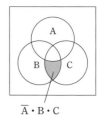

$\overline{A}$・B・C

〔19〕 図1，図2及び図3に示すベン図において，A，B及びCが，それぞれの円の内部を表すとき，図1，図2及び図3の斜線部分を示すそれぞれの論理式の論理積は，□□□□と表すことができる。

① $\overline{A}$・B・C　② A・B・$\overline{C}$　③ A・$\overline{B}$・C

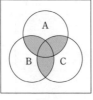
図1

図2

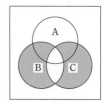
図3

解説　三つの図の斜線部分を示す論理式の論理積は，三つの図に共通する斜線部分で表されるから，下の図に示す斜線部分である。この斜線部分を表す論理式は A・$\overline{B}$・C である。

A・$\overline{B}$・C
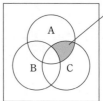

解答
〔18〕 ③
〔19〕 ③

第3問の標準問題
基礎科目

〔20〕　図1及び図2に示すベン図において，A，B及びCが，それぞれの円の内部を表すとき，図1及び図2の斜線部分を示すそれぞれの論理式の論理和は，□□□と表すことができる。

（出題）
平成29年度第1回

P.46
③ベン図による論理和，論理積

① $\overline{A}\cdot B\cdot C$　② $\overline{A}\cdot B+\overline{A}\cdot C$　③ $\overline{A}\cdot B+\overline{B}\cdot C$

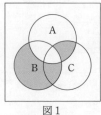 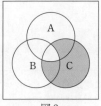

図1　　　　　　　　図2

解　説　　図1及び図2の斜線部分の論理和を示すベン図は，下図のとおりである。したがって，$\overline{A}\cdot B+\overline{B}\cdot C$ の論理式で表すことができる。

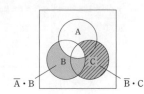

$\overline{A}\cdot B$　　　　　$\overline{B}\cdot C$

〔21〕　図1，図2及び図3に示すベン図において，A，B及びCが，それぞれの円の内部を表すとき，図1，図2及び図3の斜線部分を示すそれぞれの論理式の論理和は，□□□と表すことができる。

（出題）
平成30年度第2回
平成27年度第2回
平成26年度第2回

P.44
②ベン図と論理式

① $A\cdot\overline{C}+\overline{A}\cdot C$　② $A\cdot\overline{C}+\overline{A}\cdot C+A\cdot B\cdot C$
③ $A\cdot\overline{C}+A\cdot B\cdot C+\overline{A}\cdot\overline{B}\cdot C$

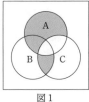

図1　　　　　　図2　　　　　　図3

解　説　　図1，図2及び図3の斜線部分を示す論理式の論理和を示すベン図は，三つのベン図のすべての斜線部分を示す下図の領域であり，$A\cdot\overline{C}+\overline{A}\cdot C+A\cdot B\cdot C$ の論理式で表すことができる。

$A\cdot\overline{C}$
$A\cdot B\cdot C$
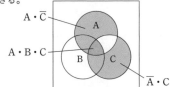
$\overline{A}\cdot C$

解答
〔20〕③
〔21〕②

53

3.5 2進数

3.5 2進数

3.5 2進数

〔24〕　表に示す2進数 X_1，X_2 について，各桁それぞれに論理和を求め2進数で表記した後，10進数に変換すると，□□□□になる。

① 20　　② 29　　③ 49

2進数
$X_1 = 11100$
$X_2 = 10101$

(出題)
平成29年度第1回

☞ P.48
③2進数の論理和・論理積
③2進10進変換

解　説　2進数 X_1，X_2 について，各桁それぞれに論理和を求めると

X_1　　　11100
X_2　　　10101
論理和　　11101

　2進数は右側の最下位の桁から順に1，2，4，8，16の重みを持っているので，2進数11101を10進数に変換すると

$16+8+4+0+1=$ **29**

〔25〕　表に示す2進数 X_1，X_2 について，各桁それぞれに論理積を求め2進数で表記した後，10進数に変換すると，□□□□になる。

① 297　　② 511　　③ 594

2進数
$X_1 = 110101011$
$X_2 = 101111101$

(出題)
平成30年度第2回
平成28年度第1回
平成26年度第2回

☞ P.48
③2進数の論理和・論理積
③2進10進変換

解　説　2進数 X_1，X_2 の各桁それぞれの論理積は

X_1　　　110101011
X_2　　　101111101
　　　　　100101001

　2進数は右側の最下位の桁から順に1，2，4，8，16，32，64，128，256…の重みを持っているので，2進数100101001を10進数に変換すると

$256+32+8+1=$ **297**

解答
〔24〕　②
〔25〕　①

4.1 伝送量

① 伝送量

重要

電気通信回線や増幅器などで構成される伝送系の利得または損失を**伝送量**といい，一般にデシベル〔dB〕という単位を用いて表す。

回路網の入力側の電力をP_I，出力側の電力をP_0とすれば，伝送量Aは

$$A = 10 \log_{10} \frac{P_0}{P_I} \text{〔dB〕}$$

で定義される。

伝送量は電圧比または電流比で表すこともでき，入力側の電圧・電流を$V_I \cdot I_I$，出力側の電圧・電流を$V_0 \cdot I_0$とすれば，伝送量Aは

$$A = 20 \log_{10} \frac{V_0}{V_I} = 20 \log_{10} \frac{I_0}{I_I} \text{〔dB〕}$$

（図：入力 P_I〔W〕，V_I〔V〕，I_I〔A〕 → 回路網 → 出力 P_0〔W〕，V_0〔V〕，I_0〔A〕）

常用対数の公式

$\log_{10} a^n = n \log_{10} a$

$\log_{10} 1 = \log_{10} 10^0 = 0$

$\log_{10} 10 = \log_{10} 10^1 = 1$

$\log_{10} 100 = \log_{10} 10^2 = 2$

$\log_{10} \dfrac{1}{100} = \log_{10} 10^{-2} = -2$

② 相対レベルと絶対レベル

重要

前項のように，電気通信回線の入力側と出力側の電力の比で表した値を**相対レベル**という。これに対して，1mWを基準電力にとり，これとの対数比で表した電力の値を**絶対レベル**という。絶対レベルの単位は〔**dBm**〕である。

$$絶対レベル = 10 \log_{10} \frac{P\text{〔mW〕}}{1\text{〔mW〕}} \text{〔dBm〕}$$

③ 伝送系の伝送損失・利得

重要

伝送系では伝送路の減衰を補うために途中に増幅器が挿入されるが，回線全体の伝送量をA〔dB〕，伝送損失をL〔dB〕，利得をG〔dB〕とすると，伝送量Aは，損失に"$-$"を，利得には"$+$"を付して代数和により求めることができる。

伝送量　$A = -L + G$〔dB〕

（損失，利得が複数ある場合は，それぞれL_1，L_2，G_1，G_2で表す）

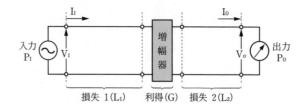

（図：入力 P_I，V_I，I_I → 損失 1(L_1) → 増幅器 利得(G) → 損失 2(L_2) → V_0，I_0，出力 P_0）

第4問の標準問題

4.1 伝送量

☑
☐
☐

〔1〕　□□□□ ミリワットの電力を絶対レベルで表すと，20〔dBm〕である。

①　1　　②　10　　③　100

(出題)
平成30年度第2回
平成29年度第1回
平成27年度第2回
平成26年度第2回

☞ P.56
②相対レベルと絶対レベル

解説　絶対レベルは電力を1〔mW〕に対する比としてデシベルで表したものである。したがって，20〔dBm〕に相当する電力をP〔mW〕とすると

$$10\log_{10}\frac{P〔mW〕}{1〔mW〕}=20〔dB〕\qquad \log_{10}P=2$$

よって $P=10^2=\mathbf{100}〔mW〕$

4.2 伝送量の計算

☐
☐
☐

〔2〕　図において，電気通信回線への入力電力が78ミリワット，その伝送損失が1キロメートル当たり1.5デシベル，増幅器の利得が50デシベルのとき，電力計の読みは□□□□ ミリワットである。ただし，入出力各部のインピーダンスは整合しているものとする。

(出題)
平成30年度第2回

☞ P.58
●伝送量の計算例

①　7.8　　②　78　　③　780

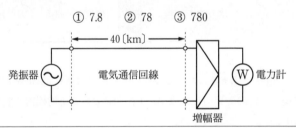

解説　電気通信回線の距離が40〔km〕，その伝送損失が1.5〔dB/km〕であるから，回線の減衰量Lは $40×1.5=60$〔dB〕，また，増幅器の利得Gが50〔dB〕であるから，伝送量Aを求める式 $A=-L+G$ に代入して，この回線の伝送量AはA＝$-60+50=-10$〔dB〕となる。

電気通信回線の入力電力が78〔mW〕であるから，電力計の読みを P_0 とすると

$$A=10\log_{10}\frac{P_0}{78}=-10〔dB〕\qquad \log_{10}\frac{P_0}{78}=-1$$

$$\frac{P_0}{78}=10^{-1}\qquad \therefore P_0=\frac{78}{10}=\mathbf{7.8}〔mW〕$$

解答
〔1〕　③
〔2〕　①

4.2 伝送量の計算

●伝送量の計算例

① 電気通信回線への入力レベル P_I が -5〔dB〕，その伝送損失が 1〔km〕当たり 1.2〔dB〕，増幅器の利得が 28〔dB〕のとき，端子 a－b での出力レベル（受信レベル）P_O を求める。ただし，入出力各部のインピーダンスは整合しているものとする。

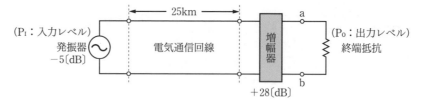

〔解き方〕

出力レベル＝（入力レベル）－（回線の伝送損失）＋（増幅器の利得）＝$P_I－L＋G$

$P_O＝－5－(25×1.2)＋28＝-7$〔**dB**〕

② 電気通信回線への入力電力が 32〔mW〕，その伝送損失が 1〔km〕当たり 0.8〔dB〕，電力計の読みが 32〔mW〕のとき，増幅器の利得 G を求める。ただし，入出力各部のインピーダンスは整合しているものとする。

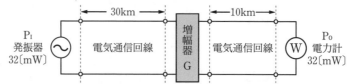

〔解き方〕

$A_P＝10\log_{10}\dfrac{P_O}{P_I}＝－L＋G$ において設問は入力，出力とも 32〔mW〕で電力比は 1 倍であり，発振器－電力計間の伝送量 A_P は 0〔dB〕である。増幅器の利得を G とすると次式が成り立つ。

$A_P＝10\log_{10}\dfrac{32}{32}＝－(40×0.8)＋G$ 〈$10\log_{10}\dfrac{32}{32}＝10\log_{10}1＝10\log_{10}10^0＝0×10＝0$〉

$0＝－32＋G$ $G＝32$〔**dB**〕

4.3 特性インピーダンス

1特性インピーダンス

電気通信回線で伝送される信号は次第に減衰していくが，無限長の一様な線路ではどの点をとっても線間の電圧 V と流れる電流 I の比 V/I の値は一定であり，この値を**特性インピーダンス**という。線間の電圧と流れる電流の比 V/I の値は一定であるという関係は入力端でも成り立つので，無限長の一様な線路の入力インピーダンスと特性インピーダンスは等しい。入力インピーダンスとは入力端から線路側を見たインピーダンスという。

2反射係数

電気通信回線において，送信側通信回線の特性インピーダンスと受信側通信回線の特性インピーダンスが異なる伝送路を接続した場合，接続点において反射波を生じて，反射損

〔3〕　図において，電気通信回線への入力電力が160ミリワット，その伝送損失が1キロメートル当たり0.8デシベル，電力計の読みが1.6ミリワットのとき，増幅器の利得は，□□□□□デシベルである。ただし，入出力各部のインピーダンスは整合しているものとする。

(出題)
平成29年度第2回
平成28年度第2回
平成27年度第2回
平成26年度第1回

☞ P.58
● 伝送量の計算例②

① 8　　② 10　　③ 12

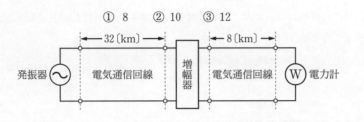

解説　電気通信回線の入力電力が160〔mW〕，電力計の読みが1.6〔mW〕であるから，伝送量 A は

$$A = 10 \log_{10} \frac{1.6}{160} = 10 \log_{10} \frac{1}{100} = 10 \log_{10} 10^{-2} = -20 \log_{10} 10 = -20 \text{〔dB〕}$$

電気通信回線の距離が32＋8＝40〔km〕，その伝送損失が0.8〔dB/km〕であるから，回線全体の減衰量 L は40×0.8＝32〔dB〕となる。

増幅器の利得を G とし，伝送量を求める式 A＝－L＋G に代入して
　　－20＝－32＋G　　　よって G＝－20＋32＝**12**〔dB〕

〔4〕　図において，電気通信回線への入力電力が22ミリワット，その伝送損失が1キロメートル当たり□□□□□デシベル，増幅器の利得が8デシベルのとき，電力計の読みは，2.2ミリワットである。ただし，入出力各部のインピーダンスは整合しているものとする。

(出題)
平成30年度第1回
平成29年度第1回
平成28年度第1回
平成27年度第1回
平成26年度第2回

☞ P.58
● 伝送量の計算例②

① 0.6　　② 1.0　　③ 1.4

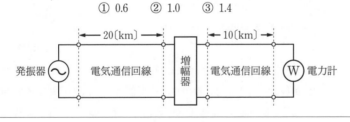

解説　電気通信回線の入力電力が22〔mW〕，電力計の読みが2.2〔mW〕であるから，伝送量Aは

$$A = 10 \log_{10} \frac{2.2}{22} = 10 \log_{10} \frac{1}{10} = 10 \log_{10} 10^{-1} = -10 \log_{10} 10$$

ここに $\log_{10} 10 = 1$ であるから，A＝－10〔dB〕

電気通信回線の距離が 20＋10〔km〕＝30〔km〕であるから，その伝送損失を x〔dB/km〕とすると，回線全体の減衰量 L は30x〔dB〕となる。

増幅器の利得 G が 8〔dB〕であるから，伝送量を求める式 A＝－L＋G に代入して
　　－10＝－30x＋8　　30x＝10＋8＝18

よって　$x = \frac{18}{30} = \mathbf{0.6}$〔dB/km〕

解答
〔3〕　③
〔4〕　①

という伝送損失が発生する。

送信側の特性インピーダンスを Z_1，受信側の特性インピーダンスを Z_2 としたとき，接続点における入射電圧 V_F と反射電圧 V_R との比を**電圧反射係数 m** という。

● 電圧反射係数 $= \dfrac{\text{反射電圧 } V_R}{\text{入射電圧 } V_F} = \dfrac{Z_2 - Z_1}{Z_1 + Z_2} = m$

また，電流の反射については，入射電流 I_F に対する反射電流 I_R の比を**電流反射係数**といい，$-m$ である。

● 電流反射係数 $= \dfrac{\text{反射電流 } I_R}{\text{入射電流 } I_F} = -\dfrac{Z_1 - Z_2}{Z_1 + Z_2} = -m$ 〈電流反射係数は符号が逆になる。〉

（Z_1：送信側通信回線の特性インピーダンス）
（Z_2：受信側通信回線の特性インピーダンス）

(a) $m = 0$ の場合

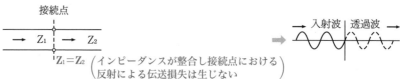

$Z_1 = Z_2$ $\left(\begin{array}{l}\text{インピーダンスが整合し接続点における}\\ \text{反射による伝送損失は生じない}\end{array}\right)$

(b) $m = +1$ の場合

受信側のインピーダンス無限大
$Z_2 = \infty$
$\left(\begin{array}{l}\text{受信側の回線が開放（オープン）の}\\ \text{場合，入射波は同位相全反射する}\end{array}\right)$

入射波
反射波
（同位相全反射）

(c) $m = -1$ の場合

受信側のインピーダンス 0
$Z_2 = 0$
$\left(\begin{array}{l}\text{受信側の回線が短絡（ショート）の場合，}\\ \text{入射波は逆位相全反射する}\end{array}\right)$

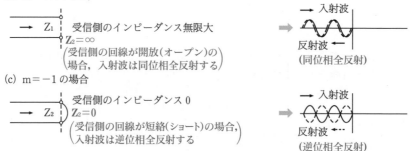

入射波
反射波
（逆位相全反射）

【重点事項】
① 特性インピーダンスが Z_1 の通信回線に負荷インピーダンス Z_2 を接続する場合，Z_1 と Z_2 の関係が [$Z_1 = Z_2$] のとき，接続点での反射による伝送損失はゼロになる。

② 特性インピーダンスが Z_1 の通信回線に負荷インピーダンス Z_2 を接続する場合，Z_2 の値が [$Z_2 = \infty$] のとき，接続点での入射電圧波は，同位相で全反射される。

③ 特性インピーダンスが Z_1 の通信回線に負荷インピーダンス Z_2 を接続する場合，Z_2 の値が [$Z_2 = 0$] のとき，接続点での入射電圧波は，逆位相で全反射される。

④ 電圧反射係数
　線路の接続点に向かって進行する信号波の接続点での電圧を V_F とし，接続点で反射される信号波の電圧を V_R としたとき，接続点における電圧反射係数は V_R/V_F で表される。

③ インピーダンス整合
　インピーダンスの異なる通信回線を接続する場合，反射による損失が生じないようにするためにインピーダンスを合わせることが必要であり，これを**インピーダンス整合**とい

4.3　特性インピーダンス

〔5〕　無限長の一様線路における入力インピーダンスは，その線路の特性インピーダンス □□□□ 。

① の $\frac{1}{2}$ である　　② の2倍である　　③ と等しい

（出題）
平成30年度第1回
平成28年度第2回
平成27年度第1回
平成26年度第1回

P.58
①特性インピーダンス

解説　電気通信回線で伝送される信号は次第に減衰していくが，無限長の一様線路では，どの点をとっても線間の電圧Vと流れる電流Iの比V/Iは一定であり，この値を特性インピーダンスという。この関係は線路の入力端でも成立するので，無限長の一様線路における入力インピーダンスは，その線路の特性インピーダンス**と等しい**といえる。

〔6〕　線路の接続点に向かって進行する信号波の接続点での電圧を V_F とし，接続点で反射される信号波の電圧を V_R としたとき，接続点における電圧反射係数は □□□□ で表される。

① $\frac{V_R}{V_F+V_R}$　　② $\frac{V_F-V_R}{V_F}$　　③ $\frac{V_R}{V_F}$　　④ $\frac{V_F}{V_R}$

（出題）
平成30年度第1回
平成27年度第2回
平成26年度第1回

P.60
重点事項④

解説　特性インピーダンスが異なる通信回線を接続したとき，接続点において反射波を生じる。接続点に入射する信号波の電圧を V_F，反射される信号波の電圧を V_R とすると，接続点における電圧反射係数 m は $m=\frac{V_R}{V_F}$ で表される。

〔7〕　特性インピーダンスが Z_0 の通信線路に負荷インピーダンス Z_1 を接続する場合，□□□□ のとき，接続点での入射電圧波は，逆位相で全反射される。

① $Z_1=0$　　② $Z_1=\frac{Z_0}{2}$　　③ $Z_1=Z_0$

（出題）
平成28年度第2回
平成27年度第1回

P.58
②反射係数

解説　特性インピーダンス Z_0 の回線に負荷インピーダンス Z_1 を接続するとき，接続点で入射電圧波が逆位相で全反射されるのは $Z_1=0$ の場合である。$Z_1=\infty$ の場合は同位相で全反射され，$Z_1=Z_2$ の場合には反射は生じない。

〔8〕　特性インピーダンスが Z_0 の通信回線に負荷インピーダンス Z_1 を接続する場合，□□□□ のとき，接続点での入射電圧波は，同位相で全反射される。

① $Z_1=\infty$　　② $Z_1=\frac{Z_0}{2}$　　③ $Z_1=Z_0$

（出題）
平成29年度第2回
平成28年度第1回

P.60
重点事項②

解説　特性インピーダンスが Z_0 の通信回線に負荷インピーダンス Z_1 を接続する場合において，接続点での入射電圧波が同位相で全反射されるのは $Z_1=\infty$ のときである。また，逆位相で全反射されるのは $Z_1=0$ のときであり，$Z_1=Z_0$ のときは反射を生じない。

解答
〔5〕　③
〔6〕　③
〔7〕　①
〔8〕　①

う。一般に変成器（トランス）を用いる。

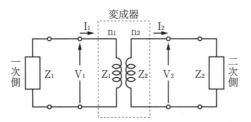

n₁, n₂ は 1 次側，2 次側の巻線数。
Z₁, Z₂ は 1 次側，2 次側のインピーダンス。

巻線比とインピーダンス，電圧，電流の関係は次式による。

$$\frac{Z_1}{Z_2} = \left(\frac{n_1}{n_2}\right)^2 \qquad \frac{E_1}{E_2} = \frac{n_1}{n_2} \qquad \frac{I_1}{I_2} = \frac{n_2}{n_1}$$

4.4 漏 話

1 遠端漏話・近端漏話

ある電気通信回線で伝送している信号が他の回線に漏れ伝わる現象を漏話現象という。

　誘導回線の信号が被誘導回線に現れる漏話のうち，誘導回線の信号の伝送方向を正とするとき，正の方向（誘導回線の送信側から遠い方向）に現れるものは**遠端漏話**，負の方向（誘導回線の送信側に近い方向）に現れるものは，**近端漏話**といわれる。

2 漏話減衰量

漏話減衰量は，誘導回線の送信電力と被誘導回線の漏話電力との比を，相対レベルで表したものである。

● 漏話減衰量〔dB〕$= 10 \log_{10} \dfrac{送信電力}{漏話電力} = 10 \log_{10} \dfrac{P_s}{P_x}$

　絶対レベルで表されているときは，**漏話減衰量＝送端の信号レベル－漏話レベル**で求める。

4.5 ケーブル

1 同軸ケーブル

同軸ケーブルは次ページの図のように内部導体と外部導体で構成されたケーブルであり，外部導体による遮蔽効果で誘導など外部からの妨害を受けにくい。

●**同軸ケーブルの漏話**

・同軸ケーブルの漏話は**導電的な結合**により生じるが，その量は，伝送される信号の周波数が**低く**なると**大きく**なる。（表皮効果）

4.4　漏　話

〔9〕　誘導回線の信号が被誘導回線に現れる漏話のうち，誘導回線の信号の伝送方向を正の方向とし，その反対方向を負の方向とすると，正の方向に現れるものは，□□□□漏話といわれる。

① 直接　　② 間接　　③ 近端　　④ 遠端

(出題)
平成29年度第1回
平成28年度第2回
平成27年度第1回

☞ P.62
①遠端漏話・近端漏話

解説　誘導回線の信号の伝送方向(受信側へ向かう方向)を正の方向，その反対方向(送信側へ向かう方向)を負の方向としたとき，正の方向に現れる漏話は**遠端漏話**である。また，負の方向に現れる漏話は**近端漏話**といわれる。

〔10〕　平衡対ケーブルにおける誘導回線の信号電力を P_s ワット，被誘導回線の漏話による電力を P_x ワットとすると，漏話減衰量は，□□□□デシベルである。

① $10 \log_{10} \dfrac{P_s}{P_x}$　　② $10 \log_{10} \dfrac{P_x}{P_s}$　　③ $20 \log_{10} \dfrac{P_s}{P_x}$　　④ $20 \log_{10} \dfrac{P_x}{P_s}$

(出題)
平成29年度第2回

☞ P.62
②漏話減衰量

解説　漏話減衰量は誘導回線の信号電力と被誘導回線の漏話電力との比を相対レベルで表したもので，信号電力を P_s，漏話電力を P_x とすると $10 \log_{10} \dfrac{P_s}{P_x}$ で表される。

4.5　ケーブル

〔11〕　同軸ケーブルの漏話は，導電的な結合により生ずるが，一般に，その大きさは，通常の伝送周波数帯域において，伝送される信号の周波数が低くなると□□□□。

① ゼロとなる　　② 小さくなる　　③ 大きくなる

(出題)
平成30年度第2回
平成28年度第1回

☞ P.64
①同軸ケーブル

解説　通常の伝送周波数帯域において，伝送する信号の周波数が高くなると，同軸ケーブルの漏話はケーブルの表皮効果により小さくなる。したがって，周波数が低くなると表皮効果がうすれ，漏話が**大きくなる**。

解答
〔9〕　④
〔10〕　①
〔11〕　③

平衡対ケーブルは軟銅線を導体とし，主に発泡ポリエチレン(PEF)を用いて絶縁被覆をした心線を撚り合わせたケーブルである。

平衡対ケーブルには，図の(a)に示すように2本のケーブル心線を撚り合わせた対撚りのものと，(b)のようにケーブル心線相互を対角線上に4本撚り合わせた星型カッド撚りのものがある。

●**平衡対ケーブルの漏話**

・平衡対ケーブルの漏話には，二つの回線の心線間の静電容量Cによって生じる静電結合による漏話と心線間の相互誘導作用(相互インダクタンスM)によって生じる電磁結合による漏話がある。電磁的結合により被誘導回線に生ずる漏話の大きさは，誘導回線の電流に比例する。

・平衡対ケーブルに生ずる漏話は，一般に，伝送周波数が高くなると漏話が**大きくなる**ので，漏話減衰量の値は**小さくなる**。

・一般に，回線間の漏話減衰量が**大きくなる**ほど漏話雑音が**小さくなる**。

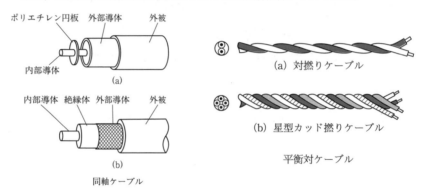

　　　ポリエチレン円板　外部導体　　外被

　　　内部導体
　　　　　　(a)

　　　内部導体　絶縁体　外部導体　　外被

　　　　　　(b)

　　　同軸ケーブル

(a) 対撚りケーブル

(b) 星型カッド撚りケーブル

平衡対ケーブル

電力線に接近した通信回線に電圧が誘起され通信障害を発生する現象には，静電誘導と電磁誘導があり，これらの通信障害を防止するため，電力線と通信回線間に所要の離隔距離をとるなどの種々の対策がとられている。

① 静電誘導

静電誘導は，電力線と通信回線，大地間に静電容量があるために生ずる。電力線から誘導作用により通信回線に誘起される**静電誘導電圧**は，一般に，電力線の電圧に比例して変化する。

② 電磁誘導

電磁誘導は，電力線と通信回線(平衡対ケーブル)が長距離にわたり接近し並行しているような場合，電力線と通信回線間の電磁的結合(相互インダクタンスM)により，被誘導通信回線(平衡対ケーブル)に電圧が誘起される現象である。**電磁誘導電圧**は，一般に，電力線(誘導回線)の電流に比例して変化する。

〔12〕　ケーブルにおける漏話について述べた次の二つの記述は，　　　　。

A　平衡対ケーブルで構成された電気通信回線間の電磁結合による漏話は，心線間の相互誘導作用により生ずるもので，一般に，その大きさは，誘導回線の電流に反比例する。

B　同軸ケーブルの漏話は，導電結合により生ずるが，一般に，その大きさは，通常の伝送周波数帯域において伝送される信号の周波数が低くなると大きくなる。

①　Aのみ正しい　　②　Bのみ正しい　　③　AもBも正しい
④　AもBも正しくない

(出題)
平成29年度第2回
平成27年度第2回
平成26年度第2回

P.64
A：②平衡対ケーブル
P.62
B：①同軸ケーブル

解説　②Bのみ正しい

A　平衡対ケーブルで構成された電気通信回線間の電磁結合による漏話は誘導回線の電流に**比例**するので，記述は誤りである。

B　同軸ケーブルの漏話は導電結合により生ずる。この漏話は表皮効果により高い周波数では小さくなるが，低い周波数では表皮効果がうすれるので**大きくなる**ので，記述は正しい。

なお，Bの大きくなるの部分が**小さくなる**になった誤った記述の問題も出題されている。

---

〔13〕　同軸ケーブル及び平衡対ケーブルについて述べた次の二つの記述は，　　　　。

A　同軸ケーブルは，外部導体の働きにより，平衡対ケーブルと比較して，誘導などの妨害を受けにくい。

B　平衡対ケーブルは，一般に，伝送する信号の周波数が高くなるほど伝送損失が増大する。

①　Aのみ正しい　　②　Bのみ正しい　　③　AもBも正しい
④　AもBも正しくない

P.62
A：①同軸ケーブル
P.64
B：②平衡対ケーブル

解説　③AもBも正しい。

A　同軸ケーブルは，円筒状の外部導体，その中央にある内部導体と，これを絶縁するポリエチレン円板で構成されており，外部導体は電流を流すことと併せ遮蔽体としての働きもある。これにより，信号電流は外部導体の内面を，また誘導などによる電流は外面を流れることから，平衡対ケーブルと比較して誘導などの妨害を受けにくいので，記述は正しい。

B　平衡対ケーブルの抵抗は，一般に伝送する周波数が高くなると表皮効果により電流の流れる断面積が減少して抵抗値が増加し，伝送損失が増大するので，記述は正しい。

解答
〔12〕　②
〔13〕　③

4.6 信号対雑音比（SN比）

①SN比とその計算

SN比は，通信のための信号（Signal）電力と雑音（Noise）電力との相対レベルをいい，次式で表される。

① 信号電力を P_S ワット，雑音電力を P_N ワットとすると信号対雑音比は，

$$SN比〔dB〕=10\log_{10}\frac{信号電力}{雑音電力}=10\log_{10}\frac{P_S}{P_N}$$

② 回線の SN 比が大きいとき，雑音電力は相対的に小さく，通話品質はよくなる（伝送品質が良い）。

●SN 比の計算例

アナログ方式の伝送路において，受端のインピーダンス Z に加わる信号のレベルが -8〔dBm〕で，同じ伝送路の無信号時の雑音レベルが -48〔dBm〕であるとき，この伝送路の受端における SN 比は **40**〔**dB**〕である。

$$SN比=-8-(-48)=40〔dB〕$$

〔14〕　電力線からの誘導作用によって通信線（平衡対ケーブル）に誘起される　□□□電圧は，一般に，電力線の電圧に比例して変化する。

① 電磁誘導　　② 静電誘導　　③ 放電

（出題）
平成30年度第2回
平成29年度第1回
平成26年度第2回

☞ P.64
③静電誘導・電磁誘導

解　説　　電力線から通信線への誘導作用には，電力線の電流によるものと電圧によるものがあり，それぞれ電磁誘導電圧と静電誘導電圧という。したがって，電力線の電圧に比例して変化するものは**静電誘導**電圧である。

4.6　信号対雑音比（SN比）

〔15〕　信号電力を P_S ワット，雑音電力を P_N ワットとすると，信号電力対雑音電力比は，□□□デシベルである。

① $10 \log_{10} \dfrac{P_N}{P_S}$　　② $10 \log_{10} \dfrac{P_S}{P_N}$

③ $20 \log_{10} \dfrac{P_N}{P_S}$　　④ $20 \log_{10} \dfrac{P_S}{P_N}$

（出題）
平成30年度第1回
平成28年度第1回

☞ P.66
①SN比とその計算

解　説　　信号電力対雑音電力比 S/N は，信号電力を P_S〔W〕，P_N〔W〕とすると，$10 \log_{10} \dfrac{P_S}{P_N}$ で表される。

解答
〔14〕　②
〔15〕　②

5.1 伝送方式

1 デジタル伝送方式　デジタル伝送方式では，一般に，デジタル信号の"1"と"0"を高い電圧と低い電圧に対応させ，高低二つのレベルの電圧波形(光信号では光の強弱)で伝送する2値符号が用いられる。また，同じ帯域幅の伝送路で伝送速度をさらに上げるために，高中低の三つの電圧レベルを用いる3値符号や，五つの電圧レベルを使う5値符号などがあり，これらの伝送路符号は一般に，**多値符号**といわれる。

2 アナログ伝送方式　アナログ伝送方式では，伝送する信号を高い周波数の正弦搬送波を用いて伝送路に適した信号に変換して伝送する。この操作を変調といい，受信側で変調された信号から元の信号を取り出す操作を復調という。

5.2 変調方式

1 アナログ変調　アナログ変調は音声などのアナログ入力信号に応じて，搬送波と呼ばれる周波数の高い正弦波の振幅や周波数，位相を変化させる変調方式で，搬送波の振幅を変化させる振幅変調(AM[*1])，搬送波の周波数を周波数変調(FM[*2])，搬送波の位相を変化させ位相変調(PM[*3])がある。

振幅変調を行うと，図のように搬送波の周波数 f_c の両側に上側波帯と下側波帯ができる。搬送波とともに上側波帯と下側波帯の両方を用いて信号を伝送する方式をDSB[*4](両側波帯伝送)，上側波帯と下側波帯のいずれかの側波帯だけを用いて信号を伝送する方式を SSB[*5](単側波帯伝送)という。

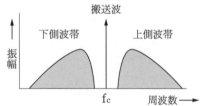

2 デジタル変調　デジタル変調はデータなどデジタル信号の0と1に対応して，搬送波の振幅や周波数，位相を変化させる方式で，搬送波の振幅を変化させる ASK[*6]，周波数を変化させる FSK[*7] 位相を変化させる PSK[*8] がある。

3 パルス変調　パルス変調は，入力信号のアナログ波形の振幅に応じてパルス列の振幅，幅，位置などを変化させる変調方式で，パルスの振幅を変化させる PAM[*9] 方式，パルスの幅を変化さ

*1　AM：Amplitude Modulation　振幅変調
*2　FM：Frequency Modulation　周波数変調
*3　PM：Phase Modulation　位相変調
*4　DSB：Double Side Band　両側波帯伝送
*5　SSB：Single Side Band　単側波帯伝送
*6　ASK（Amplitude Shift keying振幅偏移変調）
*7　FSK：Frequency Shift Keying　周波数偏移変調
*8　PSK：Phase Shift Keying　位相偏移変調
*9　PAM：Pulse Amplitude Modulation　パルス振幅変調

第5問の標準問題

5.1 伝送方式

〔1〕　デジタル伝送に用いられる伝送路符号には，伝送路の帯域を変えずに情報の伝送速度を上げることを目的とした □□□□ 符号がある。

① ハミング　　② CRC　　③ 多値

（出題）
平成30年度第2回
平成29年度第2回
平成27年度第2回
平成26年度第1回

P.68
① デジタル伝送方式

解説　デジタル伝送に用いられる伝送路符号には，低・中・高の三つの電圧レベルを用いる3値符号や五つの電圧レベルを用いる5値符号などがある。3値符号や5値符号などの符号形式は同じ帯域幅で情報の伝送速度を上げることを目的としたもので，一般に**多値符号**といわれる。

5.2 変調方式

〔2〕　振幅変調によって生じた上側波帯と下側波帯のいずれかを用いて信号を伝送する方法は，□□□□ 伝送といわれる。

① 両側波帯（DSB）　　② 単側波帯（SSB）　　③ 残留側波帯（VSB）

（出題）
平成28年度第1回
平成26年度第2回

P.68
① アナログ変調

解説　振幅変調を行うと搬送波の周波数の両側に上側波帯と下側波帯ができるが，上側波帯と下側波帯のいずれかの側波帯だけを用いて信号を伝送する方式は**単側波帯（SSB）**伝送である。

〔3〕　デジタル信号の変調において，デジタルパルス信号の1と0に対応して正弦搬送波の周波数を変化させる方式は，一般に，□□□□ といわれる。

① PSK　　② ASK　　③ FSK

（出題）
平成30年度第1回
平成28年度第2回
平成27年度第2回

P.68
② デジタル変調

解説　デジタルパルス信号の1と0に対応して正弦搬送波の周波数を変化させる方式は**FSK**（Frequency Shift Keying：周波数偏移変調）である。また，**周波数**が □□□□ になった問題も出題されている。

解答
〔1〕　③
〔2〕　②
〔3〕　③

69

せる PWM[*10] 方式，パルスの位置を変化させる PPM[*11] 方式，2進符号化する PCM[*12]
方式などがある。

5.3 PCM

[1] PCM 方式の概要

　PCM はパルス符号変調方式の略であり，アナログ信号を，送信側で，**標本化，量子化，符号化**によりデジタルパルスとして伝送し，受信側において**復号化**し，さらに**低域フィルタを通過**させて元のアナログ信号を再生する。

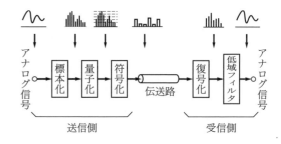

[2] PCM の原理

重要

　PCM 方式の原理を**図**に示す。

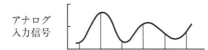
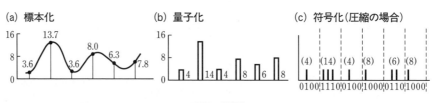

PCM の原理

(1) 標本化

　標本化（サンプリング）とは，図に示すようにアナログ入力信号の振幅を一定の時間間隔で PAM パルス列として読み取ることをいう。標本化のための間隔は，シャノンの標本化定理により，「**アナログ信号に含まれる最高周波数の2倍以上の周波数で標本化すれば，元のアナログ信号を完全に復元できる。**」とされている。

　たとえば，電話の伝送周波数帯域は，0.3～3.4〔kHz〕なので，最高周波数を約4〔kHz〕とすれば，サンプリング周波数は2倍の8〔kHz〕である。

　毎秒8,000回の割合でアナログ入力信号の標本化を行っているので，標本化の時間間隔は，125〔μs〕（1秒/8,000Hz）となる。

(2) 量子化

　標本化で得られた標本値（PAMパルスの大きさ）を，一定の段階（ステップ）に区分したステップ値に変換することを量子化といい，段階の区分数を量子化ステップ数（電話の PCM 伝送方式は256ステップ）という。

---

*10　PWM：Pulse Width Modulation　パルス幅変調
*11　PPM：Pulse Position Modulation　パルス位置変調
*12　PCM：Pulse Code Modulation　パルス符号変調

〔4〕　デジタル信号の変調において，デジタルパルス信号の1と0に対応して正弦搬送波の位相を変化させる方式は，一般に，　　　　　といわれる。

① ASK　　② PSK　　③ PWM

(出題)
平成30年度第2回
平成29年度第1回
平成27年度第1回

✎ P.68
② デジタル変調

解 説　デジタルパルス信号の1と0に対応して正弦搬送波の位相を変化させるデジタル信号の変調方式は，**PSK**(Phase Shift Keying：位相偏移変調)である。また，PSKは，デジタルパルス信号の1と0のビットパターンに対応して正弦搬送波の**位相**を変化させるデジタル変調方式であるも出題されている。

〔5〕　搬送波として連続する方形パルスを使用し，入力信号の振幅に対応して方形パルスの　　　　　を変化させる変調方式は，PWM(Pulse Width Modulation)といわれる。

① 幅　　② 強度　　③ 位置

(出題)
平成29年度第2回

✎ P.68
③ パルス変調

解 説　PWMは，入力信号の振幅に対応して方形パルスの**幅**を変化させるパルス変調方式である。

5.3　PCM

〔6〕　標本化定理によれば，サンプリング周波数を，アナログ信号に含まれている　　　　　の2倍以上にすると，元のアナログ信号の波形を復元できるとされている。

① 最低周波数　　② 最高周波数　　③ クロック信号速度

(出題)
平成28年度第2回
平成27年度第1回

✎ P.70
(1) 標本化

解 説　標本化定理では，アナログ信号に含まれている**最高周波数**の2倍以上の周波数で標本化(サンプリング)すれば，元のアナログ信号の波形を再現できるとされている。電話音声は最高周波数を4〔kHz〕とみて，その2倍の8〔kHz〕で標本化している。

解答
〔4〕　②
〔5〕　①
〔6〕　②

標本化により得られた元の標本化値をステップ数に合わせて量子化する場合，四捨五入のように丸めた値を用いることから，量子化信号値にひずみ（丸めの誤差）を生じる。このひずみは雑音として現れ，**量子化雑音**という。

量子化雑音は，PCM 伝送方式特有の雑音であり，アナログ信号をデジタル信号に変換する過程で生ずる雑音である。

(3)　符号化

量子化により得られた値を，1と0の2進符号に対応させ，**デジタルパルス列**に変換することを符号化という。

符号化に必要な2進符号のビット数は，電話における PCM 伝送の場合，量子化ステップ数を256としているので，デジタル信号は8ビット（$2^8 = 256$ステップ）を必要とする。

この場合，電話の PCM 伝送では，標本化周期が 8kHz，符号化には8ビットを用いるので，データ信号速度（1秒間に伝送できるデジタル信号のビット数）は，8,000回/秒×8 ビット＝64,000〔bit/s〕＝64〔kbit/s〕である。

(4)　復号化とパルスの再生中継

デジタル伝送路からのデジタル信号のパルス列は，受信側において符号化と逆の操作つまり復号化が行われ，PAM 信号となる。この PAM 信号は，**低域通過フィルタ**を通すことにより，元のアナログ信号を再生することができる。

PCM 伝送方式では，デジタル信号のパルス列の伝送途中において雑音や減衰などによりパルス波形にひずみを生じた場合，伝送路に設けられた再生中継器において信号レベルをある一定のし・き・い・値（スレッショルドレベルともいう。）を基準として再生し，一般に，**ひずみや雑音のレベルが信号の振幅の半分より小さければ，パルスの再生ができる**。

PCM 伝送方式では，デジタル信号のパルス波形を再生できるため，長距離の伝送においても高品質のデジタル伝送が可能である。

(5)　PAMパルス信号と補間ろ波

デジタル伝送路から受信され，復号化により得られた離散的な値のPAMパルスを連続したアナログ信号に変換する場合，低域通過フィルタが用いられる。低域通過フィルタは補間フィルタともいい，復号化された PAM パルスを元の時間的に連続したアナログ信号に戻すことを**補間ろ波**という。

一般に，低域通過フィルタではサンプリング周波数以上の周波数を完全に除去することができないので，高調波成分が雑音となる。この雑音は補間雑音といわれる。

③PCM の特徴

① 標本化定理によると，**サンプリング周波数**（標本化周波数）を，原信号に含まれている**最高周波数の2倍以上**にすると，元のアナログ信号の波形を復元できる。

② 原信号をサンプリング（標本化）して得たパルスの振幅を2進符号化して表したものは，PCM 信号である。

〔7〕　4キロヘルツ帯域幅の音声信号を8キロヘルツで標本化し，□□□□キロビット／秒で伝送するためには，1標本当たり，7ビットで符号化すればよい。

① 32　　② 56　　③ 64

(出題)
平成30年度第2回
平成26年度第1回

☞ P.72
(3)符号化

☞ P.74
③PCMの特徴⑥

解説　4kHz 帯域幅の音声信号を2倍の8kHz すなわち1秒間に8,000回標本化し，7ビットで符号化すると伝送速度は

8000×7＝56,000〔b/s〕＝**56**〔kb/s〕

問題2行目の「7」が□□□□になった問題も出題されている。

〔8〕　4キロヘルツ帯域幅の音声信号を8キロヘルツで標本化し，64キロビット／秒で伝送するためには，1標本当たり，□□□□ビットで符号化する必要がある。

① 8　　② 16　　③ 32

(出題)
平成29年度第2回
平成28年度第1回

☞ P.72
(3)符号化

解説　4kHz 帯域幅の音声信号を2倍の8kHz で標本化した1秒間に8000個の信号パルスを，n ビットで符号化して 64kb/s(＝64000b/s)で伝送するのであるから

64000＝8000×n　　よって n＝8

したがって，1標本あたり**8**ビットで符号化すればよい。

〔9〕　デジタル伝送方式における雑音などについて述べた次の二つの記述は，□□□□。

A　再生中継伝送を行っているデジタル伝送方式では，中継区間で発生した雑音や波形ひずみは，一般に，次の中継区間には伝達されない。

B　アナログ信号をデジタル信号に変換する過程で生ずる雑音には，量子化雑音がある。

① Aのみ正しい　　② Bのみ正しい

③ AもBも正しい　　④ AもBも正しくない

(出題)
平成29年度第2回
平成28年度第2回
平成26年度第2回

☞ P.74
A：⑧再生中継器…
B：⑤量子化雑音は…

解説　③AもBも正しい。

A　再生中継伝送を行っているデジタル伝送方式では，中継区間で発生した雑音や波形ひずみは再生中継器で規定のパルスに復元され，一般に次の中継区間には伝達されないので，記述は正しい。

B　PCM(パルス符号化変調)では，アナログ信号をデジタル信号に変換する過程で量子化雑音が発生するので，記述は正しい。また，量子化雑音が**白色雑音**になった誤った記述の問題も出題されている。

解答
〔7〕　②
〔8〕　①
〔9〕　③

③　アナログ信号をデジタル信号に変換する過程で量子化雑音が生じることや，振幅変調方式と比較して，必要とする**伝送周波数帯域が広くなる**ことなどの特徴を有している。

④　PCM 伝送方式において，量子化雑音は**再生中継ごとに変化しない**。

⑤　**量子化雑音は回線の距離や物理的特性に依存しない**。

⑥　4kHz 帯域幅の音声信号を8kHz で標本化し，56kbit/s で伝送するためには，1標本当たり，**7ビットで符号化する必要がある**。

⑦　PCM 方式の伝送路では，再生中継を行っており，原理的に，線路で混入する雑音は，振幅が信号の半分より小さければ支障がない。

⑧　再生中継器を使用している PCM 伝送方式において，それぞれの中継区間で発生した**識別レベル(スレッショルドレベル)以下の伝送路雑音**は，再生中継で**再生される**ことはなく，後位の中継器に伝送しない。

5.4　多重化伝送方式と多元接続方式

|1|多重化伝送方式

多重化とは，一つの伝送路を用いて複数の信号をまとめて伝送する方式である。デジタル伝送方式では，一般に，複数の回線の信号を時間的に少しずつずらせて，重ならないように配列して伝送する時分割多重(**TDM**[*13])方式が用いられている。また，アナログ伝送方式では，複数の回線の信号の周波数を互いに重ならないように変換して伝送する周波数分割多重(**FDM**[*14])方式が一般的である。

|2|多元接続方式

多元接続とは，一つの伝送路を複数のユーザが共用する方式である。多元接続方式には，FDMA[*15]，TDMA[*16]や CDMA[*17]などがある。

5.5　誤り制御方式

|1|誤り制御方式

デジタル伝送信号の誤り制御方式には，一般にデータチェック用の冗長ビットを付加する「冗長ビット付加方式」が用いられる。この方式には，文字ごとにビットを付加するキャラクタチェック方式とデータを適当な長さに区切ったブロックごとにビットを付加するブロックチェック方式がある。

●CRC 符号とハミング符号

デジタル信号の伝送においては，伝送路やネットワーク機器などから生じるビット誤りを検出する符号方式に **CRC**[*18]がある。CRC 符号方式は，パリティ・チェック方式などと比較して，誤り検出精度が高く，高能率の伝送制御手順である HDLC 手順で用いられている。

*13　TDM：Time Division Multiplexing　時分割多重伝送方式
*14　FDM：Frequency Division Multiplexing　周波数分割多重伝送方式
*15　FDMA：Frequency Division Multiple Access　周波数分割多元接続方式
*16　TDMA：Time Division Multiple Access　時分割多元接続方式
*17　CDMA：Code Division Multiple Access　符号分割多元接続方式
*18　CRC：Cyclic Redundancy Check

〔10〕　加算，減算などのデジタル演算によって，アナログ信号から特定の周波数帯域のアナログ信号を取り出すデジタルフィルタの精度を上げるためには，アナログ信号をデジタル信号に変換するときに，　　　　　必要がある。

① リング変調器を通す　　② 量子化ステップの幅を小さくする
③ サンプリング周波数を低くする

P.70
②PCMの原理

解　説　広い周波数帯域のアナログ信号から特定の周波数帯域(例えば4〔kHz〕以下の周波数)のアナログ信号だけを取り出すには，一般にフィルタを用いる。アナログ信号をデジタル信号に変換し，加算，減算などのデジタル演算によって必要な特性を得るフィルタをデジタルフィルタといい，その精度を上げるためには，アナログ－デジタル変換で標本化に用いるサンプリング周波数を高くする，**量子化ステップの幅を小さくする**ことなどが必要である。

5.4　多重化伝送方式と多元接続方式

〔11〕　デジタル伝送における信号の多重化には，複数の信号を時間的に少しずつずらして配列する　　　　　方式がある。

① FDM　　② SCM　　③ TDM

(出題)
平成28年度第1回
平成26年度第1回

P.74
①多重化伝送方式

解　説　デジタル伝送における信号の多重化には，一般に，複数のチャネルのデジタル信号を時間的に少しずつずらせて送出し，時間軸上で重ならないように配列して伝送する**TDM**(時分割多重)方式が用いられる。

〔12〕　伝送周波数帯域を複数の帯域に分割し，各帯域にそれぞれ別のチャネルを割り当てることにより，複数の利用者が同時に通信を行う多元接続方式は，　　　　　といわれる。

① FDMA　　② TDMA　　③ CSMA

(出題)
平成28年度第2回
平成27年度第2回
平成26年度第2回

P.74
②多元接続方式

解　説　多元接続方式には FDMA(周波数分割多元接続)，TDMA(時分割多元接続)，CDMA(符号分割多元接続)などの方式がある。伝送周波数帯域を複数の周波数帯域に分割しそれぞれの帯域に各チャネルを割り当てることにより，複数の利用者が同時に通信を行う多元接続方式は **FDMA** である。

解答
〔10〕　②
〔11〕　③
〔12〕　①

また，キャラクタチェック方式の一つであるハミング符号は，情報ビットの中の１ビットの誤り検出・訂正機能および２ビットの誤り検出機能を有する。

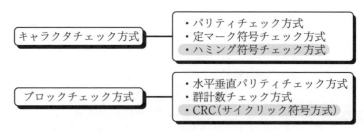

誤り制御方式の分類

②伝送品質の評価尺度

① %SES[*19]：符号誤り率が時間的に変動するネットワークシステムにおける伝送品質の評価尺度の一つであり，伝送回線の稼働時間内において，１秒間の平均符号誤り率が$1×10^{-3}$を超える秒の延べ時間を稼働時間に占める百分率（単位：％）で表したもの。

② %ES[*20]：前項と同じく伝送品質の評価尺度の一つであり，伝送回線の稼動時間内で，１秒間に１個以上の符号誤りが存在する秒の延べ時間を稼働時間に占める百分率（単位：％）で表したもの。

③ BER[*21]：符号誤りの発生頻度を表すもので，測定時間中に伝送された全符号の個数とその間に誤って受信された符号の個数の割合で表したもの。

5.6　光ファイバ伝送方式

①概　要

　光ファイバ伝送方式では，送信側装置に入力する電気信号はLD[*22]やLED[*23]などの発光素子により電気信号から光信号に変換され，光ファイバケーブルに送出される。光ファイバケーブルで伝送された光信号は，受信側装置においてAPD[*24]，pin-PD[*25]などの受光素子により光信号から電気信号に変換され，受信符号処理回路から元の電気信号として出力される。

　光ファイバ伝送方式では，低損失，広帯域，電磁的誘導ノイズがないことなどの光ファイバの特長を活かして，長距離・高速・大容量通信が可能である。

　光ファイバ伝送方式で発生する雑音には，発光源雑音，ショット雑音，熱雑音などがある。このうち，**ショット雑音**は受光素子で光信号を受光するとき，受光電流に生じる揺らぎによる雑音である。

＊19　%SES：Percent Severely Errored Second
＊20　%ES：Percent Errored Second
＊21　BER：Bit Errror Rate　符号誤り率
＊22　LD：Laser Diode　半導体レーザダイオード
＊23　LED：Light Emitting Diode　発光ダイオード
＊24　APD：Avalanche Photo Diode　アバランシェフォトダイオード
＊25　PIN-PD：PIN-Photo Diode　PINフォトダイオード

〔13〕　ユーザごとに割り当てられたタイムスロットを使用し，同一の伝送路を複数のユーザが時分割して利用する多元接続方式は，□□□□□といわれる。

　　　　　① CDMA　　　② TDMA　　　③ FDMA

(出題)
平成30年度第1回

P.74
② 多元接続方式

解 説　多元接続とは一つの伝送路を複数のユーザが共有する方式であり，ユーザごとに割り当てられたタイムスロットを使用し，複数のユーザが一つのの伝送路を時分割して利用する方式は **TDMA**（Time Division Multiple Access：時分割多元接続）である。

〔14〕　TDMA方式は，複数のユーザが同一伝送路を時分割して利用する多元接続方式であり，一般に，TDMA方式では，基準信号を基に□□□□□同期を確立する必要がある。

　　　　　① 調歩　　　② フレーム　　　③ バイト

(出題)
平成27年度第1回

P.74
② 多元接続方式

解 説　TDMA（Time Division Multiple Access：時分割多元接続）は複数のユーザが同一伝送路を**時間的に分割**して使用する多元接続方式であり，時間をフレーム単位に区切り，各フレームをさらに分割したスロットに各ユーザに割り当てている。そのため，フレーム内の正しい時間位置を識別して信号を伝送できるように，**フレーム同期**を確立する必要がある。

5.5　誤り制御方式

〔15〕　デジタル回線の伝送品質を評価する尺度の一つである％SESは，1秒ごとに平均符号誤り率を測定し，平均符号誤り率が□□□□□を超える符号誤りの発生した秒の延べ時間（秒）が，稼働時間に占める割合を示したものである。

　　　　　① 1×10^{-3}　　　② 1×10^{-4}　　　③ 1×10^{-6}

(出題)
平成27年度第2回

P.76
① ％SES

解 説　％SESは，1秒間の平均符号誤り率が1×10^{-3}を超える秒の延べ時間を，稼働時間に占める百分率で表したものである。

解答
〔13〕　②
〔14〕　②
〔15〕　①

2 光変調方式

光ファイバ通信で用いられる光変調は，光を透過する媒体の屈折率や吸収係数などを変化させ，光の属性である振幅(強度)，周波数，位相などを変化させ，光ファイバ通信に適した光信号に変換することである。

光ファイバ通信で用いられる光変調方式には，大きく分けて二つの方式がある。

(1)**直接変調方式** LD や LED などの発光素子に印加する電流を変化させ出力光の強度を変調することにより，光に情報をのせて伝送する変調方式である。直接変調方式は，一般に，伝送速度の高速化，長距離伝送に制限を有するが，構造が簡単であり，小型化，低消費電力という特徴がある。

(2)**外部変調方式** LD からの出力光に対して，外部から変調信号を加え，位相，振幅，偏波面などを変化させる光変調方式であり，伝送速度の高速化と長距離伝送が可能である。

半導体レーザを直接制御する。

直接変調方式

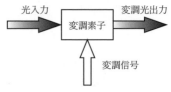

入力光を外部信号によって位相，振幅などを変化させる。

外部変調方式

3 光ファイバ伝送方式

【重点事項】

① 光ファイバ伝送方式においては，光信号が光ファイバの中にほぼ完全に閉じこめられた形で伝送されるため，漏話は無視できる。

② 光ファイバは，その中を通る光の伝搬モードにより，シングルモード形とマルチモード形とに分けられ，一般に，コア径はシングルモード形の方が小さい。

③ 光パルスは光ファイバ中を伝搬する間にその波形に時間的な広がりが生じる。この現象は分散といわれ，材料分散，構造分散及びモード分散がある。シングルモード形光ファイバでは，モード分散を生じない。

④ 1心の光ファイバで双方向伝送を行うために，上り，下りに波長の異なる光信号を割り当て伝送する方式を WDM[*26] という。

4 光アクセス方式

光ファイバケーブルを用いたユーザと電気通信事業者の設備センタ間を結ぶアクセスネットワークは光アクセスネットワークといわれ，光アクセスネットワーク構成は SS(シングルスター)，PDS(パッシブダブルスター)に分類できる。

●SS[*27] 構成

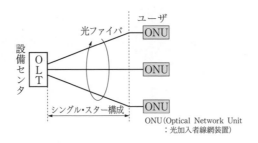

ONU(Optical Network Unit：光加入者線網装置)

---

*26 WDM：Wavelength Division Multiplexing 波長分割多重
*27 SS：Single Star

〔16〕　デジタル伝送路などにおける伝送品質の評価尺度の一つであり，測定時間中に伝送された符号(ビット)の総数に対する，その間に誤って受信された符号(ビット)の個数の割合を表したものは　　　　　といわれる。

① BER　　② %SES　　③ %EFS

(出題)
平成30年度第1回
平成28年度第1回

☞ P.76
③BER

解 説　測定時間中に伝送された符号(ビット)の総数に対する，その間に誤って受信された符号(ビット)の個数の割合を表した伝送品質の評価尺度は **BER**(Bit Error Rate：符号誤り率)である。

〔17〕　デジタル信号の伝送系における品質評価尺度の一つに，測定時間中のある時間帯にビットエラーが集中的に発生しているか否かを判断するための指標となる　　　　　がある。

① 平均オピニオン評点(MOS)　　② BER　　③ %ES

(出題)
平成29年度第1回
平成26年度第2回

☞ P.76
③%ES

解 説　ある時間帯にビットエラーが集中的に発生しているか否かを判断するための指標となる品質評価尺度に %ES や %SES があり，設問の選択肢では **%ES** が該当する。なお，平均オピニオン評点(MOS)は電話網の通話に対する満足度を評価する指標，BER(平均符号誤り率)は平均的な誤り率を示す指標である。

5.6　光ファイバ伝送方式

〔18〕　石英系光ファイバには，シングルモード光ファイバとマルチモード光ファイバがあり，一般に，シングルモード光ファイバのコア径はマルチモード光ファイバのコア径と　　　　　。

① 比較して大きい　　② 同じである　　③ 比較して小さい

(出題)
平成30年度第2回
平成28年度第2回

☞ P.78
③光ファイバ伝送方式
②

解 説　光ファイバには光の伝搬モードによりシングルモード形とマルチモード形があり，シングルモード形のコア径は，一般にマルチモード形と**比較して小さい**。

〔19〕　光ファイバ通信で用いられる光変調方式の一つに，LED や LD などの光源の駆動電流を変化させることにより，電気信号から光信号への変換を行う　　　　　変調方式がある。

① 直接　　② 角度　　③ 間接

(出題)
平成29年度第2回

☞ P.78
②光変調方式

解 説　LED(発光ダイオード)や LD(半導体レーザ)などの光源の駆動電流を変化させることにより，電気信号を光信号へ変換する光変調方式は**直接**変調方式である。また，LD の出力光を外部変調器を用いて振幅などを変化させる外部変調方式がある。

解答
〔16〕　①
〔17〕　③
〔18〕　③
〔19〕　①

SS 構成は，設備センタ側の **OLT**[*28] とユーザ側に設置した **ONU**[*29] 間を1対1で，1心の光ファイバにより接続・構成するアクセスネットワークであり，設備センタから各ユーザに光ファイバケーブルがスター状に布設されている。

●**PDS**[*30] **構成**

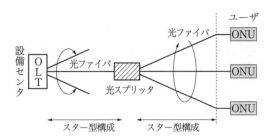

　PDS 構成は，設備センタとユーザ間に光スプリッタ(スターカプラ)を設け，光ファイバの共用化を図って集線効果を高めるアクセスネットワーク構成である。PDS 構成は2段構成のスター状ネットワークであり，光スプリッタが電力を必要としないパッシブな素子(受動素子)であることから，パッシブ・ダブルスターといわれる。また，PDS は国際標準仕様では **PON**[*31] という。

　光スプリッタは，光カプラ(光分岐・結合器)ともいわれ，光信号を電気信号に変換することなく，光信号の**分岐・結合**を行う素子であり，1本の光ファイバ信号をN本の光ファイバに分岐(分波)したり，N本の光ファイバ信号を1本の光ファイバに結合(合波)する機能を有する。

5 光中継方式

　光ファイバ伝送路では中継器として線形中継器と再生中継器が使用される。線形中継器は光増幅器を用いて光信号を光のまま増幅するので伝送帯域が広く，波長が異なる信号光を一括して増幅でき，**WDM**[*32] システムへの適用に効果的であるが，中継数が増えると雑音が累積し信号波形が劣化する。

　再生中継器は光信号を電気信号に変換して波形整形を行ったのち，再び光信号に戻して送出する装置で，等化増幅(Reshaping)，タイミング抽出(Retiming)，識別再生(Regenerating)のいわゆる **3R** 機能を電気回路で行っている。再生中継器におけるタイミングパルスの間隔のふらつきや共振回路の同調周波数のずれが一定でないことなどにより，伝送するパルス列の時間軸上の揺らぎである**ジッタ**が発生することがある。

＊28　OLT：Optical Line Terminal　光加入者線端局装置
＊29　ONU：Optical Network Unit　光加入者線網装置
＊30　PDS：Passive Double Star
＊31　PON：Passive Optical Network
＊32　WDM：Wavelength Division Multiplexing　波長分割多重

〔20〕　光ファイバ通信における光変調に用いられる外部変調方式では，光を透過する媒体の屈折率や吸収係数などを変化させることにより，光の属性である強度，周波数，　　　　　などを変化させている。

① 位相　　② 反射率　　③ スピンの方向

(出題)
平成27年度第2回
平成26年度第2回

☞ P.78
②光変調方式

解説　光ファイバ通信に用いられる光変調方式には，内部変調方式と外部変調方式がある。外部変調方式では，光を透過する媒体の屈折率や吸収係数などを変化させることにより，光の属性である強度，周波数，**位相**などを変化させることにより情報を伝送している。強度が　　　　　になった問題も出題されている。

〔21〕　光ファイバ内における光の伝搬速度がモードや波長により異なり，受信端での信号の到達時間に差が生ずる現象は，　　　　　といわれ，デジタル伝送においてパルス幅が広がる要因となっている。

① 散乱　　② 群速度　　③ 分散

(出題)
平成27年度第1回
平成26年度第1回

☞ P.78
③光ファイバ伝送方式④

解説　光ファイバ内における光の伝搬速度がモードや波長によって異なるために受信側で信号の到達時間に差が生じ，パルス幅が広がる現象は**分散**といわれている。分散にはモード分散，材料分散，構造分散がある。

〔22〕　光ファイバで双方向通信を行う方式として，　　　　　技術を用いて，上り方向の信号と下り方向の信号にそれぞれ別の光波長を割り当てることにより，1心の光ファイバで上り方向の信号と下り方向の信号を同時に送受信可能とする方式がある。

① WDM　　② PWM　　③ PAM

(出題)
平成30年度第1回
平成29年度第1回
平成28年度第1回

☞ P.78
③光ファイバ伝送方式④

解説　上り方向の信号と下り方向の信号に別の光波長を割り当て，1心の光ファイバケーブルで上り方向の信号と下り方向の信号を同時に送受信する双方向通信方式は**WDM**(Wavelength Division Multiplexing：波長分割多重)である。

〔23〕　一つの波長の光信号をN本の光ファイバに分配したり，N本の光ファイバからの光信号を1本の光ファイバに収束したりする機能を持つ光デバイスは，　　　　　といわれ，特に，Nが大きい場合は，光スターカプラともいわれる。

① 光分岐・結合器　　② 光アイソレータ　　③ 光共振器

(出題)
平成29年度第1回

☞ P.78
④光アクセス方式

解答
〔20〕　①
〔21〕　③
〔22〕　①
〔23〕　①

解説　一つの波長の光信号をN本の光ファイバに分配したり，N本の光ファイバからの光信号を1本の光ファイバに収束したりする光デバイスは**光分岐・結合器**である。

(出題)
平成30年度第1回

☞ P.80
光スプリッタは…

〔24〕 光アクセスネットワークなどに使用されている光スプリッタは，光信号を
電気信号に変換することなく，光信号の _____ を行うデバイスである。

① 分岐・結合　　② 変調・復調　　③ 発光・受光

解 説　光スプリッタは，光信号を電気信号に変換することなく，光信号の**分岐・結合**を行うデバイスであり，その動作に電源を必要としないパッシブな素子である。

(出題)
平成26年度第1回

☞ P.78
④光アクセス方式

〔25〕 光アクセスネットワークの形態の一つで，設備センタとユーザとの間に光
スプリッタを設け，設備センタと光スプリッタ間の光ファイバ心線を複数の
ユーザで共用する星型のネットワーク構成は PDS といわれ，この構成を適
用したものは _____ システムといわれる。

① VPN　　② PON　　③ SS

解 説　光アクセスネットワークの形態には，設備センタとユーザ間を1対1で接続する SS（Single Star）構成，設備センタとユーザとの間に光スプリッタを設けて，設備センタと光スプリッタ間の光ファイバ心線を複数のユーザで共用する PDS（Passive Double Star）構成などがある。これらのうち，PDS 構成を適用したものは，一般に **PON** システムといわれる。

(出題)
平成30年度第2回
平成29年度第1回
平成27年度第1回

☞ P.80
⑤光中継方式

〔26〕 伝送するパルス列の遅延時間の揺らぎは，_____ といわれ，光中継シス
テムなどに用いられる再生中継器においては，タイミングパルスの間隔のふ
らつきや共振回路の同調周波数のずれが一定でないことなどに起因してい
る。

① ジッタ　　② 相互変調　　③ 干渉

解 説　設問のようなパルス列の揺らぎは**ジッタ**である。ジッタは信号波形の時間軸方向に発生する時間的に短い変動（揺らぎ）成分で，光中継システムにおいてパルス信号の再生・中継を行う再生中継器で発生することがある。

解答
〔24〕 ①
〔25〕 ②
〔26〕 ①

第II編
端末設備の接続のための技術及び理論
（技術科目）

1 第1問の標準問題
端末設備の技術……………ADSLモデム・スプリッタ，IP電話機，LAN

2 第2問の標準問題
ネットワークの技術………データ通信技術，ブロードバンドアクセスの技術，IPネットワークの技術，CATV，Windowsのコマンド

3 第3問の標準問題
情報セキュリティの技術……情報セキュリティの概要，端末設備とネットワークのセキュリティ

4 第4問の標準問題
接続工事の技術……………ブロードバンド回線の配線工事と工事試験，ホームネットワークの配線工事と工事試験，配線工法

1 端末設備の技術に関する標準問題・ポイント解説

1.1 ADSLモデム，スプリッタ

①ADSLの構成

（1）モジュラコネクタ

モジュラコネクタは，電話やLANの配線によく使われているプラスチック製の四角い
コネクタで，モジュラコードやLANケーブルの両端に付いているものを**モジュラプラグ**，
機器側に付いているモジュラプラグの受口を**モジュラジャック**という。

モジュラコネクタには，いくつかの種類があり，アナログ電話回線の接続では一般に**6
ピン**（6極2心）の**RJ-11**，LANケーブルでは**8ピン**（8極8心）の**RJ-45**が用いられて
いる。モジュラプラグとモジュラジャックの構造を図1に，モジュラプラグのピン配列を
図2に示す。

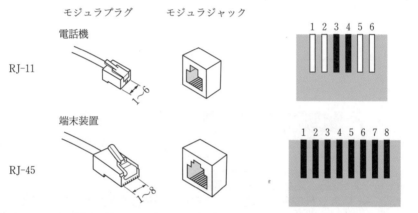

図1　モジュラプラグとモジュラジャックの構造　　図2　モジュラプラグのピン配列

（2）ADSL[*1]の概要

通常のアナログ電話のネットワークでは，電気通信事業者の電話交換機と各ユーザ宅の
電話機は電話ケーブルで個別に接続されており，このケーブルを加入者線（メタリックケ
ーブル）という。電話の加入者線はかなり高い周波数帯域の信号まで伝送できるが，電話
は4kHz以下の周波数帯域しか使用していないので，これより高い周波数帯域を使って高
速のブロードバンドアクセスを実現
する技術がADSLである。

ADSLの周波数帯域の一例を図
3に示す。

ADSLには，加入者線を電話と
共用する電話共用型とADSLだけ
に使用する専用型がある。

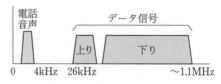

図3　ADSLの周波数帯域

---

*1　ADSL：Asymmetric Digital Subscriber Line　非対称デジタル加入者線伝送

第1問の標準問題

1.1　ADSLモデム，スプリッタ

☑

〔1〕　電気通信事業者が提供する専用型の ADSL サービス用として契約されているアクセス回線は，ADSL モデム（モデム機能のみの装置）の ☐ にルータなどを接続することにより，IP 電話サービスを利用することができる。

　　　① LAN ポート　　　② WAN ポート　　　③ 回線ポート

（出題）
平成27年度第1回
平成26年度第1回

P.86
(3)ADSL の構成
　専用型 ADSL は…

解説　専用型の ADSL サービスではアナログ方式の加入電話サービスを利用することはできないが，ADSL モデム（モデム機能のみの装置）の **LAN ポート**に VoIP 機能付のルータなど接続し，この機器の電話機ポートにアナログ電話機を接続することにより，IP 電話サービスを利用することができる。

〔2〕　ADSL スプリッタは受動回路素子で構成されており，アナログ電話サービスの音声信号などと ADSL サービスの ☐ 信号とを分離・合成する機能を有している。

　　① TDM（Time Division Multiplex）　　　② DMT（Discrete Multi-Tone）
　　③ FDM（Frequency Division Multiplex）

（出題）
平成29年度第2回
平成28年度第2回
平成27年度第2回
平成27年度第1回
平成26年度第1回

P.88
② ADSL スプリッタ
P.110
(1)ADSL

解説　ADSL スプリッタは，アナログ電話サービスの音声信号などと ADSL サービスの **DMT** 信号を分離・合成する機器である。DMT 信号は一般の ADSL サービスで使われている DMT（Discrete MultiTone）方式の信号，また，受動回路素子は抵抗やコンデンサ，コイルなどのように，その動作に電源を必要としない回路素子のことである。
　　また，**分離・合成**が ☐ になった問題も出題されている。

〔3〕　アナログ電話サービスの音声信号などと ADSL サービスの信号を分離・合成する機器である ☐ は，受動回路素子で構成されている。

　　　① ADSL スプリッタ　　　② ADSL モデム　　　③ VoIP アダプタ

ポイント
ADSL スプリッタ
はコイルやコンデン
サなどで構成されて
いる

（出題）
平成30年度第1回

P.88
② ADSL スプリッタ
は…

解説　ADSL サービスの信号とアナログ電話サービスの音声信号などを分離・合成する機器は **ADSL スプリッタ**である。ADSL スプリッタはコンデンサやコイル・抵抗などその動作に電源を必要としない受動回路素子で構成されている。また，**分離・合成**が ☐ になった問題も出題されている。

解答
〔1〕　①
〔2〕　②
〔3〕　①

（3）ADSL の構成

電話共用型ADSLに使用する装置の構成を**図 4** に示す。電気通信事業者の設備センタ側にある DSLAM[*2] は，多数の ADSL 回線を集線し，IP 網への橋渡しを行なう装置で，モデムと同じ機能を持っている。

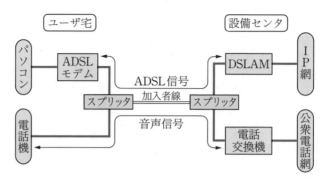

図 4　ADSL の構成

電話共用型 ADSL の端末側の装置は，ADSL スプリッタ，ADSL モデムとパソコンや電話機で構成される。ADSL 端末装置の機器構成の一例を**図 5** に示す。

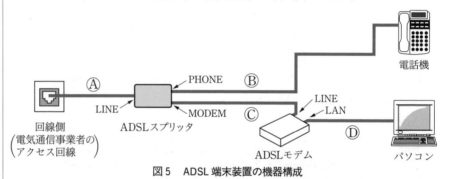

図 5　ADSL 端末装置の機器構成

●ADSL スプリッタに接続される Ⓐ Ⓑ Ⓒ の配線コードは両端に**6ピン**（6 極 2 心）の **RJ-11** 型モジュラプラグがついた電話用の配線コードで，互いに互換性がある。

　Ⓐ：LINE　　→ 電気通信事業者のアクセス回線に接続されるモジュラジャック

　Ⓑ：PHONE　→ アナログ電話機または FAX に接続されるモジュラジャック

　Ⓒ：MODEM → ADSLモデムに接続されるモジュラジャック

● Ⓓ の配線コードは両端に**8ピン**（8 極 8 心）の **RJ-45** 型モジュラプラグがついた LAN用の配線コードであり，Ⓐ Ⓑ Ⓒ の配線コードとは互換性がない。

専用型 ADSL は，一般に ADSL スプリッタを使用しないので，ADSL モデムの LINEポートに接続した配線コードは**回線側のモジュラジャック**に接続する。専用型 ADSL は，ADSL 専用のサービスでありアナログの加入電話は使用できないが，ADSL モデム（モデム機能のみの装置）の **LAN ポート**に VoIP[*3] 機能つきのルータや VoIP アダプタなどを接続することにより IP 電話サービスを利用することができる。VoIP については **1.2　IP 電話機　②VoIP** を参照。

＊2　DSLAM：Digital Subscriber Line Access Multiplexer　集合型 DSL モデム装置
＊3　VoIP：Voice over Internet Protocol

〔4〕　アナログ電話回線を使用して ADSL 信号を送受信するための機器である

　　　 □□□□ は，データ信号を変調・復調する機能を持ち，変調方式には DMT

　　　 方式が用いられている。

　　　　　　① ADSL モデム　　② ADSL スプリッタ

　　　　　　③ DSU(Digital Service Unit)

(出題)
平成28年度第1回
平成26年度第2回

☞ P.88
(1)ADSL モデムの
　概要
☞ P.110
(1)ADSL

解説　アナログ電話回線を使用して ADSL 信号を送受信するための機器で，データ信号を変調・復調する機能を持つものは **ADSL モデム** である。なお，ADSL モデムの変調方式は，一般に DMT 方式である。

〔5〕　図は，ADSL モデム(モデム機能のみの装置)の背面の例を示す。図中

　　　 の INIT スイッチの機能又は用途について述べた次の記述のうち，誤ってい

　　　 るものは，□□□□ である。

　　　　① 工場出荷後に書き込まれた設定
　　　　　情報を工場出荷時の状態に戻す。
　　　　② ユーザが書き込んだ設定情報を
　　　　　誤って消去しないように保護す
　　　　　る。
　　　　③ ADSL モデムを廃棄又は他人に
　　　　　譲渡する際に，ユーザが書き込
　　　　　んだ設定情報を消去する。

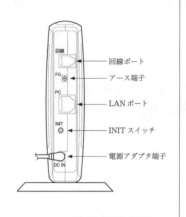

回線ポート
アース端子
LAN ポート
INIT スイッチ
電源アダプタ端子

(出題)
平成28年度第2回

☞ P.90
● 背面にある…

解説　誤っているものは②。
　　① 正しい記述である。
　　② INIT スイッチに，設定データを誤って消去しないように保護する機能はないので，誤った記述である。
　　③ 正しい記述である。

技術科目　第1問の標準問題

解答
〔4〕　①
〔5〕　②

電話共用型の ADSL 加入者線には，図 3 のように 4kHz 以下の低い周波数帯の電話音声と 26kHz 以上の高い周波数帯の ADSL 信号が同時に流れることになる。このため，電話の音声信号と ADSL のデータ信号を**分離及び合成**する装置として，図 4 のようにユーザ宅と電気通信事業者の設備センタの両方に **ADSL スプリッタ**を設置している。

ADSL スプリッタの主な機能として次のものが挙げられる。

① 　ADSL スプリッタは，低い周波数帯域の信号だけを通過させる**ローパスフィルタ**の機能がある。

② 　ADSL スプリッタは，コンデンサやコイルなどその動作に電源を必要としない**受動回路素子**で構成されているので，商用電源が停電してもその動作に支障がなく，**バックアップ対策用の電源は必要ない**。

③ 　ADSL スプリッタに接続された一般的な固定電話機は，ユーザ側の商用電源が停電しても，ADSL スプリッタを経由して**電気通信事業者側から供給される電力**で通話や着信などの基本的な機能が維持され，利用することができる。

（1）ADSL モデムの概要

ADSL でデータ信号を伝送する際に，データ信号を**変調及び復調**する装置として **ADSL モデム**が用いられる。ADSL はアナログ電話用設備である電話の加入者線を利用しているので，パソコンや LAN で使用しているデジタル信号を変調してアナログの ADSL 信号に変換したり，加入者線から受信したアナログの ADSL 信号をデジタル信号に復調する装置が必要である。一般に，デジタル形式とアナログ形式のデータ信号を，変調及び復調により相互に変換する機能を持った装置をモデムという。

ADSL モデムは加入者側のユーザ宅だけでなく，図 4 のように**電気通信事業者側**にも同様の機能を持つ装置が設置されており，電気通信業者側の装置を **DSLAM** という。

（2）ADSL モデムの機能

ADSL モデム（モデム機能のみの装置）の前面と背面の例を**図 6** に示す。

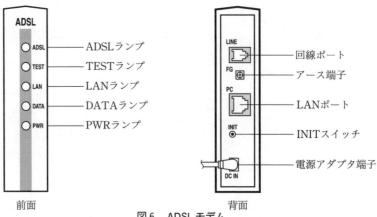

図 6　ADSL モデム

装置の前面には各種のランプがあり，ADSL モデムの動作状態を示す。

1.2 IP 電話機

〔6〕 IP 電話のプロトコルとして用いられている SIP は，単数又は複数の相手とのセッションを生成，変更及び切断するための呼制御プロトコルであり，□□□□□で動作する。

     ① IPv4 のみ　　② IPv6 のみ　　③ IPv4 及び IPv6 の両方

(出題)
平成30年度第2回
平成29年度第1回
平成28年度第1回
平成27年度第2回
平成26年度第2回

☞ P.92
(2)IP 電話の呼制御プロトコル

解説　　SIP は IETF(インターネット技術標準化委員会)において標準化された IP 電話の呼制御プロトコルであり，TCP/IP プロトコル階層のアプリケーション層で動作し，インターネット層のプロトコルには依存しないので，IPv4 及び IPv6 の両方で動作する。また，**SIP，呼制御**が□□□□□になった問題も出題されている。

---

〔7〕 IP 電話などについて述べた次の二つの記述は，□□□□□。

A　IP 電話には，0AB～J 番号が付与されるものと，050で始まる番号が付与されるものがある。

B　有線 IP 電話機は LAN ケーブルを用いて IP ネットワークに直接接続でき，一般に，背面又は底面に LAN ポートを備えている。

     ① A のみ正しい　　② B のみ正しい　　③ A も B も正しい
     ④ A も B も正しくない

(出題)
平成30年度第1回
平成29年度第1回

☞ P.92
A：③IP 電話の電話番号
B：●IP 電話機には…

解説　　③A も B も正しい。
A　IP 電話には，固定電話と同じ番号構成の 0AB～J 番号のものと，050で始まる番号のものがあるので，記述は正しい。
B　有線 IP 電話機は LAN ケーブルで IP ネットワークに直接接続できる端末で，一般に，背面や底面に LAN ポートを備えているので，記述は正しい。

1.3 LAN

〔8〕 IP 電話機を100BASE-TX の LAN 配線に接続するためには，一般に，□□□□□の両端に RJ-45 といわれる 8 ピン・モジュラプラグを取り付けたコードが用いられる。

     ① 非シールド撚り対線ケーブル　　② 3C-2V 同軸ケーブル
     ③ 0.65 mm 2 対カッド形 PVC 屋内線

(出題)
平成30年度第2回
平成29年度第2回
平成28年度第1回

☞ P.96
(1)接続ケーブル

解説　　IP 電話機を100BASE-TX の LAN 配線に接続するためには，両端に RJ-45 の 8 ピン・モジュラジャックを取り付けた**非シールド撚り対線ケーブル**が用いられる。また，**100BASE-TX，RJ-45 といわれる 8 ピン・モジュラプラグ**が□□□□□になった問題も出題されている。

解答
〔6〕　③
〔7〕　③
〔8〕　①

ADSL ランプ	ADSL 回線のリンクが確立すると点灯。リンクが確立していないときは点滅し，遅い点滅は ADSL 回線信号の検出待ち，早い点滅は ADSL 回線がトレーニング中を示す。
TEST ランプ	通常動作中は消灯，セルフテストを実施中は点灯。
LAN ランプ	LAN ポートのリンクが確立すると点灯，リンクが確立していないときは消灯。
DATA ランプ	LAN ポートでデータの送受信をしているとき点灯，データの送受信をしていないときは消灯。通信中は点滅を繰り返す。
PWR ランプ	電源が投入されているとき点灯，電源が切れているときは消灯。

● パソコンが接続された状態で ADSL 回線の接続・設定が正常に完了すると，「ADSL」が点灯して ADSL 回線のリンク確立，「TEST」が消灯して通常動作，「LAN」が点灯して LAN ポートのリンク確立，「DATA」が点滅を繰り返してデータの転送，「PWR」が点灯して電源の投入を表示する。

● 背面にある「回線ポート」は，ADSL スプリッタの MODEM ポートに接続するための 6 ピン（6 極 2 心）の RJ-11 型のモジュラジャック，「LAN ポート」はパソコンやブロードバンドルータなどに接続するための 8 ピン（8 極 8 心）の RJ-45 型のモジュラジャックである。また，「INIT スイッチ」は，ADSL モデムに設定した内容を初期化して工場出荷時の状態に戻すためのスイッチで，一般にパネル表面より奥にあり，細い棒などで押して初期化を行う。INIT は initialize の略であり，初期化を意味する。

1.2 IP 電話機

□ IP 電話の呼制御プロトコル

（1）IP 電話の概要

　IP 電話は，電気通信事業者が構築した専用 IP 網やインターネットなどの IP ネットワークを使って電話の音声情報を伝送するサービスであり，電話音声や呼制御の情報はすべてデジタル化され，さらに IP パケット化されて転送される。IP ネットワーク・IP パケットについては「ネットワークの技術」の項を参照されたい。

　IP 電話の基本的な構成を図 7 に示す。

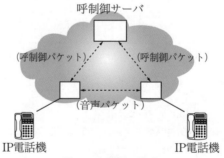

図7　IP 電話の構成

　発信側の IP 電話機は，**呼制御サーバ**との間で呼制御のための IP パケットをやり取りし，着信側の IP 電話機との間で呼が確立すると，通信相手との間で直接，音声情報の IP パケットをやり取りして通話を行う。**呼制御サーバ**は IP 電話の発着信などの呼制御の処理を行い，IP 電話機と連携して通話を実現する。

〔9〕　IEEE802.3at Type1 として標準化された PoE 機能を利用すると，100BASE-TX のイーサネットで使用している LAN 配線の信号対又は予備対(空き対)の [＿＿＿] 対を使って，PoE 機能を持つ IP 電話機に給電することができる。

① 1　　② 2　　③ 4

(出題)
平成29年度第2回
平成26年度第1回

✎ P.96
●IP 電話機などへの
　電力の供給

解 説　IEEE802.3at Type1 として標準化されている PoE 機能を用いて，PoE 機能を持つ IP 電話機などの機器への給電に用いる配線は，100BASE-TX のイーサネットで使用している LAN 配線の信号対または予備対(空き対)の **2対**である。
なお，PoE，100BASE-TX が [＿＿＿] になった問題も出題されている。

〔10〕　IEEE802.3at Type1 規格の PoE 機能を用いて，IP 電話機に給電する場合について述べた次の二つの記述は，[＿＿＿]。

A　給電側の機器(PSE)は，給電を開始する前に IP 電話機が IEEE802.3at Type1 準拠の受電側の機器(PD)であることを検知する。

B　100BASE-TX の LAN 配線の信号対又は予備対(空き対)の 2 対を使って，IP 電話機に給電することができる。

① Aのみ正しい　　② Bのみ正しい　　③ AもBも正しい

④ AもBも正しくない

(出題)
平成28年度第2回
平成26年度第2回

✎ P.96
(2)PoE

解 説　③AもBも正しい。
A　PSE は給電を開始する前に，PoE 機能に準拠した IP 電話機であるかを検知しているので，記述は正しい。
B　PoE 機能は 100BASE-TX の LAN 配線の信号対又は予備対(空き対)を使って IP 電話機などに給電することができるので，記述は正しい。

〔11〕　IEEE802.3at Type1 として標準化された [＿＿＿] 機能を利用すると，100BASE-TX などのイーサネットで使用している LAN 配線の信号対又は予備対(空き対)の 2 対を使って，[＿＿＿] 機能を持つ IP 電話機に給電することができる。

① EoMPLS　　② PoE　　③ PPPoE

(出題)
平成29年度第1回
平成27年度第1回

✎ P.96
(2)PoE

解 説　100BASE-TX などのイーサネットで使用している LAN 配線の信号対又は予備対(空き対)の 2 対を使って，PoE 機能を持つ IP 電話機などの機器に給電する技術を PoE といい，IEEE802.3at として標準化されている。また，100BASE-TX が [＿＿＿] になった問題も出題されている。

解答
〔9〕　②
〔10〕　③
〔11〕　②

（2）IP電話の呼制御プロトコル

　IP電話においても，発信・相手の呼出・応答・通話・切断など通信の開始から終了まで決められた手順が必要である。この手順を呼制御プロトコルといい，代表的なプロトコルにIETF[*4]で標準化されたSIP[*5]やITU-T[*6]勧告のH.323がある。

●SIPは，セションの確立及び開放についてIETFのRFC[*7]文書で標準化されたプロトコルで，インターネット電話やIP電話などの呼の設定や解放を行う。セションとは接続を確立してから切断するまでの一連の通信のことである。

●SIPは，インターネット・プロトコルをベースに開発されているので，H.323に比べて**IPネットワークとの親和性**が高く，拡張性があるといわれている。呼制御の手順は，H.323に比べてシンプルであり，呼制御に使うメッセージは英語の**テキスト形式**であり，H.323に比べて理解しやすい。

●H.323は，既存の電話網のプロトコルをベースにIPネットワーク上でマルチメディア通信サービスを実現するための**ITU-T勧告**である。

②VoIP

　IP電話は，音声をデジタル符号化しパケットに変換してリアルタイムに伝送する技術や音声品質を確保するための技術などのVoIP技術を用いてIPネットワーク上で電話の音声情報を伝送する。

●IP電話機には，VoIPの機能が組み込まれており，LANケーブルを使ってIPネットワークに接続すれば音声通信を行うことができる。また，既存のアナログ電話機をIP電話に利用するときには，送話側で電話の音声信号をIPパケット化し，受話側で逆の変換を行って音声を再現するなどのVoIPの機能を持つ装置が必要である。このような装置を**VoIPアダプタ**という。VoIPアダプタを接続したアナログ電話機の機能は，基本的にIP電話機と同等である。

③IP電話の電話番号

　IP電話の電話番号は，固定電話と同じく0に続く9桁の数字で構成される0AB～J番号のものと，IP電話を示す050で始まる番号のものがある。

1.3　LAN

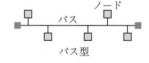

バス型

①LANの概要

（1）接続形態

　LANは，パソコンやサーバなど多数の端末を相互に接続して構成されるが，その接続形態にはバス型，スター型などがある。LANの主な接続形態を**図8**に示す。

　バス型は，1本の伝送路（バス）に端末（ノード）を接続する形態であり，ある端末から送信された信号は伝送路を両端に向かって伝搬し，各端末は送られてきた信号が自局あてのデ

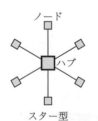

スター型

図8　LANの接続形態

＊4　IETF：Internet Engineering Task Force　インターネット技術標準化委員会
＊5　SIP：Session Initiation Protocol
＊6　ITU-T：International Telecommunication Union-Telecommunication Standardzation sector　国際電気通信連合-電気通信標準化部門
＊7　RFC：Request For Comment

〔12〕　IEEE802.3at 及び IEEE802.3af において標準化された PoE の機能などについて述べた次の二つの記述は，□□□□。

A　1000BASE-T のイーサネットで使用している LAN 配線の 4 対 8 心の信号対のうち 2 対 4 心を使って，PoE 機能を持つ IP 電話機に給電することができる。

B　100BASE-TX のイーサネットで使用している LAN 配線の 2 対 4 心の信号対を使って PD に給電する方式は，オルタナティブAといわれ，予備対(空き対)の 2 対 4 心を使用する方式は，オルタナティブBといわれる。

① Aのみ正しい　　② Bのみ正しい　　③ AもBも正しい
④ AもBも正しくない

(出題)
平成27年度第 1 回

P.96
(2)PoE

解　説　　③AもBも正しい。
A　1000BASE-T は 4 対 8 心のすべてを信号対に使用しているが，そのうちの 2 対 4 心を使って PoE 機能を持つ IP 電話機に給電することができるので，記述は正しい。
B　100BASE−TX は 4 対 8 心のうち，信号対に使用している 2 対 4 心を使用して給電する方式はオルタナティブA，予備対(空き対)の 2 対 4 心を使用する方式はオルタナティブBといわれているので，記述は正しい。

〔13〕　IEEE802.3at Type1 として標準化された PoE において，100BASE-TX のイーサネットで使用している LAN 配線の予備対(空き対)の 2 対 4 心を使って，PoE 対応の IP 電話機に給電する方式は，□□□□といわれる。

① オルタナティブA　　② オルタナティブB　　③ ファントムモード

(出題)
平成30年度第 1 回

P.96
●IP 電話機などへの
　電力供給

解　説　　100BASE-TX のイーサネットで使用している LAN 配線の 8 対のうち，予備対(空き対)の 2 対 4 心を使って，PoE 対応の IP 電話機に給電する方式は，**オルタナティブB**である。

〔14〕　IEEE802.11n として標準化された無線 LAN は，IEEE802.11b/a/g との後方互換性を確保しており，□□□□の周波数帯を用いた方式が定められている。

① 2.4 GHz 帯のみ　　② 2.4 GHz 帯及び 5 GHz 帯　　③ 5 GHz 帯のみ

(出題)
平成30年度第 1 回
平成28年度第 2 回

P.98
(1)無線 LAN の概要

解　説　　IEEE802.11n として標準化された無線 LAN は**2.4 GHz 帯及び 5 GHz 帯**の周波数帯を用いる方式で，IEEE802.11b/a/g との後方互換性を確保している。後方互換性とは，新しい規格が古い規格の製品を扱えることである。

解答
〔12〕　③
〔13〕　②
〔14〕　②

技術科目　第 1 問の標準問題

ータであれば受信して処理する。初期のイーサネットで使われていた方式である。

　スター型は，ハブなどを中心にして各端末を放射状（星型）に接続し，すべての端末はハブを経由して接続される形態であり，イーサネットでよく使われている方式である。

（2）アクセス制御方式

　LAN の通信方式では，各端末はデータを送信するとき，前もって通信相手との間で通信経路を確立しない。そこで，伝送路にデータを送信するとき，どういうタイミングでデータを送り出すか，伝送路上で送信データが衝突したとき，どのように処理するかなどの手順をあらかじめ決めておくことが必要であり，この手順をアクセス制御方式という。

　IEEE802.3 で標準化されている **CSMA/CD**[8] は，イーサネットなどで使われている方式である。送信端末は，**信号の衝突を回避**するため伝送路の空き状態を監視し，他の端末が送信中であればその送信の終了を待ち，その後，規定された時間を待ってから送信を開始する。送信を開始した後，信号の衝突を検出したときは直ちに信号の送出を中止し，再送開始までのランダムな時間を待ち，そのとき伝送路が空いていれば再び送信を開始する。この方式はトラヒックが増加すると信号の衝突が増えて再送が多くなるので，転送速度が急激に低下することがある。

②イーサネット

（1）伝送媒体

　イーサネットは 10BASE-T が標準化されてからは **UTP**[9] **ケーブル**を使用したネットワーク構成が多い。

　UTP（非シールド撚り対線）ケーブルは，一般に４対（８本）の心線からなり，１対ごとに２本の心線を撚り合わせることにより，外部へノイズを出しにくくするとともに，外部からのノイズの影響を低減したケーブルである。UTP ケーブルを図 9 に示

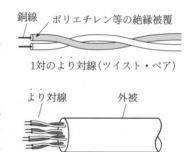

銅線　ポリエチレン等の絶縁被覆

1対のより対線（ツイスト・ペア）

より対線　　　　外被

図 9　UTP ケーブル

す。また，ケーブル外被の内側で４対の心線全体を薄い金属箔で被覆して外部からのノイズの影響をより受けにくくした**FTP**（金属箔被覆撚り対線）ケーブルもある。

（2）イーサネットの構成

　イーサネットの原型は，１本の同軸ケーブルにパソコンなどの端末を接続するバス型の構成であったが，いまは **UTP ケーブル**を使用してパソコンなどの端末をハブ（HUB）に接続するスター型の構成が多い。

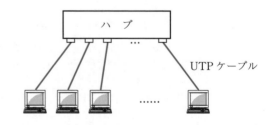

ハ　ブ

UTP ケーブル

図10　イーサネットの構成

UTP ケーブルを使う**スター型**の構成を**図 10** に示す。

＊8　CSMA/CD：Carrier Sense Multiple Access with Collision Detection　搬送波感知多重アクセス／衝突検出方式
＊9　UTP：Unshielded Twisted Pair
＊10　FTP：Foiled Twisted Pair

〔15〕　IEEE802.11 標準の無線 LAN の環境が図に示す場合においては，STA1 からの送信データと STA3 からの送信データが衝突しても，STA1 では衝突があったことを検知することが困難であるため，AP は，STA1 からの送信データが正常に受信できたときは，STA1 に ▢▢▢▢▢ を送信し，STA1 は ▢▢▢▢▢ を受信することにより送信データに衝突がなかったことを確認することができる。

① RTS（Request to Send）　　② ACK（Acknowledgment）
③ IFS（Inter Frame Space）

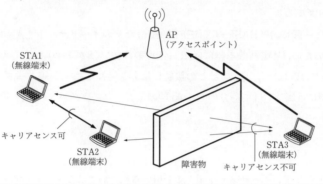

（出題）
平成26年度第2回

☞ P.98
(2) 無線LANの伝送
　方式

解 説　IEEE802.11 において標準化された CSMA/CA 方式の無線 LAN では，送信端末が送信したデータが他の無線端末が送信したデータなどと衝突しても，送信端末では衝突したことを検知できないので，アクセスポイント（AP）は送信データを正常に受信できたときは送信端末に **ACK** 信号を送信する。送信端末はこの **ACK** 信号を受信することによって正常に送信できたことを確認している。

〔16〕　IEEE802.11 において標準化された CSMA/CA 方式の無線 LAN では，送信端末の送信データが他の無線端末の送信データと衝突しても，送信端末では衝突を検知することが困難であるため，アクセスポイント（AP）からの ▢▢▢▢▢ 信号を送信端末が受信することにより，送信データが正常に AP に送信できたことを確認している。

① ACK（Acknowledgement）　　② RTS（Request to Send）
③ NAK（Negative Acknowledgement）

（出題）
平成27年度第1回

☞ P.98
(2) 無線LANの伝送
　方式

解 説　IEEE802.11 において標準化された CSMA/CA 方式の無線 LAN では，送信端末が送信したデータが他の無線端末が送信したデータなどと衝突しても，送信端末では衝突したことを検知できない。そのため，アクセスポイント（AP）は送信データを正常に受信できたときは送信端末に **ACK** 信号を送信し，送信端末はこの **ACK** 信号を受信することによって正常に送信できたことを確認している。

技術科目　第1問の標準問題

解答
〔15〕　②
〔16〕　①

●小規模のLANでは，最大伝送速度が100Mbit/sの100BASE-TXがよく用いられており，信号の衝突を避けるためのアクセス制御方式は**CSMA/CD方式**である。

●100BASE-TXでは伝送媒体に**UTPケーブル**を使用し，コネクタには**8ピンのRJ-45型モジュラコネクタ**が用いられている。また，4対(8本)あるUTPケーブルの心線のうち，100BASE-TXではデータの送信用と受信用にそれぞれ1対(2本)，合計2対(4本)の心線を使い，残りの2対はデータ伝送には使用しない。

100BASE-TXについてはIEEE802.3に規定されている。IEEE[*10]はアメリカ電気電子学会であり，LANの標準化などを行っている。

③ IP電話機とLANの接続

(1) 接続ケーブル

IP電話機は，一般に，100BASE-TX(IEEE802.3u)などのイーサネットLANに接続して使用する。このため，IP電話機本体には，RJ-45型の**8ピン**(8極8心)モジュラジャックが装備されており，100BASE-TXなどとの接続には非シールド撚り対線ケーブル(UTPケーブル)の両端に**8ピン**(8極8心)の**RJ-45型のモジュラプラグ**がついた接続ケーブルを用いる。

(2) PoE[*11]

●100BASE-TXなどのイーサネットLANで用いられている非シールド撚り対線(UTP)ケーブルを利用して端末機器に電力を供給する技術は，一般に**PoE**といわれ，IEEEにおいてIEEE802.3atとして標準化されている。

●PoEでは，PoE機能を有するIP電話機，無線LANアクセスポイント，Webカメラなどの端末機器に非シールド撚り対線(UTP)ケーブルを利用して電力を供給することができることから，オフィスなどでの電源コンセントの位置に制約されず，また商用電源の工事をすることなく端末機器の設置が可能である。

● IP電話機などへの電力の供給

100BASE-TXなどのイーサネットLANで使用しているUTPケーブルによるPoE機能を持つIP電話機などへの電力の供給には，UTPケーブルの信号対の2対〈1，2，3，6番ピン〉を共用する **Type A(オルタナティブA)** 方式とデータ伝送に使用されない予備対(空き対)2対〈4，5，7，8番ピン〉を使用する **Type B(オルタナティブB)** 方式がある。

● IEEE802.3at規格と給電側機器・受電側機器

IEEE802.3at規格PoEに対応するハブなどの給電側の機器はType A，Type Bどちらかを選択して実装できるが，IP電話機などの受電側の機器は，Type A，Type Bどちらから給電されても受電できなければならない。IEEE802.3at Type1規格の給電側の機器は受電側の機器に，1ポートあたり**直流44〜57V**の範囲で最大15.4Wの電力を給電できる。また，給電側の機器は，給電を開始する前に受電側の機器がIEEE802.3at Type1準拠の機器であることを検知する。なお，IEEE802.3afの規定はIEEE802.3at Type1と同じである。

*11 IEEE：Institute of Electrical and Electronic Engineers アメリカ電気電子学会
*12 PoE：Power over Ethernet

〔17〕　IEEE802.11 において標準化された無線 LAN について述べた次の二つの記述は，　　　　。

A　CSMA/CA 方式では，送信端末からの送信データが他の無線端末からの送信データと衝突しても，送信端末では衝突を検知することが困難であるため，送信端末は，アクセスポイント(AP)からの ACK 信号を受信することにより，送信データが正常に AP に送信できたことを確認する。

B　2.4GHz 帯の無線 LAN は，ISM バンドとの干渉によるスループットの低下がない。

① A のみ正しい　　② B のみ正しい　　③ A も B も正しい

④ A も B も正しくない

(出題)
平成29年度第2回
平成28年度第1回
平成26年度第1回

✆ P.98
4 無線 LAN

解説　①A のみ正しい。

A　IEEE802.11 で標準化された **CSMA/CA**(Carrier Sense Multiple Access/Collision Avoidannce：搬送波感知多重アクセス／衝突回避)方式では，送信端末はアクセスポイント(AP)からの ACK 信号を受信することにより，送信データが正常に AP に送信できたことを確認しているので，記述は正しい。

B　2.4GHz 帯の無線 LAN は ISM(Industry Science Medical：産業・科学・医療)バンドを使用しており，他の ISM 機器との干渉によるスループットの低下が考えられるので，記述は誤りである。

〔18〕　IEEE802.11 において標準化された無線 LAN 方式において，アクセスポイントにデータフレームを送信した無線 LAN 端末が，アクセスポイントからの ACK フレームを受信した場合，一定時間待ち，他の無線端末から電波が出ていないことを確認してから次のデータフレームを送信する方式は，　　　　方式といわれる。

① TCP/IP　　② CSMA/CA　　③ CSMA/CD

(出題)
平成30年度第2回
平成29年度第1回

✆ P.98
(2) 無線 LAN の伝送方式

解説　無線 LAN では，送信端末は送信したデータフレームが他の無線端末が送信したデータフレームなどと衝突しても，衝突したことを検知できないので，アクセスポイントは送信データを正常に受信できたときは送信端末に ACK フレームを送信する。送信端末はこの ACK フレームを受信することによって正常に送信できたことを確認できるので，一定時間待ち，他の無線端末から電波が出ていないことを確認してから次のデータフレームを送信する。この方式は IEEE802.11 において標準化された **CSMA/CA** 方式である。また，**ACK** が　　　　になった問題も出題されている。

解答
〔17〕　①
〔18〕　②

4 無線LAN

（1）無線LANの概要

　無線LANは，UTPケーブルなどの代わりに，2.4GHz帯または5.2GHz帯の電波を使って構成したLANであり，アクセスポイント（親機）と無線ノード（子機・無線LANカードを装着したパソコンなど）の間を電波で接続している。アクセスポイントは，一般にインターネットや基幹ネットワークと有線で接続されており，無線ノードからの通信を中継する。

　2.4GHz帯のISM[*12]バンドは，産業・科学・医療用機器など広い分野で使われている比較的規制が緩やかな周波数帯で，電子レンジなどもこのバンドを使用している。このバンドで運用する機器をISM機器といい，他のISM機器から生ずる干渉を容認しなければならないので，IEEE802.11b規格の無線LANは混信妨害に耐性のある**スペクトラム拡散変調方式**（DS-SS[*13]）を用いている。

（2）無線LANの伝送方式

　無線LANでは，アクセス制御方式として**CSMA/CA**[*14]が用いられている。

　送信を行う無線ノードは，その周波数の電波を他の無線ノードが使っていないことを確認するキャリアセンスを行い，その周波数が空いていたら一定時間（IFS[*15]）待ち，さらに無線ノードごとに異なるランダムな時間（バックオフ時間）だけ待った後にもう一度キャリアセンスを行い，その周波数の電波が空いていれば電波を発射してデータを送信する。

　無線LANでは，有線方式のイーサネットと違って送出した信号（電波）が他の信号（電波）と衝突しても検出が難しいので，CSMA/CA方式では信号が正常に受信できたとき受信端末は**ACK**信号を送出する。したがって，送信端末は，アクセスポイント（AP）からのACK信号を受信して，送信データが正常にAPに送信できたことを確認する。

5 LAN間接続装置
重要

　LAN間接続装置は，複数のパソコンなどを相互に接続してLANを構成する機器である。OSI参照モデルのレイヤに対応して分類すると，レイヤ1に相当する装置にはリピータやハブ，レイヤ2にはブリッジやスイッチングハブ，レイヤ3にはルータがある。OSI参照モデルのレイヤについては，「2　ネットワークの技術」を参照されたい。

① リピータ

　リピータは，OSI参照モデルのレイヤ1（物理層）に相当する機能をもつ装置で，入力されたデータ信号を再生し増幅して，次の装置に伝送する再生中継を行う。主としてLANの伝送距離を延ばすために使われている。

② ハブ（リピータハブ）

　ハブは，リピータと同様にOSI参照モデルの**レイヤ1（物理層）**の機能を持つ装置である。ハブは，複数のRJ-45の8ピン・モジュラジャックのポートを持っており，UTPケーブルを使って複数のパソコンなどを接続することができ，スター型LANの100BASE-TXなどにおいて，各端末からのデータ信号を中継する装置として用いられる。あるポートに入力さ

---

*13　ISM：Industry Science Medical
*14　DS-SS：Direct Sequence Spread Spectrum
*15　CSMA/CA：Carrier Sense Multiple Access with Collision Avoidance　搬送波感知多
　　　　　重アクセス／衝突回避方式
*16　IFS：Inter Frame Space　フレーム間隔

〔19〕　図に示す IEEE802.11 標準の無線 LAN の環境において，隠れ端末問題の解決策として，アクセスポイント(AP)は，送信をしようとしている STA1 からの RTS(request to send)信号Ⓐを受信すると _____ 信号Ⓑを STA1 に送信するが，この B は，STA3 も受信できるので，STA3 は NAV 期間だけ送信を待つことにより衝突を防止する対策がとられている。

① CTS(clear to send)　　② ACK(acknowledgement)

③ NAK(negative acknowledgement)

(出題)
平成27年度第2回

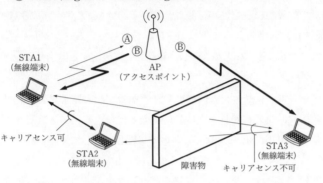

解説　無線 LAN の隠れ端末問題の解決策として RTS/CTS 方式が使われている。無線端末間の距離が離れていたり障害物があるなどのため，電波が直接届かない端末を隠れ端末という。設問の図において，STA1 と STA3 の間は障害物により電波が到達しないので STA1 が電波を発信しても STA3 はこの電波を受信できない。そのため，STA3 はその周波数の電波は使われていないと判断して電波を発信することがあり，フレームの衝突の頻度が増す要因になる。

この解決策として，送信しようとしている無線端末(STA1)は RTS(Request To Send：送信要求)信号Ⓐを送出し，この信号を受信したアクセスポイント(AP)は **CTS**(Clear To Send：送信許可)信号Ⓑを STA1 に送信する。この **CTS** 信号Ⓑは隠れ端末の STA3 も受信できるので，STA3 は NAV 期間だけ送信を待つことにより衝突を防止する。NAV(Network Allocation Vector)期間とは CTS 信号を受信した無線端末が待機する期間をいう。

〔20〕　ネットワークインタフェースカード(NIC)に固有に割り当てられた物理アドレスは，一般に，_____ アドレスといわれ，6バイトで構成される。

① ネットワーク　　② ホスト　　③ MAC

(出題)
平成30年度第1回
平成29年度第1回

P.100
●MACアドレスは…

解説　ネットワークインタフェースカード(NIC)に固有に割り当てられた6バイトの物理アドレスは，一般に **MAC** アドレスといわれる。また，6バイト(48ビット)が _____ となった問題も出題されている。

解答
〔19〕　①
〔20〕　③

れたデータ信号は，再生・増幅されて他のすべてのポートに出力される。ハブは，リピータと同様の機能を持っているので，スイッチングハブと区別して**リピータハブ**ともいう。

③　ブリッジ

　ブリッジは，OSI 参照モデルのレイヤ2（データリンク層）で管理されている MAC アドレスを用いてデータフレームの中継を行い，LAN のセグメント間を相互接続する装置である。ブリッジは，MAC アドレステーブルを持っており，入力されたデータフレームの宛先 MAC アドレスを参照して，フレームの中継を行う。

●**MAC アドレス**は，ネットワークインタフェースカード（NIC）ごとに割り当てられた**物理アドレス**で，世界的に一意性が保証されている。MAC アドレスは**6 バイト長**（48ビット）で構成され，前半の3バイトは IEEE が管理しているベンダ（メーカ）の識別番号，後半の3バイトは各ベンダが管理し，製品ごとに設定する識別番号である。

④　スイッチングハブ

　スイッチングハブは，ブリッジと同様に OSI 参照モデルの**レイヤ2（データリンク層）**の機能を持つ装置で，ハブと同じように RJ-45 の8ピン・モジュラジャックの複数のポートを持っており，100BASE-TX などにおいて集線装置として使用される。スイッチングハブも MAC アドレステーブルを持ち，その情報にもとづいてそのパソコンが接続されているポートだけにデータフレームの転送を行う。また，そのフレームの**送信元 MAC アドレス**がアドレステーブルに登録されているかを検索し，登録されていない場合はアドレステーブルに登録する。

　スイッチングハブと同様の機能をもつ装置に，**レイヤ2スイッチ**がある。

●**スイッチングハブのフレーム転送方式**には，ストアアンドフォワード方式，フラグメントフリー方式，カットアンドスルー方式がある。**ストアアンドフォワード方式**は，フレーム（データ）を FCS まで受信してバッファメモリにストア（格納）し，データのエラーチェック後，転送先へフォワード（転送）する方式であり，速度やフレーム形式の異なる LAN 相互の接続が可能なフレーム転送方式である。また，**フラグメントフリー方式**は有効フレームの先頭から64バイト，**カットアンドスルー方式**は6バイト（送信先アドレスまで）を読み取り，異常がなければ転送を開始する方式で，速度やフレーム形式の異なる LAN 間の接続はできない。

⑤　ルータ

　ルータは，OSI 参照モデル**レイヤ3（ネットワーク層）**の機能を持つ装置で，異なるネットワーク相互の接続を行う。ルータはレイヤ3の制御情報である IP アドレスによって IP パケットの中継処理を行い，通信経路を選択するルーティング機能を有する。ルータはあて先 IP アドレスを参照し，ルーティングテーブルに設定された情報にもとづいて IP パケットをどこに転送すればよいかを判断する。

　ルータは，LAN 間接続装置としてだけでなく，インターネットや IP ネットワークで IP パケットの転送を行う装置としても重要である。

（注）　第1問の GE-PON に関する問題は，第2章に収容してあります。

〔21〕　LAN を構成するレイヤ 2 スイッチは，受信したフレームの 　　　　 を読み取り，アドレステーブルに登録されているかどうかを検索し，登録されていない場合はアドレステーブルに登録する。

① 送信先 IP アドレス　　② 送信先 MAC アドレス
③ 送信元 IP アドレス　　④ 送信元 MAC アドレス

（出題）
平成29年度第2回
平成27年度第2回
平成26年度第1回

📖 P.100
④スイッチングハブ

解説　レイヤ 2 スイッチはスイッチングハブと同様の機能を持ち，受信したフレームの**送信元 MAC アドレス**がアドレステーブルに登録されているかを検索し，登録されていなければアドレステーブルに登録する。

〔22〕　ルータは，OSI 参照モデルにおける 　　　　 層が提供する機能を利用して，異なる LAN 相互を接続することができる。

① ネットワーク　　② データリンク　　③ トランスポート

（出題）
平成30年度第2回
平成29年度第2回
平成28年度第1回
平成26年度第1回

📖 P.100
⑤ルータ

解説　ルータは OSI 参照モデルの第 3 層・**ネットワーク層**の機能を利用して，異なる LAN 相互を接続する LAN 間接続装置である。**ルータ**が 　　　　 になった問題も出題されている。

〔23〕　LAN を構成する機器について述べた次の二つの記述は，　　　　。
A　レイヤ 2 スイッチは，受信したフレームの送信元 IP アドレスを読み取り，アドレステーブルに登録されているかどうかを検索し，登録されていない場合はアドレステーブルに登録する。
B　ルータは，OSI 参照モデルにおけるネットワーク層が提供する機能を利用して，異なる LAN 相互を接続することができる。

① A のみ正しい　　② B のみ正しい　　③ A も B も正しい
④ A も B も正しくない

（出題）
平成27年度第1回

📖 P.100
④スイッチングハブ
⑤ルータ

解説　②Bのみ正しい。
A　レイヤ 2 スイッチは，受信したフレームの送信元 **MAC アドレス**を読み取り，アドレステーブルに登録されているかを検索し，登録されていなければアドレステーブルに登録するので，記述は誤りである。
B　ルータは，OSI 参照モデルのネットワーク層（第 3 層）の機能を利用して，異なる LAN 相互を接続することができるので，記述は正しい。

解答
〔21〕　④
〔22〕　①
〔23〕　②

（出題）
平成26年度第2回

☞ P.100
④スイッチングハブ
⑤ルータ

〔24〕 ネットワークを構成する機器であるレイヤ2スイッチの機能などについて述べた次の二つの記述は，□□□□□。

A レイヤ2スイッチは，ルーティング機能を持ち，異なるネットワークアドレスを持つネットワークどうしを接続することができる。

B レイヤ2スイッチは，受信したフレームの送信元MACアドレスを読み取り，アドレステーブルに登録されているかどうかを検索し，登録されていない場合はアドレステーブルに登録する。

① Aのみ正しい　　② Bのみ正しい　　③ AもBも正しい
④ AもBも正しくない

解 説 ②Bのみ正しい。
A レイヤ3スイッチについての記述なので，誤りである。
B 受信したフレームの送信元MACアドレスがアドレステーブルに登録されていない場合は登録を行うので，正しい記述である。

（出題）
平成30年度第1回
平成27年度第1回

☞ P.100
④スイッチングハブ

〔25〕 スイッチングハブのフレーム転送方式におけるカットアンドスルー方式は，有効フレームの先頭から□□□□□までを受信した後，フレームが入力ポートで完全に受信される前に，フレームの転送を開始する。

① 宛先アドレスの6バイト　　② 64バイト　　③ FCS

解 説 カットアンドスルー式は，有効フレームの先頭から**宛先アドレスの6バイト**までを受信した後，フレームが入力ポートで完全に受信される前にフレームの転送を開始する。

（出題）
平成27年度第2回

☞ P.100
④スイッチングハブ

〔26〕 スイッチングハブのフレーム転送方式におけるフラグメントフリー方式は，有効フレームの先頭から□□□□□を受信した後，異常がなければ，フレームを転送する。

① 64バイトまで　　② FCSまで　　③ 宛先アドレスの6バイトまで

解 説 スイッチングハブのフレーム転送方式のフラグメントフリー方式は，有効フレームの先頭から**64バイト**まで受信した後，異常がなければフレームを転送する。

解答
〔24〕　②
〔25〕　①
〔26〕　①

〔27〕　スイッチングハブのフレーム転送方式におけるストアアンドフォワード方式では，有効フレームの先頭から　　　　　までを受信した後，異常がなければ受信したフレームを転送する。

① 宛先アドレス　　② FCS　　③ 64バイト

（出題）
平成30年度第2回
平成29年度第1回

P.100
●スイッチングハブの
　フレーム転送方式…

解説　ストアアンドアンドフォワード方式は，有効フレームの先頭から**FCS**までを受信した後，異常がなければ受信したフレームを転送する方式である。

〔28〕　スイッチングハブのフレーム転送方式におけるストアアンドフォワード方式について述べた次の記述のうち，正しいものは，　　　　　である。

① 有効フレームの先頭から送信先アドレスの6バイトまでを受信した後，フレームが入力ポートで完全に受信される前に，フレームを転送する。

② 有効フレームの先頭から64バイトまでを受信した後，異常がなければフレームを転送する。

③ 有効フレームの先頭から FCS までを受信した後，異常がなければフレームを転送する。

（出題）
平成28年度第1回
平成26年度第2回

P.100
④スイッチングハブ

解説　正しいものは③。
① カットアンドスルー方式についての記述なので，誤りである。
② フラグメントフリー方式についての記述でなので，誤りである。
③ ストアアンドフォワード方式は有効フレームの**先頭からFCSまでを受信**した後，異常がなければフレームを転送する方式なので，記述は正しい。

〔29〕　スイッチングハブのフレーム転送方式におけるカットアンドスルー方式について述べた次の記述のうち，正しいものは，　　　　　である。

① 有効フレームの先頭から64バイトまでを受信した後，異常がなければフレームの転送を開始する。

② 有効フレームの先頭から宛先アドレスの6バイトまでを受信した後，フレームが入力ポートで完全に受信される前に，フレームの転送を開始する。

③ 有効フレームの先頭から FCS までを受信した後，異常がなければフレームを転送する。

（出題）
平成28年度第2回

P.100
●スイッチングハブの
　フレーム転送方式…

解説　正しいものは②。
① フラグメントフリー方式についての記述なので，誤りである。
② カットアンドスルー方式についての記述なので，正しい。
③ ストアアンドフォワード方式についての記述なので，誤りである。

解答
〔27〕　②
〔28〕　③
〔29〕　②

2.1 データ通信技術

①OSI参照モデル

コンピュータ間の通信についての取り決めを通信プロトコルといい，ネットワークを介して相互に接続するために標準化された通信プロトコルの体系をOSI[*1]参照モデルという。OSI参照モデルは，システム間の一連の通信機能について図1のように7つの階層に分けて標準化している。JIS X 0026情報処理用語（開放型システム間相互接続）ではOSIの各層について次のように定義している。

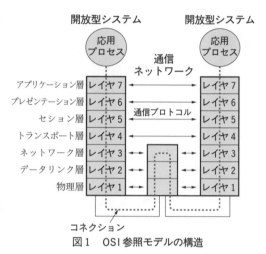

図1　OSI参照モデルの構造

層番号	層の名称	定義の内容
レイヤ7	アプリケーション層（応用層）	応用プロセスに対し，OSI環境にアクセスする手段を提供する層
レイヤ6	プレゼンテーション層	データを表現するための共通構文の選択及び適用業務データと共通構文との相互変換を提供する層
レイヤ5	セション層	協同動作しているプレゼンテーションエンティティに対し，対話の構成及び同期を行い，データ交換を管理する手段を提供する層
レイヤ4	トランスポート層	終端間に，信頼性の高いデータ転送サービスを提供する層
レイヤ3	ネットワーク層	開放型システム間のネットワーク上に存在するトランスポート層内のエンティティに対し，経路選択及び交換を行うことによってデータのブロックを転送するための手段を提供する層
レイヤ2	データリンク層	ネットワークエンティティ間で，一般に隣接ノード間のデータを転送するためのサービスを提供する層
レイヤ1	物理層	伝送媒体上でビットの転送を行うための物理コネクションを確立し，維持し，解放する機械的，電気的，機能的及び手続き的な手段を提供する層

OSI参照モデルでは，各階層にある通信を行うための機能モジュールをエンティティと呼んでいる。

②データ伝送の技術

（1）半二重通信と全二重通信

半二重通信方式は，一つの伝送路だけを用い，メッセージの伝送方向を交互に切り替えて双方向の伝送を行う方式であり，一方の端末装置が送信状態のとき他方の端末装置は受信状態となり，同時に双方向の通信はできない。

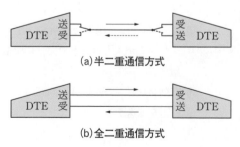

図2　半二重通信方式と全二重通信方式

---

*1　OSI：Open Systems Interconnection　開放型システム間相互接続

第2問の標準問題

2.1 データ通信技術

☑
□
□

〔1〕 OSI 参照モデル（7 階層モデル）の第 2 層であるデータリンク層の定義として，JIS X 0026：1995 情報処理用語（開放型システム間相互接続）で規定されている内容について述べた次の記述のうち，正しいものは，[　　　]である。

① 通信相手にデータを届けるための経路選択及び交換を行うことによって，データのブロックを転送するための手段を提供する。

② 伝送媒体上でビットの転送を行うためのコネクションを確立し，維持し，解放する機械的，電気的，機能的及び手続き的な手段を提供する。

③ ネットワークエンティティ間で，一般に隣接ノード間のデータを転送するためのサービスを提供する。

（出題）
平成28年度第1回
平成27年度第1回
平成26年度第1回

☞ P.104
①OSI 参照モデル

解 説　正しいものは③。
JIS X0026：1995 情報処理用語で規定している OSI 参照モデルの第 2 層（データリンク層）の定義は③である。①はレイヤ3（ネットワーク層），②はレイヤ1（物理層）の定義である。

□
□
□

〔2〕 OSI 参照モデル（7 階層モデル）の物理層について述べた次の記述のうち，正しいものは，[　　　]である。

① どのようなフレームを構成して通信媒体上でのデータ伝送を実現するかなどを規定している。

② 端末が送受信する信号レベルなどの電気的条件，コネクタ形状などの機械的条件などを規定している。

③ 異なる通信媒体上にある端末どうしでも通信できるように，端末のアドレス付けや中継装置も含めた端末相互間の経路選択などの機能を規定している。

（出題）
平成30年度第1回
平成29年度第1回

☞ P.104
①OSI 参照モデル

解 説　正しいものは②。
① レイヤ2（データリンク層）についての記述なので，誤りである。
② レイヤ1（物理層）についての記述なので，正しい。
③ レイヤ3（ネットワーク層）についての記述なので，誤りである。

□
□

〔3〕 OSI 参照モデル（7 階層モデル）において，伝送媒体上でビットの転送を行うための物理コネクションを確立し，維持し，解放する機械的，電気的，機能的及び手続き的な手段を提供するのは，第[　　　]層である。

① 1　　② 2　　③ 3

（出題）
平成28年度第2回

☞ P.104
①OSI 参照モデル

解答
〔1〕 ③
〔2〕 ②
〔3〕 ①

105

全二重通信方式は，二つの伝送路を用いて同時に双方向の伝送を行う方式で，データの受信中にデータなどを送信できるので伝送効率が高い。

（2）データ信号速度

　データ信号速度は，1秒間に伝送できるビット数であり，単位はビット/秒でbit/s，b/s，bpsなどと表記する。

　ビットはデータ通信やコンピュータなどで取り扱う情報量の最小単位で，2進数の1桁のことをいう。1ビットで二つの状態を表現することができ，「0」と「1」で表される。

（3）伝送路符号形式

　データ信号を伝送するには電圧の変化や光の発光／非発光といった伝送路に適した形に変換することが必要である。これを符号化といい，NRZ，NRZI，マンチェスタ，MLT-3などの符号形式がある。

①　NRZ符号(Non Return to Zero)

　NRZ符号は，正論理の場合，送信データが「0」のときは低いレベル，「1」のときは高いレベルの状態に対応させる符号化方式である。なお，送信データが「0」のときに高いレベル，「1」のときに低いレベルの状態に対応させるものは負論理という。

②　NRZI符号(Non Return to Zero Inverted)

　NRZI符号は，入力データのビット値が「0」のときは信号レベルを変化させず直前の信号レベルのままとし，ビット値「1」が発生するごとに，信号レベルを低レベルから高レベルへ，又は高レベルから低レベルへ変化させる符号化方式である。「0」のときは信号レベルが変化せず，「1」のときは信号レベルが変化するので，受信のときにデータの極性が反転した場合でも，同じ情報が得られるメリットがある。

③　マンチェスタ符号(Manchester)

　マンチェスタ符号は，送信データが「0」のときはビットの中央で信号レベルを高いレベルから低いレベルへ，「1」のときはビットの中央で低いレベルから高いレベルへ変化させる符号化方式である。

④　MLT-3符号(Multi Level Transmission-3)

　MLT-3符号は，低，中，高の3段階の信号レベルを使用し，入力データが"0"のとき

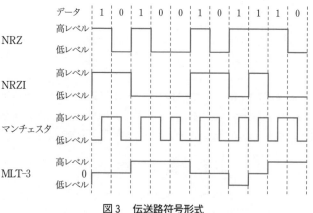

図3　伝送路符号形式

106

解 説　JIS X0026:1995 情報処理用語で規定している OSI 参照モデルの**第1層**(物理層)の定義である。

---

〔4〕　JIS X 0026：1995 情報処理用語(開放型システム間相互接続)で規定されている OSI 参照モデル(7 階層モデル)の定義について述べた次の二つの記述は，　　　　。

A　第1層である物理層は，伝送媒体上でビットの転送を行うための物理コネクションを確立し，維持し，解放する機械的，電気的，機能的及び手続き的な手段を提供する。

B　第2層であるデータリンク層は，開放型システム間のネットワーク上に存在するトランスポート層内のエンティティに対し，経路選択及び交換を行うことによって，データのブロックを転送するための手段を提供する。

　　① Aのみ正しい　　② Bのみ正しい　　③ AもBも正しい
　　④ AもBも正しくない

(出題)
平成27年度第2回

☞ P.104
①OSI 参照モデル

解 説　①Aのみ正しい。
A　JIS X 0026：1995 情報処理用語で規定している OSI 参照モデルの第1層(物理層)の定義のとおりで，記述は正しい。
B　第2層(データリンク層)は「ネットワークエンティティ間で，一般に隣接ノード間のデータを転送するためのサービスを提供する層」と定義されており，設問は第3層(ネットワーク層)についての記述なので，誤りである。

---

〔5〕　デジタル信号を送受信するための伝送路符号化方式のうち　　　　符号は，図に示すように，ビット値1のときはビットの中央で信号レベルを低レベルから高レベルへ，ビット値0のときはビットの中央で信号レベルを高レベルから低レベルへ反転させる符号である。

　　① NRZI　　② Manchester　　③ MLT-3

(出題)
平成30年度第1回
平成27年度第1回
平成26年度第1回

☞ P.106
③マンチェスタ符号

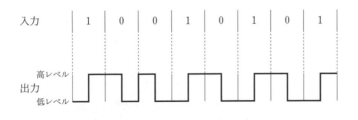

解 説　図の符号化方式は**マンチェスタ**符号(Manchester code)であり，10BASE-T などで使われている符号化方式である。

解答
〔4〕　①
〔5〕　②

は信号レベルを変化させず，入力データが"1"のときに信号レベルを0→高→0→低→0へと一段ずつ変化させる符号化方式である。

（4）伝送制御手順

　通信回線を介してデータを効率よく確実に伝送するためには，送受の端末装置間で回線の接続・切断，データ送受信の制御，誤り制御など一連の手続きをあらかじめ決めておく必要がある。データ伝送を行うため一連の手続きを伝送制御手順といい，OSI参照モデルレイヤ2（データリンク層）の機能である。伝送制御手順の代表的なプロトコルにHDLCがある。

① HDLC[*2]は，高速，高品質の伝送が可能な伝送制御手順であり，任意のビットパターンのデータが伝送可能である。したがって，文字だけでなく画像やプログラムなど，どんなビット列のデータも伝送することができる。HDLCでは，すべての情報は**フレーム**単位で転送され，定められた数のフレームをまとめて転送できるので転送効率が高く，また，誤り検出にCRC[*3]方式を用いているので信頼性が高く伝送品質もよい。CRC方式は，符号誤りが集中的に発生するバースト誤りに対して検出能力が高い方式である。

② HDLCのフレーム構成を**図4**に示す。

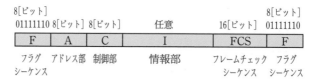

図4　HDLCのフレーム構成

●フラグシーケンス（F）

　フレームの開始・終結を表し同期をとるためのフィールドで，**01111110**のビットパターンが規定されている。データの中にこれと同じビットパターンがあるとフレームの終結と誤認する恐れがあるので，送信側では伝送するビット列の中で「1」が**5個連続**するとその直後に「0」を挿入し，受信側では開始フラグシーケンスの**01111110**を受信後に「1」が**5個連続**した後の「0」を削除して元のビット列に戻し，**データの透過性**を保っている。

●アドレス部（A）

　コマンドの送信先またはレスポンスの送信元のアドレスを示すフィールドである。コマンドは指示，レスポンスは応答のフレームである。

●制御部（C）

　フレームの種類，コマンド・レスポンスの種類，送信順序番号・受信順序番号を示すフィールドである。

●情報部（I）

　伝送するデータが入るフィールドであり，その長さは任意である。

●フレームチェックシーケンス（FCS）

　アドレス部，制御部，情報部について誤り制御を行うためのビット列であり，CRC方式が用いられている。

*2　HDLC：High-Level Data Limk Control　ハイレベルデータリンク制御手順
*3　CRC： Cyclic Redundancy Check　巡回冗長符号チェック

〔6〕　100BASE-FX では，送信するデータに対して 4B/5B といわれるデータ符号化を行った後，[　　　]といわれる方式で信号を符号化する。[　　　]は，図に示すように 2 値符号でビット値 1 が発生するごとに信号レベルが低レベルから高レベルへ又は高レベルから低レベルへと遷移する符号化方式である。

(出題)
平成30年度第2回
平成29年度第1回
平成28年度第1回
平成26年度第2回

☞ P.106
②NRZI 符号

① MLT-3　　② NRZI　　③ NRZ

入力　　1　0　0　1　0　1　0　1

高レベル
出力
低レベル

解説　設問のように 2 値符号でビット値 1 が発生するごとに信号レベルが低レベルから高レベルへ又は高レベルから低レベルへと遷移する符号化方式は NRZI である。

〔7〕　デジタル信号を送受信するための符号化方式のうち[　　　]符号は，図に示すように，ビット値 0 の時は信号レベルを変化させず，ビット値 1 が発生するごとに，信号レベルが 0 から高レベルへ，高レベルから 0 へ，又は 0 から低レベルへ，低レベルから 0 へと，信号レベルを 1 段ずつ変化させる符号である。

(出題)
平成29年度第2回
平成27年度第2回
平成25年度第2回

☞ P.106
④MLT-3 符号

① MLT-3　　② NRZ　　③ NRZI

入力　　0　1　0　1　1　1　0　1

高レベル
出力　　0
低レベル

解説　設問の符号化方式は**MLT-3**符号である。MLT-3 符号は高・0・低の三つのレベルを用いる多値符号である。

〔8〕　HDLC 手順では，フレーム同期をとりながら[　　　]するために，受信側において，開始フラグシーケンスを受信後に，5 個連続したビットが 1 のとき，その直後のビットの 0 は無条件に除去される。

(出題)
平成30年度第1回
平成29年度第1回
平成27年度第1回

☞ P.108
●フラグシーケンス

① データの透過性を確保　　② ビット誤りがあるフレームを破棄
③ 送受信のタイミングを確認

解説　HDLC(High-Level Data Link Control)手順では，データの前後にフラグシーケンス01111110を付けたフレーム形式でデータ伝送を行う。送信側では開始フラグシーケンスを送信後にビット 1 が 5 個連続したときは，その直後にビット 0 を挿入し，受信側では開始フラグシーケンスを受信後にビット 1 が 5 個連続したときは，その直後のビット 0 を除去することにより，フレーム同期をとりながら**データの透過性を確保**している。また，5 個が[　　　]になった問題も出題されている。

解答
〔6〕　②
〔7〕　①
〔8〕　①

技術科目　第2問の標準問題

2.2 ブロードバンドアクセスの技術

1メタリックア
クセスの技術

（1）ADSL

アナログ電話網の加入者線のケーブルは，導体として銅（金属）を用いているので，光ファイバケーブルに対してメタリックケーブルという。このメタリックケーブルを使用してインターネットにアクセスし，高速のデータ伝送を行う方式をメタリックアクセスという。

重要

●アナログ電話用のアクセス回線である加入者線を利用して数百キロビット/秒から数十メガビット/秒の高速のデータ伝送を行うサービスに **ADSL**[4] がある。加入者線は，アナログの伝送路であり，パソコンなどで使用しているデジタル信号を伝送するにはデジタル信号とアナログの ADSL 信号を相互に変換するモデム機能が必要であり，電気通信事業者の設備センタ内に **DSLAM**[5] 装置が，ユーザの宅内には ADSL モデムが設置されている（1.1 ADSLモデム，スプリッタ1ADSL の構成(3)参照）。

ADSL の変調方式は，**図5** のように上り，下りそれぞれの伝送帯域を 4kHz ごとの複数の帯域に分け，その 4kHz 帯域ごとに伝送するビットを割り当てて変調し，それをまとめて伝送する方式で，DMT 方式という。

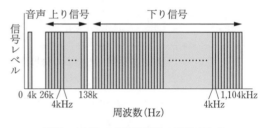

図5　ADSL の周波数帯域の例(G.922.1)

（2）ADSL 信号の伝送品質の低下要因

ADSL は，次のような要因により伝送速度の低下など伝送品質に影響を受けることがある。

① ADSL は，メタリックケーブルを使って高い周波数帯の信号を伝送しているので，電気通信事業者の設備センタからの距離が長くなると信号が減衰し，また漏話や雑音による妨害も多くなるのでデータ誤りが多発するようになり，距離とともに伝送速度が低下する。この現象は高い周波数帯域まで利用する最大伝送速度が速い方式ほど影響が大きい。

② 電気通信事業者の設備センタからユーザ宅までのメタリックケーブルの途中にマルチ接続されたケーブルの分岐箇所がある場合がある。これをブリッジタップといい，ブリッジタップのある加入者線に ADSL 信号のような高い周波数の信号を流すと，端末設備が接続されていない方のケーブルの末端で信号が反射し，伝送速度が低下する要因になることがある。

③ 架空で布設された通信ケーブルと電力用の架空電線路や電気鉄道の線路が長い距離にわたって接近し，並行しているような場合，電力線や電気鉄道の線路からの電磁誘導による影響を受け，伝送速度の低下などが生じることがある。なお，電力線や電気鉄道の線路が，通信ケーブルをほぼ直角に近い角度で横断しているような場合は電磁誘導による影響は殆んどない。

＊4　ADSL：Asymmetric Digital Subscriber Line　非対称デジタル加入者線伝送
＊5　DSLAM：DSL Access Multiplexer　集合型 DSL モデム装置

〔9〕　HDLC 手順では，フレーム同期をとりながらデータの透過性を確保する
　　　ために，受信側において，開始フラグシーケンスを受信後に [　　　] 個連続
　　　したビットが 1 のとき，その直後のビットの 0 は無条件に除去される。

〔出題〕
平成30年度第 2 回
平成28年度第 1 回
平成26年度第 1 回

📖 P.108
●フラグシーケンス

　　　　　　　　　① 4　　　② 5　　　③ 8

解 説　　　HDLC 手順では，データの前後にフラグシーケンス01111110を付けたフレーム形
式でデータ伝送を行う。送信側では開始フラグシーケンス送信後にビット 1 が 5 個連
続したときは，その直後にビット 0 を挿入し，受信側では開始フラグシーケンスを受
信後にビット 1 が 5 個連続したときは，その直後のビット 0 を無条件に除去し，デー
タの透過性を確保している。また，**データの透過性を確保**が [　　　] になった問題
も出題されている。

〔10〕　HDLC 手順におけるフレーム同期などについて述べた次の二つの記述は，
　　　[　　　]。

〔出題〕
平成28年度第 2 回

📖 P.108
●フラグシーケンス

　A　信号の受信側においてフレームの開始位置を判断するための開始フラグシ
　　　ーケンスは，01111110のビットパターンである。
　B　受信側では，開始フラグシーケンスを受信後に 5 個連続したビットが 1 の
　　　とき，その直後のビットの 0 は無条件に除去される。

　　　① Aのみ正しい　　② Bのみ正しい　　③ AもBも正しい
　　　④ AもBも正しくない

解 説　　③AもBも正しい。
　　A　フレームの開始・終了を示し，同期を取るためのフラグシーケンスのビットパ
　　　ターンは01111110なので，記述は正しい。
　　B　データ中にフラグシーケンスと同じビットパターンが現れないように送信側で
　　　は伝送するビット列の中で「1」が 5 個連続するとその直後に「0」を挿入し，受信側
　　　では開始フラグシーケンスを受信後に「1」が 5 個連続した後の「0」を除去してデー
　　　タの透過性を確保しているので，記述は正しい。

2.2　ブロードバンドアクセスの技術

〔11〕　アクセス回線としてアナログ電話用の平衡対メタリックケーブルを使用し
　　　て，数百キロビット／秒から数十メガビット／秒のデータ信号を伝送するブ
　　　ロードバンドサービスは，電気通信事業者側に設置された DSLAM（Digital
　　　Subscriber Line Access Multiplexer）装置などとユーザ側に設置された
　　　[　　　] を用いてサービスを提供している。

〔出題〕
平成29年度第 2 回

📖 P.110
(1)ADSL

　　　　　　① メディアコンバータ　　② ADSL モデム
　　　　　　③ DSU（Digital Service Unit）

解答

〔9〕　②
〔10〕　③
〔11〕　②

技術科目　第 2 問の標準問題

（1）FTTH[*6]

　光ファイバケーブルを電気通信事業者の設備センタからユーザ宅まで引き込み，最大
1Gビット/秒のデータ伝送を行うことができるブロードバンドアクセス方式をFTTH
という。光ファイバケーブルは，低損失であるため距離による減衰が少なく，また，導電性
がないので電磁誘導による影響もなく，漏話や雑音による妨害が殆どないという特徴があ
り，ADSLのように距離による影響を受けることがなく，超高速のデータ伝送を安定し
て行うことができる。

　電気通信事業者の設備センタからの光ファイバケーブルは，ユーザの宅内まで引き込ま
れONU[*7]で終端されるが，マンションなどの集合住宅ではONUをMDF[*8]室などの共
用部分に設置し，各ユーザ宅までは電話用の配線を利用することが多い。

（2）光アクセス網の構成

　光アクセス網の配線構成を図6に示す。配線構成には，電気通信事業者の設備センタと
ユーザ宅を1対1で接続するシングル・スター(SS[*9])構成と1対nで接続するパッシブ・
ダブル・スター(PDS[*10])構成がある。

① SS構成は設備センタからユー
ザ宅まで放射状に光ファイバケー
ブルを引くシンプルな構成であ
り，電気通信事業者の設備センタ
側のOLT[*11]に収容されている
OSU[*12]とユーザ側のONUを1
対1で接続し，上り・下りで異な
る波長の光信号を用いた全二重通
信を行う。

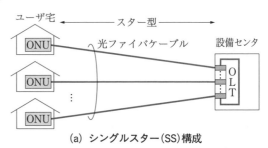

（a）シングルスター(SS)構成

② PDS構成は，設備センタから
ユーザ宅の近くまで放射状に引い
た光ファイバケーブルに光信号を
分岐する光スプリッタを設置し，
光スプリッタと各ユーザ宅の間を
個別に分岐した光ファイバケーブ
ルで配線する方式である。この方

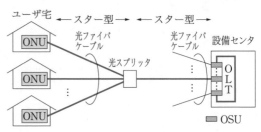

（b）パッシブ・ダブルスター(PDS)構成

図6　光アクセス網の構成

式は，スター型の網構成を2段重ねた構造をしているのでダブルスター構成といい，ユー
ザ宅の近くまでは1本の光ファイバを共用するので，ケーブルの集線効果を高められ
アクセス系の低コスト化を図ることができる。

③ 光スプリッタは，その動作に電源を必要としないパッシブ(受動的)な素子で構成され

*6　FTTH：Fiber To The Home
*7　ONU：Optical Network Unit　光加入者線網装置
*8　MDF：Main Distributing Frame　主配線盤
*9　SS：Single Star
*10 PDS：Passive Double Star
*11 OLT：Optical Line Terminal　光加入者線終端装置
*12 OSU：Optical Subscriver Unit　光加入者線終端盤

解説　アナログ電話用の平衡対メタリックケーブルを使用してデータ伝送を行うブロードバンドサービスのADSLは，電気通信事業者側の **DSLAM** 装置などとユーザ側に設置された **ADSL モデム**を用いてサービスを提供している。

〔12〕固定電話網を構成する，メタリックケーブルを用いたアクセス回線において，ユーザの増加などに柔軟に対応するため，幹線ケーブルの心線と分岐ケーブルの心線がマルチ接続され，幹線ケーブルの心線が下部側に延長されている箇所は，□□□□□といわれ，電話共用型 ADSL サービスにおいては，ADSL 信号の反射などにより，伝送品質を低下させる要因となるおそれがある。

① フェルール　② マルチポイント　③ ブリッジタップ

（出題）
平成28年度第2回

P.110
(2)ADSL信号の伝送品質の低下要因②

解説　幹線ケーブルの心線と分岐ケーブルの心線がマルチ接続され，幹線ケーブルの心線が下部側へ延長されている箇所は**ブリッジタップ**といわれる。

〔13〕図に示す，メタリックケーブルを用いて電話共用型 ADSL サービスを提供するための設備の構成において，ADSL 信号の伝送品質を低下させる要因となるおそれがあるブリッジタップの箇所について述べた次の二つの記述は，□□□□□。

A　幹線ケーブルと同じ心線数の分岐ケーブルが幹線ケーブルとマルチ接続され，分岐ケーブルの下部側に延長されている箇所（図中ⓐ）

B　幹線ケーブルとユーザへの引込線の接続点において，幹線ケーブルの心線とユーザへの引込線が接続され，幹線ケーブルの心線の下部側が切断されている箇所（図中ⓑ）

① Aのみ正しい　② Bのみ正しい　③ AもBも正しい
④ AもBも正しくない

（出題）
平成28年度第1回
平成27年度第1回
平成26年度第1回

P.110
(2)ADSL信号の伝送品質の低下要因②

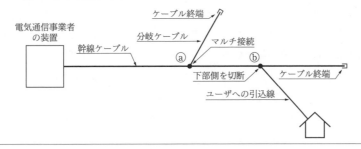

解説　①Aのみ正しい。
A　幹線ケーブルと同じ心線数の分岐ケーブルが幹線ケーブルとマルチ接続され，分岐ケーブルの下部側へ延長されている箇所ⓐはブリッジタップなので，記述は正しい。
B　幹線ケーブルとユーザへの引込線の接続点において，幹線ケーブルの心線とユーザへの引込線が接続され，幹線ケーブルの心線の下部側が切断されている箇所ⓑはブリッジタップではないので，記述は誤りである。

解答
〔12〕③
〔13〕①

113

ているので，光スプリッタを用いた光アクセスの方式をパッシブな素子を用いたダブルスター構成の意味で PDS というが，一般的には PON[*13] と呼ばれている。

④ **PON（PDS）方式**では，図 6 のように，設備センタからの 1 心の光ファイバを光スプリッタを用いて，複数本の光ファイバに分岐してユーザ側に配線し，光信号を電気信号に変換することなく，電気通信事業者の設備センタにある **OLT**（その構成機器である **OSU**）とユーザ宅の **ONU** 間を**光信号のまま**伝送し，ONU で光信号と電気信号の変換を行う。

（3）GE-PON[*14]

GE-PON システムは，PON 技術とギガビットイーサネット技術を融合させたシステムであり，1 心の光ファイバを光スプリッタで分岐することにより電気通信事業者側の 1 台の **OLT** に，複数のユーザ側の **ONU** を収容し，OLT～ONU 相互間を上り／下りともに**最大 1 ギガビット/秒**の速度でイーサネットフレームを双方向に伝送する。

この方式では，下り信号は電気通信事業者側の OLT から配下のすべての ONU に向けて放送形式で配信されるので，OLT は送信するフレームがどの ONU 宛かを判別し，相手の ONU 用の LLID[*15] という識別子をイーサネットフレームの**プリアンブル（PA）**フィールドに埋め込んで送出する。ユーザ側の ONU は受信したフレームの **PA** フィールドに埋め込まれた識別子をもとにフレームを取捨選択し，自分宛のフレームだけを取り込む。

上り信号は，各 ONU からのフレームが光スプリッタで合波されるので，OLT は合波後に衝突しないように配下の ONU に送信許可を通知し，各 ONU からの上り信号を**時間的に分離**して衝突を回避している。

また，OLT は ONU がネットワークに接続されると，その ONU を自動的に発見し通信リンクを自動で確立する。この機能を **P2MP**（Point to Multipoint）**ディスカバリ**という。

イーサネットフレーム

プリアンブル 8 バイト	宛先 MAC アドレス 6 バイト	送信元 MAC アドレス 6 バイト	タイプ 2バイト	データ 46～1500 バイト	FCS 4 バイト

FCS：フレームチェックシーケンス

2.3 IP ネットワークの技術

①IPネットワーク

（1）IP ネットワーク

IP[*16] ネットワークは，ルータによって構成されたパケット交換網であり，パソコンからのデータや画像，電話の音声信号などすべての情報は，IP パケットでやり取りされる。

●送信する一連のデータは，IP パケットというデータブロックに分割され，IP パケットごとに通信ルートを設定して伝送される。パケットは，小包を意味し，それぞれのパケットにはあて先アドレスや発信元アドレスなど転送に必要な情報をもったヘッダがつけられている。IP パケットの構成を**図 7** に示す。

---

*13　PON：Passive Optical Network
*14　GE-PON：Gigabit Ethernet-Passive Optical Network
*15　LLID：Logical Link ID
*16　IP：Internet Protocol

〔14〕　図に示す，通信用メタリックケーブルを用いた電話共用型 ADSL サービスの設備形態において，ADSL 信号の伝送品質に及ぼす影響が最も小さいのは，	である。

① 運行本数が多い電気鉄道の線路と通信用メタリックケーブルの架空区間が接近して，平行している距離が数キロメートルに及ぶ場合

② 通信用光ファイバケーブルが通信用メタリックケーブルと同一の架空ルートに架渉されている場合

③ 電気通信事業者の装置からユーザへの引込線の接続箇所までのケーブル長が，数キロメートルに及ぶ場合

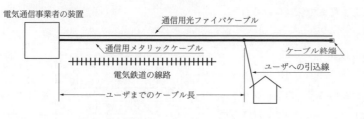

(出題)
平成26年度第2回

P.110
(2) ADSL 信号の伝送品質の低下要因

解説　ADSL 信号の伝送品質への影響が最も小さいのは②。
① 電気鉄道の線路が接近して長距離にわたって平行している場合は電磁誘導による妨害が考えられる。
② 通信用光ファイバケーブルの信号が通信用メタリックケーブルの ADSL 信号に影響を及ぼすことはない。
③ 通信ケーブルの距離が長い場合は ADSL 信号が減衰し，漏話や雑音の影響も大きくなるので伝送品質が劣化する。
　また，「低圧架空電線路が通信ケーブルの架空区間を，ほぼ直角に近い角度で横断している場合」の問題もあるが，低圧架空電線路と通信ケーブルがほぼ直角に近い角度で交差している場合は電磁誘導による妨害はほとんどないので，ADSL 信号の伝送品質に及ぼす影響はほとんどない。

〔15〕　光アクセスネットワークの設備構成のうち，電気通信事業者のビルから配線された光ファイバの1心を光スプリッタを用いて分岐し，個々のユーザにドロップ光ファイバケーブルで配線する構成を採る方式は，	方式といわれる。

① PDS　　② HFC　　③ ADS

(出題)
平成30年度第1回
平成29年度第1回

P.112
②PDS 構成は…

解説　電気通信事業者のビルから配線された光ファイバの1心を光スプリッタで分岐し，個々のユーザにドロップ光ファイバケーブルで配線する光アクセスネットワークの設備構成は **PDS**(Passive Double Star) である。PDS は，PON(Passive Optical Network)ともいわれる。

解答
〔14〕　②
〔15〕　①

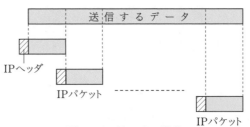

図7　IPパケットの構成

●IPネットワークのルータは，IPヘッダのあて先アドレスを見て通信ルートを選び，パケットを次のルータに転送する。次のルータも同様の動作を行うことにより，IPパケットはあて先まで伝送される。

（2）TCP[17]/IP

インターネットなどIPネットワークで使われている多くの通信プロトコルを総称して，一般に**TCP/IPプロトコル**という。TCP/IPプロトコルは4つの階層で構成されている。OSI参照モデルとの対比を**図8**に示す。

OSI 参照モデル		TCP/IP
層番号	層の名称	層の名称
レイヤ7	アプリケーション層	アプリケーション層
レイヤ6	プレゼンテーション層	
レイヤ5	セション層	
レイヤ4	トランスポート層	トランスポート層
レイヤ3	ネットワーク層	インターネット層
レイヤ2	データリンク層	ネットワーク
レイヤ1	物理層	インタフェース層

図8　TCP/IPプロトコルの階層モデル

（3）MTUとフラグメント化

IPネットワークでは，その通信ネットワークを通じて1回の転送で送信できる最大のデータ量が定まっており，この値をMTUという。**MTU**[18]よりサイズの大きいIPパケット(IPデータグラムともいう。)は，一度に送信できないので，一般に複数のIPパケットに分割して転送する。

●IPパケットの分割を禁止する**フラグメント化禁止**が設定されていると，ルータは分割を必要とするようなサイズの大きいIPパケットが転送されてきても，次のルータに転送できないので，そのIPパケットは**破棄**される。

●MTUの値は，それぞれのネットワークで異なっており，標準(DIX規格：DEC，インテル，ゼロックスの3社共同開発のイーサネット規格)のイーサネットの場合は1,500バイトである。

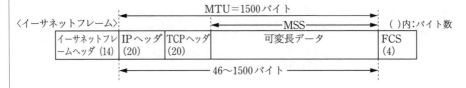

〔16〕　光アクセスネットワークの一つであるシングルスター方式では，電気通信事業者側の　　　　　とユーザ側の光加入者線網装置の間で1心の光ファイバをユーザが専有する接続によりサービスが提供されている。

① 網制御装置　　② 通信制御処理装置　　③ 光加入者線端局装置

（出題）
平成26年度第1回

P.112
(2)光アクセス網の構成①

解説　光アクセスネットワークのシングルスター(SS)方式は，電気通信事業者側の**光加入者線端局装置**(OLT)とユーザ側の光加入者線網装置(ONU)の間を1心の光ファイバをユーザが専有する接続形式である。

〔17〕　光アクセスネットワークの設備構成のうち，電気通信事業者側とユーザ側に設置されたメディアコンバータなどとの間で，1心の光ファイバを1ユーザが専有する形態を採る方式は，　　　　　方式といわれる。

① PDS　　② SS　　③ ADS

（出題）
平成30年度第2回
平成28年度第1回

P.112
①SS構成は…

解説　電気通信事業者側とユーザ側に設置されたメディアコンバータなどとの間で，1心の光ファイバを1ユーザが占有する光アクセスネットワークの設備構成は**SS**(Single Star)である。

〔18〕　光ファイバによるブロードバンドサービス用のアクセス回線を利用したIP電話サービスでは，ユーザ側に設置される　　　　　と電気通信事業者側の光加入者線終端装置などを用いてサービスが提供されている。

① ONU (Optical Network Unit)　　② OSU (Optical Subscriber Unit)
③ OLT (Optical Line Terminal)

（出題）
平成28年度第2回

P.114
(2)光アクセス網の構成④

解説　光ファイバを用いたアクセス回線を利用したIP電話サービスで，ユーザ側に設置される装置は**ONU**(光加入者線網装置)である。OLT(光加入者線端局装置)，OSU(光加入者線終端盤)は電気通信事業者側の装置である。

解答
〔16〕　③
〔17〕　②
〔18〕　①

② IPv4

（1）IPv4 アドレス

　IP アドレスは，インターネットに接続されているコンピュータの番号（ホスト番号）とそのコンピュータが所属するネットワークの番号（ネットワーク番号）で構成されており，そのネットワークにただ一つだけで重複のないアドレスである。

　IP アドレスには，グローバル IP アドレスとプライベート IP アドレスがある。インターネットなどで世界中のコンピュータと通信するときは，世界中にただ一つだけで重複のない IP アドレスを使う必要があり，このような IP アドレスを**グローバル IP アドレス**という。しかし，企業などの閉じたネットワーク（ローカルネットワーク）内だけの通信では必ずしもグローバル IP アドレスを使う必要はなく，そのローカルネットワーク内のみで通用する**プライベート IP アドレス**を使用することができる。

　インターネットでは，必ずグローバル IP アドレスを使わなければならないので，ローカルネットワーク内のプライベートアドレスを持つパソコンがインターネット接続を行うときは，プライベートアドレスをグローバル IP アドレスに変換しなければならない。このようなプライベート IP アドレスとグローバル IP アドレスの変換を行う機能を **NAT**[20] という。

　NATは IP アドレスをもとに変換を行うので，一つのグローバルアドレスに一つのプライベートアドレスしか割り当てられない。そこで，IP アドレスとともにポート番号も使うことで，一つのグローバルアドレスに対して複数のプライベートアドレスを割り当てる仕組みがあり，IP マスカレードまたは **NAPT**[21] という。

　IP アドレスや IP パケットの転送については，OSI 参照モデル第 3 層のプロトコルである IP に規定されている。

（2）IP ネットワークの関連プロトコル

①　TCP[22]，**UDP**[23]

　IP の上位プロトコルとして，OSI 参照モデルレイヤ 4 に属する TCP と UDP がある。

●**TCP** は，データ転送に先だって端末間に論理的な通信路を確立し，送達確認や誤り検出の制御を行う信頼性の高い通信を提供する。

●**UDP** は，データ転送に先だってコネクションの確立を行わないプロトコルであり，伝送の信頼性は低いが高速の通信処理ができる特徴がある。

②　DHCP

　パソコンなど端末の IP アドレスは固定的に定まっている場合もあるが，一般に起動時にサーバなどから自動的に取得する。パソコンを起動したとき，そのパソコンに対して IP アドレスなどを自動的に割り当てるためのプロトコルに **DHCP**[24] があり，この機能を行うサーバを **DHCP サーバ**という。

●ADSL 回線に接続されるパソコンなどの端末は，DHCP サーバ機能が有効な場合は，起動時に **DHCP サーバ機能**にアクセスして **IP アドレス**を取得するので，個々の端末に **IP アドレス**を設定する必要がない。

*19　NAT：Network Address Translation
*20　NAPT：Network Address Port Translation
*21　TCP：Transmission Control Protocol
*22　UDP：User Datagram Protocol
*23　DHCP：Dynamic Host Configuration Protocol

〔19〕 光アクセス方式の一つである GE-PON によるインターネット接続は，1心の光ファイバを分岐することにより，ユーザ側の複数の光加入者線網装置を，電気通信事業者側の1台の　　　　　　に収容してサービスが提供されている。

① 網制御装置　　② 通信制御処理装置　　③ 光信号終端装置

(出題)
平成27年度第2回
平成27年度第1回

P.114
(3)GE-PON

解説　GE-PON も PON 方式の配線構成であり，一心の光ファイバを光スプリッタで分岐することにより，ユーザ側の複数の光加入者線網装置(ONU)を電気通信事業者側の1台の**光信号終端装置**(OLT)に収容している。OLT は一般に光加入者線端局装置と表記されるが，この試験では光信号終端装置も使われる。
また，**光加入者線網装置**が　　　　　　となった問題も出題されている。

〔20〕 光アクセス方式の一つである GE-PON システムについて述べた次の二つの記述は，　　　　　　。

A　GE-PON システムは，電気通信事業者からの1心の光ファイバを分岐してユーザ宅に配線するアクセスネットワークの構成を採っており，光ファイバをユーザ宅まで引き込む形態である FTTH(Fiber To The Home)を実現している。

B　GE-PON システムでは，ユーザ側の装置と電気通信事業者側の装置相互間を上り／下りともに最速で毎秒1ギガビットにより双方向通信を行うことが可能である。

① Aのみ正しい　　② Bのみ正しい　　③ AもBも正しい
④ AもBも正しくない

(出題)
平成29年度第2回

P.112
(1)FTTH
P.114
(3)GE-PON

解説　③**AもBも正しい**。
A　GE-PON は1心の光ファイバを分岐してユーザ宅に配線するパッシブダブルスター構成のネットワークを用いて FTTH を実現しているので，記述は正しい。
B　GE-PON は上り／下りともに最速で毎秒1Gb/s の双方向通信ができるので，記述は正しい。

〔21〕 GE-PON は，OLT と ONU の間において，光信号を光信号のまま分岐する受動素子である　　　　　　を用いて，光ファイバの1心を複数のユーザで共用するシステムである。

① VDSL　　② RT　　③ 光スプリッタ

(出題)
平成30年度第2回

P.114
(3)GE-PON

解説　GE-PON は PON(Passive Optical Network)方式の配線構成であり，光信号を電気信号に変換することなく光信号のまま**光スプリッタ**で分岐することにより，1心の光ファイバを複数のユーザで共用する方式である。

解答
〔19〕③
〔20〕③
〔21〕③

技術科目　第2問の標準問題

119

3 IPv6

重要

近い将来に予測される IPv4 アドレスの枯渇問題に対処し，さらにアドレス自動設定機能，セキュリティ機能，QoS，モビリティの向上等の機能を拡張した IPv6[*25] アドレスがある。

① IPv6 アドレス

● IPv6 アドレスは，128ビットを16ビットずつ 8 ブロックに区切り，各ブロックを16進数で表し，各ブロックは**コロン（:）**で区切られて表記される。

● IPv4 アドレスは，32ビットを 8 ビットずつ 4 ブロックに分け，各ブロックを10進数で表示し，各ブロックは**ピリオド（.）**で区切られて表記される。

② IPv6 アドレス構造

現在の IPv6 アドレス構造については，RFC3587 で定義されている。

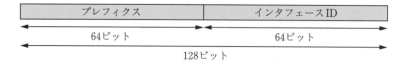

● IPv6 アドレスの128ビットのうち，上位64ビットをプレフィクスといい，ネットワークを識別するために用いられる。これは，IPv4 アドレスのネットワークアドレス部に相当する。

● 下位64ビットは，インタフェース ID といわれ，ネットワーク上の個別のホストを識別するために用いられる。これは，IPv4 アドレスのホストアドレス部に相当する。

③ IPv6 アドレスの種類

●**ユニキャストアドレス**

通常の 1 対 1 の通信を行うためのアドレス。

●**マルチキャストアドレス**

複数端末のグループに割り当て，1 対 n の同報通信を行うためのアドレス。

●**エニーキャストアドレス**

複数端末のグループのうち，ネットワーク的に最も近い端末だけに着信させるためのアドレス。

④ ICMPv6[*26]

ICMPv6 は IETF（Internet Engineering Task Force：インターネット技術標準化団体）の RFC4443 で標準化された IPv6 に不可欠なプロトコルで，すべてのIPv6ノードに完全に実装されなければならないと規定されている。**ICMPv6** のメッセージには，Echo Request（エコー要求）などの情報メッセージと Destination Unreachable（宛先到達不能）などのエラーメッセージがある。

2.4 CATV インターネットの技術

CATV インターネット

CATV（Cable Television）システムは，光ファイバケーブルや同軸ケーブルを使用して，特定の地域を対象にテレビジョン放送サービスなどを行う有線システムである。

*24 IPv6：Internet Protocol Version 6
*25 ICMPv6：Internet Control Message Protocol for IPv6

〔22〕　GE-PON システムについて述べた次の記述のうち，誤っているものは，＿＿＿である。

① GE-PON は，OLT と ONU の間において光／電気変換を行わず，受動素子である光スプリッタを用いて光信号を複数に分岐することにより，光ファイバの1心を複数のユーザで共用する方式である。

② OLT は，ONU がネットワークに接続されるとその ONU を自動的に発見し，通信リンクを自動で確立する機能を有しており，この機能は上り帯域制御といわれる。

③ OLT からの下り信号は，放送形式で配下の全 ONU に到達するため，各 ONU は受信したフレームが自分宛であるかどうかを判断し，取捨選択を行う。

(出題)
平成29年度第1回
①：平成28年度第1回
③：平成28年度第1回
　　平成26年度第2回
　　平成26年度第1回

☞ P.114
(3)GE-PON

解説　誤っているものは②。
① この記述は正しい。
② ONU がネットワークに接続されると，その ONU を自動的に発見し，通信リンクを自動で確立する OLT の機能は **P2MP ディスカバリ**といわれているので，記述は誤りである。
③ この記述は正しい。

【関連問題】
○ OLT からの下り方向の通信では，OLT が，どの ONU に送信するフレームかを判別し，送信するフレームの宛先アドレスフィールドに，送信する相手の ONU 用の識別子を埋め込んでネットワークに送出する。
　解説　GE-PON の下り方向の通信において，OLT は送信するフレームの**プリアンブル(PA)**に送信する相手の ONU 用の識別子を埋め込んでネットワークに送出するので，宛先アドレスフィールドは誤りである。

(出題)
平成28年度第1回
平成26年度第2回
平成26年度第1回

☞ P.114
(3)GE-PON

○ OLT は，ONU がネットワークに接続されるとその ONU を自動的に発見し，通信リンクを自動で確立する。この機能は P2MP(Point to Multipoint)ディスカバリといわれる。
　解説　この記述は正しい。

(出題)
平成26年度第2回

☞ P.114
(3)GE-PON

〔23〕　GE-PON システムでは，OLT〜ONU 相互間を上り／下りともに最速で毎秒＿＿＿ギガビットにより双方向通信を行うことが可能である。

① 1　　② 2.5　　③ 10

(出題)
平成28年度第2回
平成27年度第1回
平成26年度第2回

☞ P.114
(3)GE-PON

解説　GE-PON は，電気通信事業者側に設置された OLT（光加入者線端局装置）とユーザ側の ONU（光加入者線網装置）相互間を上り／下りともに最速1Gb/sで双方向通信を行うことができる。

解答
〔22〕②
〔23〕①

図 9 のように，幹線系に光ファイバケーブル，支線部に同軸ケーブルを使用した CATV ネットワークは HFC(Hybrid Fiber Coaxial)と呼ばれている。

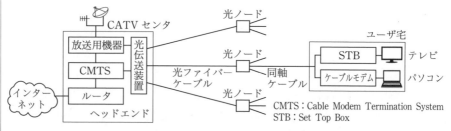

図9　CATV システム(HFC ネットワークの例)

広い伝送帯域の中でテレビ配信に使っていない帯域を利用してインターネット接続を行う技術が CATV インターネットであり，ユーザ宅内には**ケーブルモデム**が設置される。

2.5　Windows のコマンド

（1）netsh

ネットワーク関連の設定情報の表示，設定の変更を行うには，一般に Windows の netsh コマンドなどを用いる。netsh には多数の設定項目があるので，設定対象をコンテキストから選択するようになっている。

IPv6 ネットワーク関連の設定情報の表示などを行う interface ipv6 コンテキストで使用できるコマンド一覧の表示は次の手順で行う。netsh のプロンプト上で interface ipv6 を実行すると，interface ipv6 のプロンプトが表示される。つぎに interface ipv6 のプロンプト上で**?**を入力し，Enter キーを押せば使用可能コマンドの一覧が表示される。

また，IPv6 ノードの経路情報は netsh コンテキストから interface ipv6 コンテキストの show route コマンドを，ホストコンピュータの IPv6 アドレスは同様に show addresses コマンドを用いて，表示させることができる。

（2）ping

LAN に接続されたパソコン端末など装置間の接続状況は ping[27] などのコマンドを用いて通信確認試験を行う。ping コマンド試験では，通信の疎通を確認したい相手端末の IP アドレスを指定して返信(エコー)を要求する ICMP[28] メッセージを送信し，相手端末からの応答を見て接続の正常性を確認する。Windows の ping では，オプションを指定しない場合，初期設定値のデータ長**32バイト**の ICMP メッセージを**4回**送信する。

（3）tracert

tracert は ICMP メッセージを用いて相手端末までのネットワーク経路を表示させるコマンドで，経路上にあるルータや各ルータのレスポンス時間などをリスト表示する。ping コマンドで疎通が確認できなかった場合，経路上のルータに障害が発生していないかの確認などに用いられる。

*26　ping：Packet InterNet Groper
*27　ICMP：Internet Control Message Protcol

122

〔24〕　GE-PON において，OLT からの下り方向の通信では，OLT は，どの ONU に送信するフレームかを判別し，送信するフレームの 　　　　 に送信先の ONU 用の識別子を埋め込んだものをネットワークに送出する。

① プリアンブル　　② 送信元アドレスフィールド
③ 宛先アドレスフィールド

(出題)
平成30年度第2回
平成29年度第2回

P.114
(3)GE-PON

解説　　GE-PON の下り方向の通信において，OLT(Optical Line Terminal：光加入者線終端装置)は送信するフレームの**プリアンブル**に送信する相手の ONU(Optical Network Unit：光加入者線網装置)用の識別子を埋め込んでネットワークに送出している。

〔25〕　GE-PON システムで用いられている OLT 及び ONU の機能などについて述べた次の記述のうち，正しいものは，　　　　 である。

① GE-PON では，光ファイバ回線を光スプリッタで分岐し，OLT〜ONU 相互間を上り／下りともに最大の伝送速度として毎秒10ギガビットで双方向通信を行うことが可能である。

② ONU からの上り信号は，OLT 配下の他の ONU からの上り信号と衝突しないよう，OLT があらかじめ各 ONU に対して，異なる波長を割り当てている。

③ OLT からの下り方向の通信では，OLT は，どの ONU に送信するフレームかを判別し，送信するフレームのプリアンブルに送信相手の ONU 用の識別子を埋め込んだ信号をネットワークに送出する。

(出題)
平成30年度第1回
平成27年度第2回

P.114
(3)GE-PON

解説　　正しいものは③。
①　GE-PON では OLT 〜 ONU 相互間を上り／下りともに最大の伝送速度として**毎秒1ギガビット**で双方向通信を行うので，記述は誤りである。
②　ONU からの上り信号は，OLT があらかじめ各 ONU に対して異なる**時間**を割り当て，他の ONU からの上り信号と時間的に分離して衝突しないようにしているので，記述は誤りである。
③　OLT からの下り方向の通信では，OLT は送信するフレームのプリアンブルに送信する相手の ONU 用の識別子を埋め込んでネットワークに送出しているので，記述は正しい。

技術科目　第2問の標準問題

解答
〔24〕　①
〔25〕　③

（出題）
平成27年度第2回

☞ P.116
(2)TCP/IP

〔26〕　IPネットワークで使用されているTCP/IPのプロトコル階層モデルは，4層から構成されており，このうちの　　　　　　はOSI参照モデル（7階層モデル）のデータリンク層に相当する。

　　　　① トランスポート層　　　② アプリケーション層
　　　　③ インターネット層　　　④ ネットワークインタフェース層

解 説　TCP/IPプロトコル階層モデルにおいて，OSI参照モデルのデータリンク層に相当する階層は**ネットワークインタフェース層**である。

（出題）
平成30年度第2回
平成29年度第2回
平成26年度第2回

☞ P.116
(2)TCP/IP

〔27〕　IPネットワークで使用されているTCP/IPのプロトコル階層モデルは，一般に，4階層モデルで表され，OSI参照モデル（7階層モデル）の物理層とデータリンク層に相当するのは　　　　　　層といわれる。

　　　　① トランスポート　　　② アプリケーション
　　　　③ インターネット　　　④ ネットワークインタフェース

解 説　OSI参照モデルの物理層とデータリンク層に相当するTCP/IPのプロトコル階層モデルの階層は**ネットワークインタフェース層**である。また，OSI参照モデルのネットワーク層に相当するTCP/IPの階層は**インターネット**層であるも出題されている。

（出題）
平成29年度第1回

☞ P.116
(3)MTUとフラグメント化

〔28〕　データリンク層において，一つのフレームで送信可能なデータの最大長は　　　　　　といわれ，一般に，イーサネットでは1,500バイトである。

　　　　① RWIN　　　② MSS　　　③ MTU

解 説　その通信ネットワークで1回の転送で送信できる最大のデータ長を**MTU**（Maximum Transmission Unit）という。MTUの値はネットワークで異なっており，イーサネットでは一般に1,500バイトである。

（出題）
平成26年度第1回

☞ P.118
(1)IPv4アドレス

〔29〕　プライベートIPアドレスをグローバルIPアドレスに変換する際に，ポート番号も変換することにより，一つのグローバルIPアドレスに対して複数のプライベートIPアドレスを割り当てる機能は，一般に，　　　　　　又はIPマスカレードといわれる。

　　　　① DHCP　　　② NAPT　　　③ DMZ

解答
〔26〕　④
〔27〕　④
〔28〕　③
〔29〕　②

解 説　プライベートIPアドレスをグローバルIPアドレスに変換するとき，IPアドレスとポート番号を用いる設問の方式はIPマスカレードまたは**NAPT**（Network Address Port Translation）という。なお，IPアドレスだけを用いる方法はNAT（Network Address Translation）である。

〔30〕　ADSL 回線を利用してインターネットに接続されるパーソナルコンピュータなどの端末は，ADSL ルータなどの 　　　 サーバ機能が有効な場合は，起動時に，　　　 サーバ機能にアクセスして IP アドレスを取得するため，端末個々に IP アドレスを設定しなくてもよい。

　　　① SNMP　　② DHCP　　③ WEB

(出題)
平成30年度第1回
平成28年度第2回

☞ P.118
②DHCP

解説　パソコンなどの端末の IP アドレスは固定的に定まっている場合もあるが，一般にはパソコンを起動したとき DHCP サーバから自動的に取得しているので，端末個々に IP アドレスを設定しておかなくてもよい。また，IP アドレスが 　　　 になった問題も出題されている。

〔31〕　IPv6 アドレスの表記は，128ビットを 　　　 に分け，各ブロックを16進数で表示し，各ブロックはコロン(：)で区切る。

　　　① 4 ビットずつ32ブロック　　② 8 ビットずつ16ブロック
　　　③ 16ビットずつ 8 ブロック

(出題)
平成30年度第2回
平成29年度第2回
平成28年度第2回

☞ P.120
①IPv6 アドレス

解説　IPv6 アドレスは128ビットで構成されており，この128ビットを16ビットごとに 8 ブロックに分け，各ブロックを16進数で表示し，各ブロックをコロン(：)で区切って，例えば
　2001：0db8：0000：0000：0123：0000：0000：32ab
のように表記する。また，16進数またはコロン(：)が 　　　 になった問題も出題されている。

〔32〕　IPv6 のマルチキャストアドレスは，128ビット列のうちの上位 8 ビットを 2 進数で表示すると 　　　 である。

　　　① 11110000　　② 11001100　　③ 11111111

(出題)
平成26年度第2回

☞ P.120
●マルチキャストアドレス

解説　IPv6 のマルチキャストアドレスは複数端末のグループに割り当てて同報通信を行うためのアドレスで，128ビットのうちの上位 8 ビットを 2 進数で表示すると 11111111である。

解答
〔30〕　②
〔31〕　③
〔32〕　③

（出題）
平成29年度第1回
平成27年度第1回
平成26年度第1回

☞ P.120
④ICMPv6

〔33〕 IETF の RFC4443 において標準化された ☐☐☐☐☐ のメッセージには，大きく分けてエラーメッセージと情報メッセージの2種類があり，☐☐☐☐☐ は，IPv6 に不可欠なプロトコルとして，全ての IPv6 ノードに完全に実装されなければならないとされている。

① SNMPv3　　② ICMPv6　　③ DHCPv6

解 説　　IETF（Internet Engineering Task Force）で標準化され，すべての IPv6 ノードは，IPv6 に不可欠なプロトコルとして完全に実装しなければならないとされているものは，**ICMPv6**（Internet Control Message Protocol for IPv6）である。ICMPv6 のメッセージには，大きく分けて宛先到達不能などのエラーメッセージとエコー要求などの情報メッセージの2種類がある。

（出題）
平成28年度第1回

☞ P.120
④ICMPv6

〔34〕 IETF の RFC4443 において標準化された ICMPv6 の ICMPv6 メッセージには，大きく分けてエラーメッセージと ☐☐☐☐☐ メッセージの2種類がある。

① 制御　　② 情報　　③ 呼処理

解 説　　ICMPv6（Internet Control Message Protocol for IPv6）は IPv6 に不可欠なプロトコルであり，エコー要求（Echo Request）などの**情報**メッセージと宛先到達不能（Destination Unreachable）などのエラーメッセージの2種類がある。

（出題）
平成30年度第2回
平成27年度第2回

☞ P.120
④ICMPv6

〔35〕 IETF の RFC4443 において標準化された ICMPv6 について述べた次の二つの記述は，☐☐☐☐☐ 。

A　ICMPv6 のメッセージには，大きく分けてエラーメッセージと情報メッセージの2種類がある。

B　ICMPv6 は，IPv6 に不可欠なプロトコルとして，全ての IPv6 ノードに完全に実装されなければならないとされている。

① Aのみ正しい　　② Bのみ正しい　　③ AもBも正しい
④ AもBも正しくない

解 説　　③AもBも正しい。
　　A・Bとも正しい記述である。また，「ICMPv6 のメッセージには，大きく分けてエラーメッセージ，情報メッセージ及び制御メッセージの3種類がある。」も出題されているが，**制御メッセージは誤り**である。

解答
〔33〕 ②
〔34〕 ②
〔35〕 ③

2.4 CATV インターネットの技術

〔36〕　CATV センタとユーザ宅間の映像配信用の伝送路を利用したインターネット接続サービスにおいて，ネットワークに接続するための機器としてユーザ宅内には，一般に，　　　　　が設置される。

　　　① ブリッジ　　② VDSL モデム　　③ ケーブルモデム

（出題）
平成30年度第1回

✎ P.120
CATV インターネット

解　説　　CATV（Cable Television）センタとユーザ宅の間の映像配信用伝送路を利用するインターネット接続サービスでは，ネットワークに接続するためユーザ宅内に設置される機器は**ケーブルモデム**である。

2.5 Windows のコマンド

〔37〕　IPv4 ネットワークにおいて，IPv4 パケットなどの転送データが特定のホストコンピュータへ到達するまでに，どのような経路を通るのかを調べるために用いられる tracert コマンドは，　　　　　メッセージを用いる基本的なコマンドの一つである。

　　　　　① ICMP　　② DHCP　　③ HTTP

（出題）
平成29年度第2回
平成26年度第2回

✎ P.122
(3) tracert

解　説　　tracert コマンドは **ICMP** メッセージを用いる基本的なコマンドの一つであり，IPv4 ネットワークで転送するデータが特定のホストコンピュータへ到達するのに，どのような経路を通るのかを調べるために用いられている。

〔38〕　Windows のコマンドプロンプトから入力される ping コマンドは，調べたいパーソナルコンピュータの IP アドレスを指定することにより，ICMP メッセージを用いて初期設定値の　　　　　バイトのデータを送信し，パーソナルコンピュータからの返信により接続の正常性を確認することができる。

　　　　　① 32　　② 64　　③ 128

（出題）
平成28年度第1回

✎ P.122
(2) ping

解　説　　Windows のコマンドプロンプトから入力される ping コマンドは初期設定値のデータ長**32**バイトの ICMP メッセージを4回送信し，相手のパーソナルコンピュータからの返信により接続の正常性を確認する。

解答
〔36〕　③
〔37〕　①
〔38〕　①

技術科目　第2問の標準問題

127

3.1 情報セキュリティの概要

**1 情報セキュリ
ティマネジメ
ント**

　情報セキュリティとは，現在の情報化社会を支えているたくさんのデータや情報などの情報資産をさまざまな脅威から防御し，その安全性を確保することである。

　情報セキュリティマネジメントの基本コンセプトは，機密性，完全性，可用性の三つの要素をバランスよく維持し改善することとされている。**機密性**はアクセスを許可された者だけが，情報にアクセスできること，**完全性**は情報および処理方法が正確，完全であること，**可用性**は許可された利用者が，必要なときに，情報及び関連する資産に対して確実にアクセスできることである。

2 不正行為

　インターネット上を転送される情報は，多くのルータやコンピュータを中継する過程で他人に漏洩する可能性があり，他人が情報を盗み見したり，書き換えたりすることもできる。他人の情報を盗み見る行為を**盗聴**という。また，インターネット上でやり取りされている情報を書き換えたり，本来の権限を持たない者が情報の内容を勝手に変更する行為を**改ざん**という。

●サーバの管理者になりすましてサーバの情報を書き換えたり重要情報を盗み出したり，本人になりすましてインターネット市場などで買い物をしたりするなど，他人が本人になりすまして不正を行う行為を**なりすまし**という。

●なりすましや不正アクセスなどのために他人のパスワードを解読する手口に辞書攻撃やブルートフォースアタック(総当り攻撃)がある。辞書にある単語を片端から入力して試すことでパスワードを割り出す手法が**辞書攻撃**であり，たくさんの単語が収録されている辞書でもコンピュータに自動処理させれば短時間で済むので基本的なパスワード破りの手口として用いられている。英単語などをパスワードとして使用している場合は容易に解読される恐れがある。また，辞書にある単語だけではなく，「全ての文字などの組み合わせ」を試す方法もあり**ブルートフォース攻撃**と呼ばれる。

●電子メール利用者のメールアドレス宛に，受信者の意図を無視して送られる無差別・大量一括送信の広告や勧誘を目的とする迷惑メールは，一般に**スパムメール**といわれている。スパムメールは一度に大量に配信するため，ネットワークに負荷がかかる点も問題となっている。

●**スパイウェア**は，アクセス先などユーザのコンピュータの動き，個人情報，アクセス履歴などを監視・収集するプログラムで，ユーザや管理者の意図に反してインストールされ，そのプログラムの作成元などに自動的に送信するなど悪意のあるプログラムである。

●**フィッシング**(phishing)は，オンラインバンキングやオンラインショッピングの事業者などの正規の電子メールや Web サイトを装い，暗証番号やクレジットカード番号などを入力させて個人情報を盗む詐欺行為をいう。主な手口は，ユーザーに偽りの電子メールを送りつけて本物と似ている偽の Web サイトへ誘導し，個人情報を入力させて悪用する。

●**DNS**[*1] **キャッシュポイズニング**は，DNS サーバの脆弱性を利用して偽りのドメイン管

第3問の標準問題

3.1　情報セキュリティの概要

☑

〔1〕　情報セキュリティの3要素のうち，許可された利用者が，必要なときに，情報及び関連する情報資産に対して確実にアクセスできる特性は，□□□□□といわれる。

① 可用性　　② 完全性　　③ 機密性

（出題）
平成30年度第2回

✎ P.128
1情報セキュリティ
マネジメント

解説　情報セキュリティの3要素のうち，設問の特性は**可用性**である。

〔2〕　考えられる全ての暗号鍵や文字列の組合せを試みることにより，暗号の解読やパスワードの解析を試みる手法は，一般に，□□□□□攻撃といわれる。

① バッファオーバフロー　　② DDoS　　③ ブルートフォース

ポイント
コンピュータで自動処理させれば短時間で解読できる

（出題）
平成28年度第1回

✎ P.128
●なりすましや不正…

解説　パスワードの解析や暗号の解読をする手法に辞書攻撃やブルートフォース攻撃がある。辞書にある単語だけでなく，文字・数字・記号など考えられるすべての組合せを試みる手法は，**ブルートフォース攻撃**といわれる。

〔3〕　DNSサーバの脆弱性を利用し，偽りのドメイン管理情報に書き換えることにより，特定のドメインに到達できないようにしたり，悪意のあるサイトに誘導したりする攻撃手法は，一般に，DNS□□□□□といわれる。

① キャッシュクリア　　② キャッシュポイズニング
③ ラウンドロビン

（出題）
平成30年度第1回
平成27年度第1回

✎ P.128
●DNSキャッシュ
ポイズニング

解説　DNSサーバのドメイン管理情報を書き換える設問のような攻撃手法は，DNS**キャッシュポイズニング**である。

解答
〔1〕　①
〔2〕　③
〔3〕　②

理情報を書き換えることで，特定のドメインに到達できないようにしたり，悪意のある
サイトに誘導したりする攻撃手法である。DNS サーバはドメイン名と IP アドレスの対
応関係を管理するサーバで，クライアントから要求されたドメイン名に対応する IP ア
ドレスを調べて返答したとき，その情報をキャッシュに保存しているが，このキャッシ
ュにドメイン本来の IP アドレスではない偽りの IP アドレスの書き込みを行う。

●不正侵入やコンピュータウイルスの振る舞いなどを調査・分析するためにインターネッ
ト上に設置された意図的に脆弱性を持たせたシステムは**ハニーポット**という。ハニーポ
ットは「蜂蜜の入った壺」で，不正侵入者やコンピュータウイルスをおびき寄せるため侵
入しやすいよう設定される。

●電子メールなどに関する**盗聴**対策には，メール内容や添付ファイルの暗号化が有効であ
り，なりすましなどの脅威に対してはデジタル署名が有効である。

③不正アクセス ルータに対して大量の電子メールや IP パケットを送ってネットワークやサーバを異常
な高負荷状態にして情報インフラを利用不可能にしたり，サービスを停止状態に追い込む
ことを **DoS**[*2]（サービス妨害攻撃）という。また，複数のコンピュータに不正侵入して攻
撃の拠点を作り，これらのコンピュータを**踏み台**にして特定のサーバに対して一斉に攻撃
をしかける **DDoS**[*3]（分散型サービス妨害攻撃）という攻撃手法もある。

●パソコンの **OS**[*4]（基本ソフトウェア）やアプリケーションソフトの設計ミスなどソフト
ウェアバグによって生じたシステムのセキュリティ上の脆弱性があるところを**セキュリ
ティホール**といい，不正侵入の経路となって**バッファオーバーフロー攻撃**を受けること
がある。バッファオーバーフロー攻撃は，OS やアプリケーションが確保しているバッ
ファ（メモリ領域）の許容量を超えるデータを意図的に送り付けてオーバーフローさせ，
あふれ出たデータを実行させてコンピュータの動作を乗っ取ってしまう攻撃である。

●ハッキングやクラッキングによって政府機関などのサーバに不正侵入し，Web ページ
を勝手に書き換えたり重要な情報を漏洩する脅威がある。コンピュータシステムへの不
正侵入に成功した侵入者が再びそのシステムに容易に侵入できるように，通信接続の機
能をこっそりと仕掛けておくことがあり，このような裏口の侵入経路を一般に**バックド
ア**という。

●ネットワークを通じた攻撃手法の一つで，サーバのポート番号に順次アクセスを行い，
セキュリティホールを探し出す不正アクセス行為を**ポートスキャン**という。

●Web サーバとクライアントの間の通信に割り込み，正規のユーザになりすまして情報
を盗んだり改ざんしたりする行為は**セッションハイジャック**である。セッションとはロ
グインしてからログオフするまでの一連の操作や通信のことである。

3.2　端末設備とネットワークのセキュリティ

①暗号化と認証 盗聴やなりすましによってデータが詐取されても，その内容が分からなければ被害は少

＊1　DNS：Domain Name System
＊2　DoS：Denial of Service
＊3　DDoS：Distributed Denial of Service
＊4　OS：Operating System

(出題)
平成27年度第2回

☞ P.130
●不正侵入や…

〔4〕 不正侵入やコンピュータウイルスの振る舞いなどを調査・分析するために
インターネット上に設置され，意図的に脆弱性を持たせたシステムは，一般
に，□□□□といわれる。

① バックドア　　② ハニーポット　　③ ハードウェアトークン

解説　不正侵入やコンピュータウイルスの振る舞いなどを調査・分析するためにインター
ネット上に設置された意図的に脆弱性を持たせたシステムは**ハニーポット**「蜂蜜の入
った壷」である。

(出題)
平成26年度第2回

☞ P.130
③不正アクセス

〔5〕 インターネット上でサービスを提供しているコンピュータに対し，パケッ
トを大量に送りつける，セキュリティホールを悪用するなどによりサービス
を妨害する攻撃は，一般に，□□□□攻撃といわれる。

① DoS　　② ブルートフォース　　③ ゼロデイ

解説　インターネット上のコンピュータやサーバに大量のパケットを送りつけたり，セ
キュリティホールを悪用するなどしてサービスを妨害する攻撃は，一般に，**DoS**(Denial
of Service)攻撃といわれている。

(出題)
平成28年度第1回

☞ P.130
●ネットワークを…

〔6〕 ネットワークを通じてサーバに連続してアクセスし，セキュリティホール
を探す場合などに利用される手法は，一般に，□□□□といわれる。

① スプーフィング　　② ポートスキャン　　③ スキミング

解説　ネットワークを通じた攻撃手法の一つで，サーバのポート番号に順次アクセスし，
セキュリティーホールを探し出す不正アクセス行為は**ポートスキャン**である。

解答
〔4〕②
〔5〕①
〔6〕②

131

ない。そのためにデータに対して特定の処理を行い，その内容が第三者に解読できないようにする**暗号技術**が使われている。データを暗号化したり暗号文を元のデータに戻す復号の手順を**鍵**といい，共通鍵暗号方式と公開鍵暗号方式の二つの方式がある。

また，なりすましを防止するためには本人であることの認証が行われる。認証の基本は，**ユーザ ID とパスワード**によって認証を行う方法であるが，これらの情報が漏れると盗聴やなりすましの危険性が生じる。また，指紋や眼の虹彩など本人の生体的特徴を利用して本人認証を行う**バイオメトリクス認証**などの認証方式も用いられている。

②不正侵入対策　家庭などのインターネットアクセス回線も外部からの不正アクセスなどの危険性が大きい。そのため，ファイアウォールなどのセキュリティ機能を持ったブロードバンドルータを使用することが望ましい。

●**ファイアウォール**はインターネットと内部のコンピュータシステムの間に設置して出入りする IP パケットを制御する機能で，不正侵入対策として有効である。ファイアウォールには，IP パケットのヘッダ情報である **IP アドレス**や**ポート番号**をみてパケットの通過を制御する**パケットフィルタリング**や IP パケットの送受を上位層のレベルで代替するアプリケーションゲートウェイなどがある。

ファイアウォールによってインターネットからも内部のネットワークからも隔離された区域は **DMZ**[*5] といわれ，Web サーバやメールサーバなどが置かれる。

ファイアウォールには，不正侵入などの手口を解析するためにアクセス記録を残しておく機能があり，一般に**ログ**といわれる。アクセス記録の分析はウイルス侵入や不正アクセスの監視・発見の一般的な手法である。

③無線 LAN の　セキュリティ　無線 LAN はアクセスポイントと無線 LAN 端末の間の通信に電波を使用しているので容易に傍受することができ，無線 LAN 区間での情報漏洩の危険性が高い。そのため，データを暗号化したり，SSID(Service Set Identifier)や MAC(Media Access Control)アドレスフィルタリングを用いて，セキュリティを確保している。

SSID はアクセスポイントに設定されたネットワーク識別子であり，アクセスポイントの SSID と同じ SSID を持つ無線 LAN 端末だけが，そのアクセスポイントに接続することができる。したがって，不特定多数の無線 LAN 端末の接続を認める ANY 接続を拒否する設定にすることで，アクセスポイントの SSID を知らない無線 LAN 端末から接続される危険性を低減することができる。

また，**MAC アドレスフィルタリング**は無線 LAN アクセスポイントに無線 LAN 端末の MAC アドレスをあらかじめ登録しておく機能で，この機能を有効に設定することで，登録されていない MAC アドレスの無線 LAN 端末から接続される危険性を低減することができる。MAC アドレスは，ネットワーク機器に付けられた固有の識別番号である。

無線 LAN 区間の電波は傍受することができるので，SSID を通知しない設定とし，MAC アドレスフィルタリング機能を有効に設定しても，情報漏洩を完全に防ぐことはできない。

*5　DMZ：DeMilitarized Zone：非武装地帯

〔7〕 攻撃者が，Webサーバとクライアントとの間の通信に割り込んで，正規のユーザになりすますことにより，その間でやり取りしている情報を盗んだり改ざんしたりする行為は，一般に，　　　　　といわれる。

(出題)
平成28年度第2回

P.130
●Webサーバと…

　　① SYNフラッド攻撃　　② コマンドインジェクション
　　③ セッションハイジャック

解説　　Webサーバとクライアントとの通信に割り込んで，情報を盗んだり改ざんしたりする行為は**セッションハイジャック**である。

〔8〕 サーバが提供しているサービスに接続して，その応答メッセージを確認することにより，サーバが使用しているソフトウェアの種類やバージョンを推測する方法は　　　　　といわれ，サーバの脆弱性を検知するための手法として用いられる場合がある。

(出題)
平成29年度第1回

　　① トラッシング　　② バナーチェック　　③ パスワード解析

解説　　サーバの脆弱性を検知するための手法に**バナーチェック**がある。バナーチェックはサーバに外部からメッセージを送り，その応答メッセージからサーバ上で稼働しているソフトウェアの種類やバージョンを推測する。

3.2 端末設備とネットワークのセキュリティ

〔9〕 コンピュータからの情報漏洩を防止するための対策の一つで，ユーザが利用するコンピュータには表示や入力などの必要最小限の処理をさせ，サーバ側でアプリケーションやデータファイルなどの資源を管理するシステムは，一般に，　　　　　システムといわれる。

(出題)
平成29年度第2回
平成26年度第2回

　　① 検疫ネットワーク　　② シンクライアント　　③ リッチクライアント

解説　　コンピュータからの情報漏洩を防止する対策として，サーバ側でアプリケーションやデータファイルなどの資源を管理し，ユーザが使用するコンピュータには表示や入力などの必要最小限の処理をさせるシステムは，一般に**シンクライアント**システムといわれる。

技術科目　第3問の標準問題

解答
〔7〕　③
〔8〕　②
〔9〕　②

（1）コンピュータウイルス

コンピュータウイルス（ウイルス）とは，第三者のプログラムやデータベースに対して意図的に何らかの被害を及ぼすように作られたプログラムであり，**自己伝染機能**，**潜伏機能**，**発病機能**のうち一つ以上の機能を有するものと定義されている。

ウイルスは，他人のコンピュータに勝手に入り込んで悪さをする不正プログラムであり，代表的なものにワームやトロイの木馬がある。

●**ワーム**は，他のファイルに寄生することなしに単体で動作し，自己増殖する機能をもつ不正プログラムである。ワームは電子メールの添付ファイルを利用し，パソコンのアドレス帳に登録されているあて先に対して感染を広げて増殖する。

●**トロイの木馬**は，有益なプログラムと思わせてコンピュータにインストールさせ，ユーザがそのプログラムを実行するとデータの消去やファイルの外部流出を行い，また他人がそのコンピュータを乗っ取るための「窓口」として機能するものなどがある。トロイの木馬は他のファイルに感染したり，自己増殖は行わない。

ウイルスは，電子メールの添付ファイル，電子媒体，Web サイトに仕組まれたものなどを通じて感染する。

（2）コンピュータウイルス対策

ウイルスの感染対策としては，ウイルス対策ソフトウェアを導入する。ウイルス対策ソフトウェアには，検査の対象となるファイルを既知のウイルスのパターンが登録されている**ウイルス定義ファイル**（パターンファイル）と比較してウイルス検出を行う**パターンマッチング方式**がある。この方式では定義ファイルにないウイルスは検出できないので，新種のウイルスに対応できるように常に更新しておく必要がある。

●万一，ウイルスなどの不正プログラムに感染したと疑われるときは，そのパソコンを再起動したり，データのコピーを保存したりせず，直ちに**ネットワークから物理的に切り離して**ネットワークに接続された他のパソコンなどに被害を及ぼさないようにすることが重要である。その後にウイルス感染の有無をチェックし，感染していた場合には**ワクチンソフトウェア**などによってウイルスを駆除する。

なお，日頃からウイルスの被害に備えて，データの**バックアップ**を行うことが望ましい。

●パソコンの OS やアプリケーションソフトウェアの**セキュリティホール**については，ソフトウェア会社の Web ページなどを定期的に確認して修正プログラムをダウンロードして対処しておくことが必要である。

（注）　第3問（3）（4）（5）の問題は，端末設備の技術，ネットワークの技術または接続工事の技術に関する問題であり，第1章，第2章または第4章に収容してあります。

〔10〕　コンピュータウイルス対策ソフトウェアで用いられており，ウイルス定義ファイルと検査の対象となるメモリやファイルなどとを比較してウイルスを検出する方法は，一般に，[　　　]といわれる。

　　　　　① パターンマッチング　　② チェックサム
　　　　　③ ヒューリスティック

(出題)
平成27年度第1回

☞ P.134
(2)コンピュータウィルス対策

解説　検査の対象となるメモリやファイルなどを既知ウィルスのパターンが登録されているウィルス定義ファイルと比較してウィルスを検出する方法は，**パターンマッチング**といわれており，ウィルス定義ファイルにない未知のウィルスは検出できない。

〔11〕　外部ネットワーク(インターネット)と内部ネットワーク(イントラネット)の中間に位置する緩衝地帯は[　　　]といわれ，インターネットからのアクセスを受ける Web サーバ，メールサーバなどは，一般に，ここに設置される。

　　　　　① DMZ　　② SSL　　③ DNS

(出題)
平成30年度第1回
平成29年度第1回
平成27年度第2回

☞ P.132
●ファイアウォール

解説　外部からの不正アクセスを防ぐため，インターネットと内部ネットワークの境界には，一般にファイアウォールが設置される。このファイアウォールで隔離された緩衝地帯を **DMZ**(DeMilitarized Zone：非武装地帯)といい，Web サーバやメールサーバが設置されている。

〔12〕　グローバル IP アドレスとプライベート IP アドレスを相互変換する機能は，一般に，[　　　]といわれ，インターネットなどの外部ネットワークから企業などが内部で使用している IP アドレスを隠すことができるため，セキュリティレベルを高めることが可能である。

　　　　　① DMZ　　② IDS　　③ NAT

(出題)
平成29年度第2回

☞ P.118
(1)IPv4 アドレス

解説　グローバル IP アドレスとプライベート IP アドレスを相互に変換する機能は，一般に **NAT**(Network Address Translation)といわれており，設問の記述のようにセキュリティレベルを高める効果がある。

解答
〔10〕　①
〔11〕　①
〔12〕　③

（出題）
平成30年度第2回

☞ P.132
② 無線LANのセキュリティ

〔13〕 無線LANのセキュリティについて述べた次の記述のうち，誤っているものは，[   ]である。

① 無線LANアクセスポイントの設定において，ANY接続を拒否する設定にすることにより，アクセスポイントのSSIDを知らない第三者の無線LAN端末から接続される危険性を低減できる。

② 無線LANアクセスポイントのMACアドレスフィルタリング機能を有効に設定することにより，登録されていないMACアドレスを持つ無線LAN端末から接続される危険性を低減できる。

③ 無線LANアクセスポイントにおいて，SSIDを通知しない設定とし，かつMACアドレスフィルタリング機能を有効に設定することにより，無線LAN区間での傍受による情報漏洩は生じない。

解 説 誤っているものは③。
①② 危険性を低減できるので，記述は正しい。
③ 無線LAN区間での傍受による**情報漏洩が生じる恐れ**があるので，記述は誤りである。

（出題）
平成26年度第1回

☞ P.132
(1) コンピュータウィルス

〔14〕 悪意のある単独のプログラムで，ファイルへの感染活動などを行わずに主にネットワークを介して自己増殖するコンピュータプログラムは，一般に，[   ]といわれる。

① DoS　　② トロイの木馬　　③ ワーム

解 説 ファイルへの感染活動などを行わず，主にネットワークを介して自己増殖する悪意のある単独のプログラムは**ワーム**である。

解答
〔13〕 ③
〔14〕 ③

〔15〕　コンピュータウイルス対策について述べた次の二つの記述は，　　　　。

A　WordやExcelを利用する際には，一般に，ファイルを開くときにマクロ
を自動実行する機能を無効にしておくことが望ましいとされている。

B　ウイルスに感染したと思われる兆候が現れたときの対処として，一般に，
コンピュータの異常な動作を止めるために直ちに再起動を行い，その後，ウ
イルスを駆除する手順が推奨されている。

①　Aのみ正しい　　②　Bのみ正しい　　③　AもBも正しい

④　AもBも正しくない

（出題）
平成28年度第2回

📖 P.134
B：●万一，ウィルス
など…

解説　　①Aのみ正しい。
A　WordやExcelのマクロ機能を悪用したウィルスがあり，マクロの自動実行機
能は無効にしておくことが望ましいので，記述は正しい。
B　ウィルスに感染したと思われる兆候が表れたときには再起動させたりせず，直
ちにネットワークから切り離すことが推奨されているので，記述は誤りである。

技術科目　第3問の標準問題

解答
〔15〕　①

4.1 ブロードバンド回線の配線工事と工事試験

① メタリック回線の配線工事と工事試験

（1）ADSL 回線の配線構成

メタリック回線を利用するブロードバンドアクセスの ADSL 回線では ADSL モデムと ADSL スプリッタが必要である。電話共用型 ADSL 回線の端末設備側の基本的な配線構成を図1に示す。

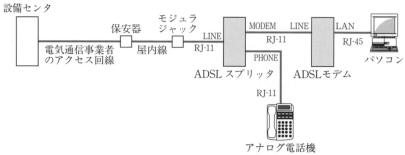

図1　ADSL 回線の基本的な配線構成

（2）伝送速度の低下要因

ユーザ宅内のテレビやパソコンのモニタなどの電子機器から発生する雑音信号は，屋内配線を通る ADSL 信号に悪影響を与え伝送速度の低下要因になることがあるので，長いモジュラコードを使用したりしないよう配線工事にあたっては十分注意する必要がある。

② 光回線の配線工事と工事試験

（1）光ファイバケーブル

光ファイバケーブルは，非常に透明度の高い石英ガラスを細いファイバ状にしたもので，図5のようにコアと呼ばれる中心層をクラッドと呼ばれる外層で包んだ同心の2層で構成されている。コアの屈折率をクラッドの屈折率よりわずかに大きくしてあるので，コアに入射した光はコアとクラッドの境界面で全反射し，コアの内部に閉じこめられた形で遠距離まで伝搬する。光ファイバケーブルの構造を図2に示す。

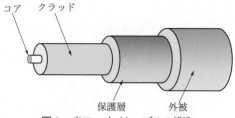

図2　光ファイバケーブルの構造

●光ファイバケーブルは，コア径が小さく一つのモードの光しか伝搬しないシングルモード光ファイバケーブル(SMF)とコア径が大きく光が複数の経路で伝搬するマルチモード光ファイバケーブル(MMF)に分類される。マルチモード型光ファイバケーブルには

第4問の標準問題

4.1 ブロードバンド回線の配線工事と工事試験

〔1〕 xDSL 伝送方式における伝送速度の低下要因について述べた次の二つの記述は，□□□□。

A　ユーザ宅内でのテレビやパーソナルコンピュータのモニタなどから発生する雑音信号は，信号電力が極めて小さいため，屋内配線ケーブルを通る xDSL 信号に悪影響を与えたり，伝送速度の低下要因になることはない。

B　ADSL 伝送方式においては，メタリックケーブルルート上にブリッジタップがある場合，伝送速度の低下要因になることがある。

　　① Aのみ正しい　　② Bのみ正しい　　③ AもBも正しい
　　④ AもBも正しくない

(出題)
平成26年度第2回

P.138
A：(2) 伝送速度の低下要因

P.110
B：(2) ADSL 信号の伝送品質の低下要因

解説　②Bのみ正しい。

A　テレビやパソコンのモニタなどから発生する雑音信号は屋内配線ケーブルを通る xDSL 信号に悪影響を与え，伝送速度の低下要因となることがあるので，記述は誤りである。

B　アクセス回線のメタリックケーブルがマルチ接続されている個所をブリッジタップといい，端末が接続されていない方のケーブル末端で反射した ADSL 信号が，本来の ADSL 信号に悪影響を与えて伝送速度の低下要因となることがあるので，記述は正しい。

〔2〕 ステップインデックス型マルチモード光ファイバでは，コアとクラッドの屈折率を比較すると，□□□□となっている。

　　① コアがクラッドより僅かに小さい値
　　② コアとクラッドが全く同じ値
　　③ コアがクラッドより僅かに大きい値

(出題)
平成29年度第1回
平成26年度第2回

P.138
(1) 光ファイバケーブル

P.78
②光ファイバは，…

解説　ステップインデックス型マルチモード光ファイバのコアとクラッドの屈折率は，**コアがクラッドより僅かに大きい値**である。また，シングルモード光ファイバやグレーデットインデックス型マルチモード光ファイバの屈折率も同様に，コアがクラッドより僅かに大きい値である。

技術科目　第4問の標準問題

解答
〔1〕　②
〔2〕　③

屈折率がコアとクラッドの境界で階段状に変化する**ステップインデックス(SI)型**とコアの中心部の屈折率が最も大きく中心から離れるにしたがって小さくし，モード分散の影響を軽減した**グレーデットインデックス(GI)型**がある。モードは光の伝搬経路と考えればよい。

●電気通信事業者の長距離用回線では，長距離・広帯域伝送に適したシングルモード型光ファイバが，ビル内などの構内配線やLANなどにはシングルモード型のほかグレーデッドインデックス型マルチモード光ファイバも使われている。

光ファイバケーブルの伝搬モードと屈折率分布の例を**図3**に示す。

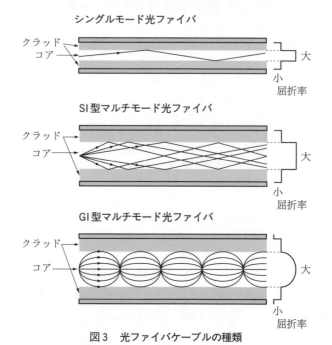

図3　光ファイバケーブルの種類

（2）光ファイバケーブルの損失

光ファイバケーブルには吸収損失，構造不完全による損失，レイリー散乱損失，マイクロベンディングロスなどの損失がある。

●**吸収損失**　光信号のエネルギーが光ファイバの材料(石英)そのものや不純物によって吸収され，熱に変換されることによって生ずる損失

●**構造不均一による損失**　コアとクラッドの境界面の微小な凸凹によって生じる損失

●**レイリー散乱損失**　光ファイバ中の屈折率のゆらぎによって，光が散乱するために生ずる損失

●**マイクロベンディングロス**　光ファイバに側面から不均一な圧力が加わり，光ファイバの軸がわずかに曲がるために発生する損失

（3）光ファイバケーブルの配線工事

光ファイバケーブルは，平衡対ケーブルや同軸ケーブルに比べて**低損失**であり，**広帯域性**に優れているので高い周波数の信号まで伝送することができ，**細径・軽量**であるのでケーブルの布設性に優れている。

●光ファイバケーブルは，電気を通さないので雷や電力線，他の通信ケーブルなどからの

（出題）
平成29年度第2回
平成26年度第1回

📖 P.140
●電気通信事業者の…

〔3〕　石英系光ファイバについて述べた次の二つの記述は，□□□□。

A　マルチモード光ファイバは，モード分散の影響により，シングルモード光ファイバと比較して伝送帯域が狭く，主にLANなどの短距離伝送用に使用される。

B　ステップインデックス型光ファイバのコアの屈折率は，クラッドの屈折率より僅かに小さい。

① Aのみ正しい　　② Bのみ正しい　　③ AもBも正しい
④ AもBも正しくない

解説　①Aのみ正しい。
A　モード分散の影響があるマルチモード光ファイバは，モード分散を生じないシングルモード光ファイバと比べて伝送帯域が狭く，主にLANなどの短距離伝送用に使用されているので，記述は正しい。
B　ステップインデックス型光ファイバのコアの屈折率は，クラッドの屈折率より僅かに**大きい**ので，記述は誤りである。

（出題）
平成30年度第1回
平成27年度第2回

📖 P.140
(2) 光ファイバケーブルの損失

〔4〕　光ファイバの損失について述べた次の二つの記述は，□□□□。

A　レイリー散乱損失は，光ファイバ中の屈折率の揺らぎによって，光が散乱するために生ずる。

B　マイクロベンディングロスは，光ファイバケーブルの布設時に，光ファイバに過大な張力が加わったときに生ずる。

① Aのみ正しい　　② Bのみ正しい　　③ AもBも正しい
④ AもBも正しくない

解説　①Aのみ正しい。
A　レイリー散乱損失は光ファイバに存在する屈折率の揺らぎによる散乱光による損失であり，記述は正しい。
B　マイクロベンディングロスは光ファイバに**側面から**不均一な圧力を加えると発生する損失で，過大な張力によるものではないので，記述は誤りである。

（出題）
平成29年度第2回
平成28年度第1回
平成26年度第2回

📖 P.142
●光ファイバケーブルのコネクタ接続は…

〔5〕　光ファイバのコネクタ接続において，フェルール先端を直角にフラット研磨した端面形状の場合，コネクタ接続部の光ファイバ間に微少な空間ができるため，□□□□が起こる。

① 波長分散　　② フレネル反射　　③ 後方散乱

解説　光ファイバコネクタのフェルール先端を直角にフラット研磨した場合，光ファイバ心線間の微少な隙間に空気が入り，屈折率の異なる媒体の境界面で生じる**フレネル反射**による伝送損失が発生する。

解答
〔3〕　①
〔4〕　①
〔5〕　②

電磁誘導妨害を受けることがないので，メタリックケーブルと違って他のケーブルと交差するときほぼ直角に交差させたり，離隔距離をとったりする必要はない。

●光ファイバケーブルの布設にあたっては，布設速度や布設張力に注意してケーブルに**過大な張力をかけないようにする**とともに，極端に曲がることのないよう**曲げ半径に注意**する。光ファイバケーブルを許容曲率半径を越えて極端に曲げると心線が傷ついたり，伝送損失が増加することがある。

●光ファイバケーブルの心線を接続する方法には，コネクタ接続，融着接続，メカニカルスプライス接続があり，光ファイバ中心部のコアの軸ずれや間隙は接続損失に大きな影響を与えるので，十分に注意して施工することが必要である。

●光ファイバケーブルの**コネクタ接続**は，光ケーブルの接続替えが行われる可能性のある箇所で用いられ，着脱が簡単なことが特徴である。光ファイバ用コネクタには**接続損失**を極力発生させないことが求められることから，光ファイバのコアの中心をコネクタの中心に固定し，**コアの軸ずれ**を防止するため，一般に，**フェルール**といわれる保持部品を用いた**フェルール型コネクタ**が使われる。

　フェルールの先端を研磨する方法には直角，球面，斜めなどがあり，直角にフラット研磨する方法ではコネクタ接続部の光ファイバ間に微少な空間ができるため**フレネル反射**が起こる。

●**光コネクタ**には，プッシュプル式で最も一般的な **SC** コネクタ，ねじ込み式で振動に強い **FC** コネクタ，バヨネット締結式の **ST** コネクタ，プッシュプル式で高密度実装が可能な **MU** コネクタなどがある。

●**融着接続**は，接続替えが行われる可能性のない箇所で用いられる方法であり，光ファイバ心線の端面を加熱溶融して接続するのでコネクタ接続に比べて接続損失が少ない。光ファイバの融着接続では被覆を完全に除去して心線を融着接続する。このため，接続部分の機械的な強度が低下するので，一般に**光ファイバ保護スリーブ**を用いて補強することが必要である。

●**メカニカルスプライス接続**は，**図4**に示すように光ファイバ端面の突合せ固定が可能な専用の接続部品を用いて**機械的に接続する**方法で，接続部品の内部には光ファイバの接合面で発生する反射を抑制するための**屈折率整合剤**があらかじめ充填されている。

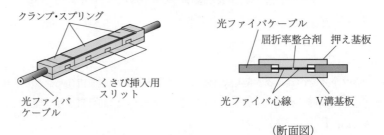

図4　メカニカル・スプライス

（4）プラスチック光ファイバ

　ホームネットワークなどの配線には曲げに強く，折れにくいプラスチック光ファイバが使われている。プラスチック光ファイバ用の送信モジュールには，一般的に光の波長が650ナノメートル(赤色)の **LED** が用いられている。

〔6〕　光ファイバ心線の融着接続部は，被覆が完全に除去されるため機械的強度が低下するので，融着接続部の補強方法として，一般に，　　　　　により補強する方法が採用されている。

①　ケーブルジャケット　　②　プランジャ
③　光ファイバ保護スリーブ

(出題)
平成30年度第1回
平成28年度第1回

P.142
●融着接続は…

解説　光ファイバ心線の融着接続部は被覆が完全に除去されて機械的強度が低下するので，一般に**光ファイバ保護スリーブ**で補強している。

〔7〕　光ファイバ用コネクタには，光ファイバのコアの中心をコネクタの中心に固定するために　　　　　といわれる部品が使われている。

①　プランジャ　　②　スリーブ　　③　フェルール

(出題)
平成30年度第2回

P.142
●光ファイバケーブル
のコネクタ接続は…

解説　光ファイバケーブルをコネクタ接続するとき，コアの軸ずれは接続損失に大きな影響を与える。そこで，**フェルール**という部品を用いてコアの中心をコネクタの中央に固定し，コアの軸ずれを防止している。

〔8〕　光ファイバの接続について述べた次の二つの記述は，　　　　　。
A　光ファイバ心線の融着接続部は，被覆が完全に除去されるため機械的強度が低下するので，融着接続部の補強方法として，一般に，フェルールにより補強する方法が採用されている。
B　光ファイバどうしを接続するときに用いられるコネクタには，接続損失を極力発生させないことが求められる。

①　Aのみ正しい　　②　Bのみ正しい　　③　AもBも正しい
④　AもBも正しくない

(出題)
平成29年度第1回

P.142
●融着接続は…
●光ファイバケーブル
のコネクタ接続は…

解説　②Bのみ正しい。
A　光ファイバ心線の融着接合部の補強方法として，一般に**光ファイバ保護スリーブ**が用いられているので，記述は誤りである。
B　接続損失を極力，発生させないことが求められるので，記述は正しい。

技術科目　第4問の標準問題

解答
〔6〕　③
〔7〕　③
〔8〕　②

4.2　ホームネットワークの配線工事と工事試験

①LAN の配線工事

（1）ホームネットワークの配線工事

　ホームネットワークの LAN 配線工事では，100BASE-TX の伝送媒体にはカテゴリ５以上の UTP ケーブル（非シールドツイストペアケーブル，非シールドより対線ともいう）が用いられ，ケーブルの両端には一般に，RJ-45 型の８ピン・モジュラプラグが接続されている。カテゴリは，UTP ケーブルの品質を表す数字であり，カテゴリの数字が大きいほど品質がよい。

●コネクタ付き UTP ケーブルの作製にあたっては，UTP ケーブルの心線の被覆をはぐことなく，RJ-45 型モジュラプラグの端子穴に差し込み，圧着工具を用いて圧着接続する。このとき，撚り合わせてある心線の撚りを戻すが，撚り戻しの長さは近端漏話による伝送特性に与える影響を最小にするため，できるだけ短くしなければならない。

表1　UTPケーブルのカテゴリ

伝送可能な周波数帯域	JIS	TIA/EIA	主な適用システム
100 MHz まで	カテゴリ 5	カテゴリ 5e	100BASE-TX 1000BASE-T
250 MHz まで	カテゴリ 6	カテゴリ 6	1000BASE-T 1000BASE-TX
500 MHz まで	カテゴリ 6_A	カテゴリ 6A	10GBASE-T
600 MHz まで	カテゴリ 7	カテゴリ 7	10GBASE-T
1000 MHz まで	カテゴリ 7_A	カテゴリ 7A	

●カテゴリ５の UTP ケーブルにカテゴリ６対応の RJ-45 型モジュラプラグを装着して作製したコネクタ付き UTP ケーブルは，品質の低い方のカテゴリに合わせてカテゴリ５の性能として扱われる。

●100BASE-TX のハブと端末間の配線ケーブル長は，100 メートル以内，特性インピーダンスは 100 オーム±15%の範囲内に納める必要がある。100BASE-TX では，UTP ケーブルの４対の心線のうち，送信用に１対，受信用に１対の心線を使用し，残りの２対の心線はデータ伝送には使用しない。

●100BASE-TX の配線工事では，パソコンなどの端末とハブを UTP ケーブルで接続することにより，一つのセグメント内に複数の端末を接続することができる。パソコンなどの端末の数が多くなり，１台のハブに収容できないときにはハブを増設し，ハブ同士を UTP ケーブルで接続するカスケード接続を行ってネットワークの規模を拡大することができる。ハブの接続の例を図5に示す

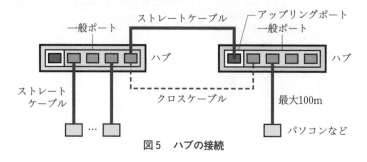

図5　ハブの接続

〔9〕　光ファイバの接続について述べた次の二つの記述は，□□□□。

　A　メカニカルスプライス接続は，Ｖ溝により光ファイバどうしを軸合わせして接続する方法であり，接続工具には電源を必要としない。

　B　コネクタ接続は，光コネクタにより光ファイバを機械的に接続する接続部に接合剤を使用するため，再接続できない。

　①　Aのみ正しい　　②　Bのみ正しい　　③　AもBも正しい
　④　AもBも正しくない

(出題)
平成28年度第2回
平成27年度第1回

P.142
●メカニカルスプライス接続は…
●光ファイバケーブルのコネクタ接続は…

解説　①Aのみ正しい。
　A　メカニカルスプライス接続は，Ｖ溝により光ファイバどうしを軸合わせできる専用の接続部品を用いて機械的に接続する方法であり，電源を必要とするような接続工具は使用しないので，記述は正しい。
　B　コネクタ接続は光コネクタで光ファイバを接続する方法で，接続部に**接合剤などは使用しない**ので簡単に着脱することができ，**再接続が可能**であるので，記述は誤りである。

〔10〕　光配線システム相互や機器との接続に使用される光ファイバや光パッチコードの接続などに用いられる□□□□コネクタは，接合部がねじ込み式で振動に強い構造になっている。

　①　ST　　②　FC　　③　MU

(出題)
平成27年度第1回

P.142
●光コネクタには…

解説　設問の光コネクタのうち，接合部がねじ込み式で振動に強い構造のものはFC型である。ST型はバヨネット締結型，MU型はプッシュプル型である。

〔11〕　ホームネットワークなどの配線に用いられるプラスチック光ファイバは，曲げに強く折れにくいなどの特徴があり，送信モジュールには，一般に，光波長が650ナノメートルの□□□□が用いられる。

　①　LED　　②　FET　　③　ZD

(出題)
平成30年度第2回
平成28年度第2回
平成26年度第1回

P.142
(4)プラスチック光ファイバ

解説　ホームネットワークなどの配線には曲げに強く，折れにくいプラスチック光ファイバが使われており，送信モジュールには光の波長が650ナノメートル(赤色)のLEDが一般的に用いられている。

解答
〔9〕　①
〔10〕　②
〔11〕　①

●クラス2のリピータハブを用いた100BASE-TXのイーサネットLANの配線工事では，カスケード接続は2段まで，ハブ間の距離は5m以下と規定されている。

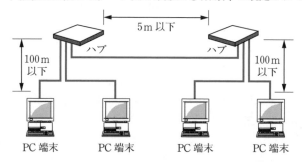

図6　クラス2リピータハブのカスケード接続

（2）ストレートケーブルとクロスケーブル

LANケーブル(UTPケーブル)には，図7のようにストレートケーブルとクロスケーブルがある。**ストレートケーブル**は，ケーブル両端を同じピン配列でモジュラプラグに結線したもので，一般にハブとパソコンなどの接続に使用する。**クロスケーブル**は，ケーブル両端で送受が逆になるようなピン配列でモジュラプラグと結線したもので，ハブを介さずにパソコンなどの端末同士を接続するときやハブのアップリンクポート(カスケードポートともいう)以外の一般のポートを用いてハブ相互間を接続するときに使用する。アップリンクポートを用いるときはストレートケーブルでよい。

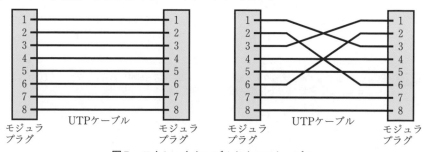

図7　ストレートケーブルとクロスケーブル

（3）RJ-45モジュラコネクタの配線規格

RJ-45－8極8心モジュラコネクタへのUTPケーブル配線規格には，EIA[1]/TIA[2]-568の「T568A」，「T568B」が規定されている。図8にRJ-45モジュラコネクタのピン番号と接続ケーブルのペア対応を示す。

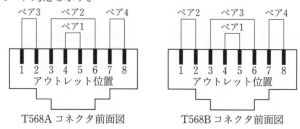

T568A コネクタ前面図　　　T568B コネクタ前面図

図8　RJ-45モジュラコネクタの配線規格

*1　EIA：Electronic Industries Association　アメリカ電子工業会
*2　TIA：Telecommunication Industries Association　アメリカ通信工業会

146

4.2 ホームネットワークの配線工事と工事試験

〔12〕　1000BASE-T イーサネットの LAN 配線工事では，一般に，カテゴリ
　　　　　　　　以上の UTP ケーブルの使用が推奨されている。

（出題）
平成27年度第2回
平成26年度第2回

☞ P.144
(1) ホームネットワークの配線工事

① 3　　② 5e　　③ 6

解 説　ギガビットイーサネットの 1000BASE-T の LAN 配線工事では，カテゴリ 5e 以上の UTP ケーブルの使用が推奨されている。カテゴリ 5e は TIA/EIA の規格であり，JIS のカテゴリ 5 に相当するケーブルである。

〔13〕　コネクタ付き UTP ケーブルを現場で作製する際には，　　　　　　による伝送性能に与える影響を最小にするため，コネクタ箇所での心線の撚り戻し長はできるだけ短くする注意が必要である。

（出題）
平成28年度第2回

☞ P.144
●コネクタ付きUTP …

☞ P.62
① 遠端漏話・近端漏話

① 伝搬遅延　　　② 近端漏話　　　③ 挿入損失

解 説　UTP ケーブルの心線の撚りを戻すと，心線相互間の電磁誘導による影響を受けて**近端漏話**が増加することがあるので，心線の撚り戻し長はできるだけ短くすることが必要である。

〔14〕　UTP ケーブルを図に示す 8 極 8 心のモジュラコネクタに，配線規格 568B で決められたモジュラアウトレットの配列でペア 1 からペア 4 を結線するとき，ペア 2 のピン番号の組合せは，　　　　　　である。

（出題）
平成30年度第2回
平成29年度第2回
平成28年度第2回
平成27年度第2回
平成26年度第2回

☞ P.146
(3) RJ-45モジュラコネクタの配線規格

① 1番と2番　　② 3番と6番　　③ 4番と5番　　④ 7番と8番

1 2 3 4 5 6 7 8
アウトレット位置

コネクタ前面図

解 説　8 極 8 心のモジュラコネクタに，配線規格 568B で決められた配列で UTP ケーブルを接続するとき，ペア 2 のピン番号の組み合わせは**1 番と 2 番**である。なお，ペア 1 は 4 番と 5 番，ペア 3 は 3 番と 6 番，ペア 4 は 7 番と 8 番である。

解答
〔12〕　②
〔13〕　②
〔14〕　①

技術科目　第4問の標準問題

ペア1からペア4のうち，100BASE-TX では**ペア2とペア3**を，ギガビットイーサネットの1000BASE-T では**ペア1からペア4のすべてのペア**を用いてデータの送受信を行う。

②LANの工事試験

（1）ワイヤマップ試験

ケーブルテスタを用いたワイヤマップ試験では，UTP ケーブルの導通・断線，コネクタ成端時の結線の配列違いなどを検出することができる。結線違いには，リバースペア，クロスペア，スプリットペアなどがあり，漏話特性の劣化や PoE 機能が使えないなどトラブルの原因となることがある。リバースペアは UTP ケーブルの 1-2 ペアをケーブルの他端で 2-1 としたような結線，クロスペアは 1-2 ペアを他端で 3-6 としたような結線，スプリットペアは 3-6，4-5 のペアを他端で 3-4，5-6 としたような結線をいう。

（2）UTP ケーブルの性能試験

UTP ケーブルの性能試験項目には，反射減衰量・挿入損失・近端漏話減衰量・遠端漏話減衰量・伝搬遅延などの項目がある。

4.3　配線工法

①配線工法

（1）硬質ビニル管

家屋の壁面等を貫通する箇所で屋内線の絶縁を確保するとき，電灯線などの支障物から屋内線を保護するときに使用する。硬質ビニル管の両端につばを取り付け，屋内線の損傷を防止する。

つば　　　　　　　　　　　　　　　　　　つば

図9　硬質ビニル管

（2）フロアダクト

通信ケーブルなどを配線するため，鋼製ダクトをコンクリートの床スラブに埋設した配線路で，埋設されたフロアダクトは**D種接地工事**を行う。

（3）ジャンクションボックス

床に埋め込まれたフロアダクトが相互に交差するところ及びフロアダクトと屋内配線を接続，分岐，中継する箇所に設けるボックス。

（4）フリーアクセスフロア

通信機械室やコンピュータ室などで用いられる二重床構造を**フリーアクセスフロア**という。コンクリート床面の上に別の床を設け，この間の空間を利用して LAN ケーブルなどの通信用ケーブルや電力用ケーブルなどを自由に配線する方式で，大量の配線を効率よく処理できるとともに美観上の効果もある。

（5）セルラフロア

セルラフロアはビルの建築材であるデッキプレートを利用した床の配線ダクトにケーブルを通す床配線方式で，電源ケーブルや通信ケーブルを配線するための既設ダクトを備えた金属製あるいはコンクリートの床である。

〔15〕　LAN 配線工事において UTP ケーブルを図に示す 8 極 8 心のモジュラコネクタに，配線規格 568B で決められたモジュラアウトレットの配列でペア 1 からペア 4 を結線する場合，1000BASE-T のギガビットイーサネットでは，☐☐☐☐☐ を用いてデータの送受信を行っている。

（出題）
平成29年度第1回
平成27年度第1回
平成26年度第1回

📖 P.146
(3) RJ-45モジュラコ
ネクタの配線規格

① ペア 1 と 2　　② ペア 2 と 3
③ ペア 3 と 4　　④ すべてのペア

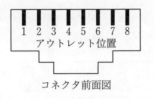

1 2 3 4 5 6 7 8
アウトレット位置

コネクタ前面図

解説　ギガビットイーサネットの 1000BASE-T はカテゴリ 5e の UTP ケーブルの 4 対すべての心線を使用することで，1Gb/s の伝送速度を実現している。したがって，設問のモジュラアウトレットの配列で結線したペア 1 からペア 4 の**すべてのペア**を用いてデータの送受信を行う。

〔16〕　UTP ケーブルへのコネクタ成端時における結線の配列誤りには，☐☐☐☐☐，クロスペア，リバースペアなどがあり，このような配線誤りの有無を確認する試験は，一般に，ワイヤマップ試験といわれる。

（出題）
平成29年度第2回
平成28年度第2回

📖 P.148
(1) ワイヤマップ試験

① ショートリンク　　② スプリットペア　　③ ツイストペア

解説　UTP ケーブルのコネクタ成端時における結線の配列誤りには**スプリットペア**，クロスペア，リバースペアなどがあり，ケーブルテスタを用いたワイヤマップ試験で確認することができる。

〔17〕　LAN 配線工事に用いられる UTP ケーブルについて述べた次の記述のうち，<u>誤っているもの</u>は，☐☐☐☐☐ である。

（出題）
平成30年度第2回
平成29年度第1回

📖 P.94
①②：(1)伝送媒体
📖 P.144
③：●コネクタ付き
　UTP…

① UTP ケーブルは，ケーブル内の 2 本の心線どうしを対にして撚り合わせることにより，外部へノイズを出しにくくしている。
② UTP ケーブルは，ケーブル外被の内側において薄い金属箔を用いて心線全体をシールドすることにより，ケーブルの外からのノイズの影響を受けにくくしている。
③ UTP ケーブルをコネクタ成端する場合，撚り戻しを長くすると，近端漏話が大きくなる。

解説　誤っているものは②。
① この記述は正しい。
② FTP（金属箔被覆より対線）についての記述なので，誤りである。
③ この記述は正しい。

解答
〔15〕　④
〔16〕　②
〔17〕　②

技術科目　第 4 問の標準問題

（出題）
平成27年度第1回

☞ P.148
②LANの工事試験

〔18〕 LAN配線の工事試験について述べた次の二つの記述は，□□□□。

A UTPケーブルの配線試験において，ケーブルテスタを用いたワイヤマップ試験では，断線やクロスペアなどの配線誤りを検出することができる。

B 電話用ケーブルの配線試験においては近端漏話減衰量や遠端漏話減衰量の測定項目があるが，主にデータ通信を行うUTPケーブルの配線に関する測定項目には，近端漏話減衰量や遠端漏話減衰量の測定項目はない。

① Aのみ正しい　② Bのみ正しい　③ AもBも正しい
④ AもBも正しくない

解説　①Aのみ正しい。
A ケーブルテスタによるワイヤマップ試験では，断線や配線誤りを検出することができるので，記述は正しい。
B データ通信を行うUTPケーブルでは，近端漏話減衰量や遠端漏話減衰量も必要な測定項目なので，記述は誤りである。

（出題）
平成30年度第1回

☞ P.148
②LANの工事試験

〔19〕 LAN配線の工事試験について述べた次の記述のうち，<u>誤っているもの</u>は，□□□□である。

① UTPケーブルの配線試験において，ワイヤマップ試験では，断線やクロスペアなどの配線誤りを検出することができる。
② UTPケーブルの配線試験において，ワイヤマップ試験では，近端漏話減衰量や遠端漏話減衰量を測定することができる。
③ UTPケーブルの配線に関する測定項目には，伝搬遅延時間の測定項目がある。

解説　誤っているものは②。
① この記述は正しい。
② ワイヤマップ試験では近端漏話減衰量や遠端漏話減衰量を測定することはできないので，記述は誤りである。
③ この記述は正しい。

（出題）
平成29年度第1回
平成27年度第2回
平成26年度第1回

☞ P.122
(2) ping

〔20〕 Windowsのコマンドプロンプトから入力されるpingコマンドは，調べたいパーソナルコンピュータのIPアドレスを指定することにより，ICMPメッセージを用いて初期設定値の□□□□バイトのデータを送信し，パーソナルコンピュータからの返信により接続の正常性を確認することができる。

① 32　② 64　③ 128

解答
〔18〕　①
〔19〕　②
〔20〕　①

解説　pingはネットワークに接続されたパソコンなどの端末の接続状況をICMPメッセージを用いて到達確認を行うコマンドである。Windowsのpingコマンドは，調べたい端末のIPアドレスを指定し，初期設定値の**32**バイトのデータを送信し，相手からの返信により接続の正常性を確認する。なお，Linuxのpingの初期設定値は56バイトである。なお，**ICMP**が□□□□になった問題も出題されている。

4.3 配線工法

（出題）
平成28年度第2回

☞ P.148
(5)セルラフロア

〔21〕　床の配線ダクトにケーブルを通す床配線方式で，電源ケーブルや通信ケーブルを配線するための既設ダクトを備えた金属製又はコンクリートの床は，一般に，□□□□といわれる。

①　セルラフロア　　②　フリーアクセスフロア　　③　トレンチダクト

解説　床の配線ダクトに電源ケーブルや通信ケーブルを通す床配線方式で，既設ダクトを備えた金属製又はコンクリートの床は**セルラフロア**といわれ，ビルの構造材として使われるデッキプレートの波形空間を利用している。

（出題）
平成30年度第1回
平成28年度第1回
平成27年度第1回

☞ P.148
(2)フロアダクト

〔22〕　フロアダクトは，鋼製ダクトをコンクリートの床スラブに埋設し，電源ケーブルや通信ケーブルを配線するために使用される。埋設されたフロアダクトには，□□□□種接地工事を施す必要がある。

①　B　　②　C　　③　D

解説　埋設されたフロアダクトには，D種接地工事を施さなければならない。D種接地の接地抵抗値は100Ω以下と規定されているので，埋設されるダクトは接地抵抗値が□□□□オーム以下の接地工事を施す必要があるとの問題も出題されている。

（出題）
平成29年度第2回

☞ P.148
(3)ジャンクションボックス

〔23〕　フロアダクト配線工事において，フロアダクトが交差するところには，一般に，□□□□が設置される。

①　スイッチボックス　　②　ジャンクションボックス
③　パッチパネル

解説　フロアダクト配線工事において，フロアダクトが交差するところに設置されるものは**ジャンクションボックス**である。

技術科目　第4問の標準問題

解答
〔21〕　①
〔22〕　③
〔23〕　②

（出題）
平成28年度第1回
B：平成27年度第2回
　　平成26年度第1回

☞ P.148
(5)セルラフロア
(4)フリーアクセスフロア

〔24〕　室内におけるケーブル配線設備について述べた次の二つの記述は，
　　　　□□□□。

　A　床の配線ダクトにケーブルを通す床配線方式で，電源ケーブルや通信ケー
　　　ブルを配線するための既設ダクトを備えた金属製又はコンクリートの床は，
　　　一般に，セルラフロアといわれる。

　B　通信機械室などにおいて，床下に電力ケーブル，LANケーブルなどを自
　　　由に配線するための二重床は，一般に，フリーアクセスフロアといわれる。

　　　① Aのみ正しい　　② Bのみ正しい　　③ AもBも正しい
　　　④ AもBも正しくない

解　説　③AもBも正しい。
　A　ビル構造材のデッキプレートを利用した配線ダクトを備えた設問のような床を
　　セルラフロアというので，記述は正しい。
　B　通信機械室などで用いられるケーブル配線用の二重床をフリーアクセスフロア
　　というので，記述は正しい。また，この二重床をセルラフロアというという問題
　　も出題されているが，誤りである。

（出題）
平成30年度第2回
A：平成27年度第2回
　　平成26年度第1回

☞ P.148
(3) ジャンクションボ
　　ックス
(5)セルラフロア

〔25〕　室内におけるケーブル配線設備について述べた次の二つの記述は，
　　　　□□□□。

　A　フロアダクト配線方式において，フロアダクトが交差するところでは，一
　　　般に，ジャンクションボックスが用いられる。

　B　床の配線ダクトにケーブルを通す床配線方式で，電源ケーブルや通信ケー
　　　ブルを配線するための既設ダクトを備えた金属製又はコンクリートの床は，
　　　一般に，フリーアクセスフロアといわれる。

　　　① Aのみ正しい　　② Bのみ正しい　　③ AもBも正しい
　　　④ AもBも正しくない

解　説　Aのみ正しい。
　A　この記述は正しい。
　B　設問のような床配線方式は**セルラフロア**といわれているので，記述は誤りであ
　　る。

（出題）
平成30年度第1回

☞ P.148
(1)硬質ビニル管

〔26〕　屋内線が家屋の壁などを貫通する箇所で絶縁を確保するためや，電灯線及
　　　　びその他の支障物から屋内線を保護するためには，一般に，□□□□が用い
　　　　られる。

　　　① 硬質ビニル管　　② PVC電線防護カバー
　　　③ ワイヤプロテクタ

解　答
〔24〕　③
〔25〕　①
〔26〕　①

解　説　設問の用途に使われるものは，一般に**硬質ビニル管**である。

第III編
端末設備の
接続に関する法規
（法規科目）

1 ### 第1問の標準問題
電気通信事業法，電気通信事業法施行規則に関する条文

2 ### 第2問の標準問題
工事担任者規則，端末機器の技術基準適合認定等に関する規則，有線電気通信法，有線電気通信設備令，不正アクセス禁止法に関する条文

3 ### 第3問・第4問の標準問題
端末設備等規則(I)，端末設備等規則(II)に関する条文

第1問の年度別出題法令一覧 ……………………… 169
第2問の年度別出題法令一覧 ……………………… 187
第3問・第4問の年度別出題法令一覧 ……… 222

1.1　電気通信事業法，電気通信事業法施行規則

（1）電気通信事業法　第1条(目的)，第2条(定義)，第3条(検閲の禁止)，第4条(秘密の保護)

第1条(目的)

　　この法律は，電気通信事業の公共性にかんがみ，その運営を適正かつ合理的なものとするとともに，その公正な競争を促進することにより，電気通信役務の円滑な提供を確保するとともにその利用者の利益を保護し，もって電気通信の健全な発達及び国民の利便の確保を図り，公共の福祉を増進することを目的とする。

第2条(定義)

　　この法律において，次の各号に掲げる用語の意義は，当該各号に定めるところによる。

一　**電気通信**　有線，無線その他の電磁的方式により，符号，音響又は影像を送り，伝え，又は受けることをいう。

二　**電気通信設備**　電気通信を行うための機械，器具，線路その他の電気的設備をいう。

三　**電気通信役務**[*1]電気通信設備を用いて他人の通信を媒介し，その他電気通信設備を他人の通信の用に供することをいう。

四　**電気通信事業**　電気通信役務を他人の需要に応ずるために提供する事業(放送法(昭和25年法律第132号)第118条第1項に規定する放送局設備供給役務に係わる事業を除く。)をいう。

五　**電気通信事業者**　電気通信事業を営むことについて，第9条の登録を受けた者及び第16条第1項の規定による届出をした者をいう。

六　**電気通信業務**　電気通信事業者の行う電気通信役務の提供の業務をいう。

[*1]〈関連条文：**電気通信事業法施行規則**〉
第2条(用語)
　　この省令において使用する用語は，法において使用する用語の例による。
2　この省令において，次の各号に掲げる用語の意義は，当該各号に定めるところによる。
一　音声伝送役務　おおむね4キロヘルツ帯域の音声その他の音響を伝送交換する機能を有する電気通信設備を他人の通信の用に供する電気通信役務であってデータ伝送役務以外のもの
二　データ伝送役務　専ら符号又は影像を伝送交換するための電気通信設備を他人の通信の用に供する電気通信役務
三　専用役務　特定の者に電気通信設備を専用させる電気通信役務
四
〜　(省略)
八

第3条(検閲の禁止)

　　電気通信事業者の取扱中に係る通信は，検閲してはならない。

第1問の標準問題

第1問　次の各文章の　　　内に，それぞれの　　　の解答群の中から，「電気通信事業法」又は「電気通信事業法施行規則」に規定する内容に照らして最も適したものを選び，その番号を記せ。

1.1 （1）電気通信事業法　第1条〜第4条

〔1〕　電気通信事業法は，電気通信事業の公共性にかんがみ，その運営を適正かつ合理的なものとするとともに，その公正な競争を促進することにより，電気通信役務の円滑な提供を確保するとともにその利用者の　　　を保護し，もって電気通信の健全な発達及び国民の利便の確保を図り，公共の福祉を増進することを目的とする。

① 利益　　② 権利　　③ 秘密

〔出題〕
平成30年度第2回
平成28年度第1回
平成27年度第1回
平成26年度第1回

☞ P.154
法第1条

解説　電気通信事業法(以下，法という)第1条の規定から，答は**①利益**。また，**円滑な提供**，**適正かつ合理的**，**公正な競争**が　　　になった問題も出題されている。

〔2〕　電気通信事業法又は電気通信事業法施行規則に規定する用語について述べた次の文章のうち，誤っているものは，　　　である。

① 電気通信とは，有線，無線その他の電磁的方式により，符号，音響又は影像を送り，伝え，又は受けることをいう。
② 電気通信事業とは，電気通信役務を他人の需要に応ずるために提供する事業(放送法に規定する放送局設備供給役務に係る事業を除く。)をいう。
③ データ伝送役務とは，音声その他の音響を伝送交換するための電気通信設備を他人の通信の用に供する電気通信役務をいう。

〔出題〕
平成30年度第1回
平成27年度第2回
①：平成26年度第2回
②：平成29年度第1回
③：平成29年度第1回
　　平成26年度第2回

☞ P.160
①：法第52条第1項
☞ P.154
②：同第2条第四号
③：同施行規則第2条

解説　誤っているものは③。
① 電気通信事業法(以下，法という)第2条第一号の規定に照らして，正しい。
② 同条第四号の規定に照らして，正しい。
③ 同施行規則第2条第2項第二号の規定から「データ伝送役務とは，音声その他の音響を伝送交換するための電気通信設備を他人の通信の用に供する電気通信役務をいう。」のうち，下線部分が誤り。正しくは「専ら符号又は影像」。

【関連問題】
○ 電気通信設備　電気通信を行うための機械，器具，線路その他の電気的設備をいう。
　解説　法第2条第二号の規定のとおりで，正しい。

〔出題〕
平成26年度第2回

☞ P.154
法第2条第二号

法規科目　第1問の標準問題

解答
〔1〕　①
〔2〕　③

第4条（秘密の保護）

　電気通信事業者の取扱中に係る**通信の秘密**は，侵してはならない。

2　電気通信事業に従事する者は，在職中電気通信事業者の取扱中に係る通信に関して知り得た他人の通信の秘密を守らなければならない。その職を退いた後においても，同様とする。

第5条（省略）

（2）電気通信事業法　第6条（利用の公平），第7条（基礎的電気通信役務の提供），第8条（重要通信の確保），第9条（電気通信事業の登録），第29条（業務の改善命令）

第6条（利用の公平）

　電気通信事業者は，電気通信役務の提供について，不当な差別的取扱いをしてはならない。

 第7条（基礎的電気通信役務の提供）

　基礎的電気通信役務（国民生活に不可欠であるためあまねく**日本全国**における提供が確保されるべきものとして総務省令で定める電気通信役務をいう。以下同じ。）を提供する電気通信事業者は，その適切，公平かつ安定的な提供に努めなければならない。

 第8条（重要通信の確保）

　電気通信事業者は，天災，事変その他の非常事態が発生し，又は発生するおそれがあるときは，災害の予防若しくは救援，交通，通信若しくは電力の供給の確保又は秩序の維持のために必要な事項を内容とする通信を優先的に取り扱わなければならない。公共の利益のため緊急に行うことを要するその他の通信であって総務省令で定めるものについても，同様とする。

2　前項の場合において，電気通信事業者は，必要があるときは，総務省令で定める基準に従い，電気通信業務の一部を停止することができる。

3　電気通信事業者は，第1項に規定する通信（以下「**重要通信**」という。）の円滑な実施を他の電気通信事業者と相互に連携を図りつつ確保するため，他の電気通信事業者と電気通信設備を相互に接続する場合には，総務省令で定めるところにより，重要通信の優先的な取扱いについて取り決めることその他の必要な措置を講じなければならない。

第9条（電気通信事業の登録）

　電気通信事業を営もうとする者は，総務大臣の登録を受けなければならない。ただし，次に掲げる場合は，この限りでない。

一　その者の設置する**電気通信回線設備**（送信の場所と受信の場所との間を接続する伝送路設備及びこれと一体として設置される交換設備並びにこれらの附属設備をいう。以下同じ。）の規模及び当該電気通信回線設備を設置する区域の範囲が総務省令[*2]で定める基準を超えない場合

第二号　省略

156

〔3〕　電気通信事業法又は電気通信事業法施行規則に規定する用語について述べた次の文章のうち，誤っているものは，　　　　である。

① 専用役務とは，特定の者に電気通信設備を専用させる電気通信役務をいう。

② 端末設備とは，電気通信回線設備の一端に接続される電気通信設備であって，一の部分の設置の場所が他の部分の設置の場所と同一の構内(これに準ずる区域内を含む。)又は同一の建物内であるものをいう。

③ 電気通信役務とは，電気通信設備を用いて他人の通信を媒介し，その他電気通信設備を特定の者の専用の用に供することをいう。

(出題)
平成30年度第2回
②：平成29年度第2回
　　平成29年度第1回
③：平成29年度第2回
　　平成28年度第1回
　　平成26年度第1回

☞ P.154
①：法施行規則第2条
　第2項第三号
☞ P.160
②：同第52条第1項
☞ P.154
③：同第2条第三号

解　説　誤っているものは③。
① 電気通信事業法(以下，法という)施行規則第2条第2項第三号の規定に照らして，正しい。
② 同第52条第1項の規定に照らして，正しい。
③ 同第2条第三号の規定から「電気通信役務とは，電気通信設備を用いて他人の通信を媒介し，その他電気通信設備を特定の者の専用の用に供することをいう。」のうち，下線部分が誤り。正しくは「他人の通信」。

【関連問題】

○ 電気通信事業者とは，電気通信事業を営むことについて，電気通信事業法の規定による総務大臣の登録を受けた者及び同法の規定により総務大臣への届出をした者をいう。
　解説　法第2条第五号の規定のとおりで，正しい。

(出題)
平成28年度第1回
平成26年度第1回

☞ P.154
法第2条第五号

〔4〕　電気通信事業法又は電気通信事業法施行規則に規定する用語について述べた次の文章のうち，誤っているものは，　　　　である。

① 音声伝送役務とは，おおむね3キロヘルツ帯域の音声その他の音響を伝送交換する機能を有する電気通信設備を他人の通信の用に供する電気通信役務であってデータ伝送役務を含むものをいう。

② 電気通信役務とは，電気通信設備を用いて他人の通信を媒介し，その他電気通信設備を他人の通信の用に供することをいう。

③ 電気通信回線設備とは，送信の場所と受信の場所との間を接続する伝送路設備及びこれと一体として設置される交換設備並びにこれらの附属設備をいう。

(出題)
平成28年度第2回

☞ P.154
①：法施行規則第2条
②：法第2条第三号
☞ P.156
③：法第9条第一号

解　説　誤っているものは①。
① 法施行規則第2条の規定から「音声伝送役務とは，おおむね3キロヘルツ帯域の音声その他の音響を…」のうち，下線部分が誤り。正しくは「4キロヘルツ」。
② 法第2条第三号の規定のとおりで，正しい。
③ 法第9条第一号の規定のとおりで，正しい。

法規科目　第1問の標準問題

解答
〔3〕③
〔4〕①

第10条～第28条(省略)

第29条(業務の改善命令)

　総務大臣は，次の各号のいずれかに該当すると認めるときは，電気通信事業者に対し，利用者の利益又は公共の利益を確保するために必要な限度において，**業務の方法の改善**その他の措置をとるべきことを命ずることができる。

一　電気通信事業者の業務の方法に関し通信の秘密の確保に支障があるとき。

二　電気通信事業者が特定の者に対し不当な差別的取扱いを行っているとき。

三　電気通信事業者が重要通信に関する事項について適切に配慮していないとき。

第四号～第六号(省略)

七　電気通信事業者が提供する電気通信役務に関する提供条件が電気通信回線設備の使用の態様を不当に制限するものであるとき。

八　事故により電気通信役務の提供に支障が生じている場合に電気通信事業者がその支障を除去するために必要な修理その他の措置を速やかに行わないとき。

九　電気通信事業者が国際電気通信事業に関する条約その他の国際約束により課された義務を誠実に履行していないため，公共の利益が著しく阻害されるおそれがあるとき。

第十号～第十二号(省略)

第2項(省略)

第30条～第45条(省略)

(3) 電気通信事業法　第46条(電気通信主任技術者資格者証)，第47条(電気通信主任技術者資格者証の返納)，第52条(端末設備の接続の技術基準)，第53条(端末機器技術基準適合認定)，第55条(表示が付されていないものとみなす場合)

第46条(電気通信主任技術者資格者証)

　電気通信主任技術者資格者証の種類は，伝送交換技術及び線路技術について総務省令で定める。

2　電気通信主任技術者資格者証の交付を受けている者が監督することができる電気通信設備の工事，維持及び運用に関する事項の範囲は，前項の電気通信主任技術者資格者証の種類に応じて総務省令で定める。

3　総務大臣は，次の各号のいずれかに該当する者に対し，電気通信主任技術者資格者証を交付する。

一　電気通信主任技術者試験に合格した者

〔5〕　電気通信事業法又は電気通信事業法施行規則に規定する用語について述べた次の文章のうち，<u>誤っているもの</u>は，□□□である。

(出題)
平成27年度第1回

✎ P.158
①：法第52条第一項

✎ P.160
②：法施行規則第3条
第1項第一号

✎ P.156
③：同第9条第一号

① 端末設備とは，電気通信回線設備の一端に接続される電気通信設備であって，一の部分の設置の場所が他の部分の設置の場所と同一の構内(これに準ずる区域内を含む。)又は同一の建物内であるものをいう。
② 端末系伝送路設備とは，端末設備又は事業用電気通信設備と接続される伝送路設備をいう。
③ 電気通信回線設備とは，送信の場所と受信の場所との間を接続する伝送路設備及びこれと一体として設置される交換設備並びにこれらの附属設備をいう。

解説　誤っているものは①。
① 法第52条第1項の規定のとおりで，正しい。
② 法施行規則第3条第1項第一号の規定から「端末系伝送路設備とは，端末設備又は事業用電気通信設備と接続される伝送路設備をいう。」のうち，下線部分が誤り。正しくは「**自営**」。
③ 同第9条第一号の規定のとおりで，正しい。

〔6〕　電気通信事業法に規定する電気通信設備とは，電気通信を行うための機械，器具，線路その他の□□□設備をいう。

(出題)
平成30年度第2回
平成26年度第1回

✎ P.154
法第2条第二号

　　　　　① 機械的　　② 電気的　　③ 業務用

解説　法第2条第二号の規定から，答は②**電気的**。また，**線路**が□□□になった問題も出題されている。

〔7〕　電気通信事業法に規定する電気通信事業とは，電気通信役務を□□□ためめに提供する事業をいう。

(出題)
平成25年度第2回

✎ P.154
法第2条第四号

　　　　① 他人の需要に応ずる　　　② 国民の利便の確保を図る
　　　　③ 公共の福祉の増進を図る

解説　法第2条第四号の規定から，答は①**他人の需要に応ずる**。また，**電気通信役務**が□□□になった問題も出題されている。

法規科目　第1問の標準問題

解答
〔5〕　②
〔6〕　②
〔7〕　①

二　電気通信主任技術者資格者証の交付を受けようとする者の**養成課程**で，総務大臣が総務省令で定める基準に適合するものであることの認定をしたものを修了した者

三　前2号に掲げる者と同等以上の専門的知識及び能力を有すると総務大臣が認定した者

4　総務大臣は，前項の規定にかかわらず，次の各号のいずれかに該当する者に対しては，電気通信主任技術者資格者証の交付を行わないことができる。

一　次条の規定により電気通信主任技術者資格者証の返納を命ぜられ，その日から1年を経過しない者

二　この法律の規定により罰金以上の刑に処せられ，その執行を終わり，又はその執行を受けることがなくなった日から2年を経過しない者

5　電気通信主任技術者資格者証の交付に関する手続的事項は，総務省令で定める。

第47条（電気通信主任技術者資格者証の返納）

総務大臣は，電気通信主任技術者資格者証を受けている者がこの法律又はこの法律に基づく命令の規定に違反したときは，その電気通信主任技術者資格者証の**返納**を命ずることができる。

第48条～第51条（省略）

第52条（端末設備の接続の技術基準）

電気通信事業者は，利用者から**端末設備**（電気通信回線設備の一端に接続される電気通信設備であって，一の部分の設置の場所が**他の部分**の設置の場所と同一の構内（これに準ずる区域内を含む。）又は同一の建物内であるものをいう。以下同じ。）をその電気通信回線設備（その損壊又は故障等による利用者の利益に及ぼす影響が軽微なものとして総務省令で定めるものを除く。第69条及び第70条において同じ。）に接続すべき旨の請求を受けたときは，その接続が総務省令で定める技術基準（当該電気通信事業者又は当該電気通信事業者とその電気通信設備を接続する他の電気通信事業者であって総務省令で定めるものが総務大臣の認可を受けて定める技術的条件を含む。次項及び第69条において同じ。）に**適合**しない場合その他総務省令[*3]で定める場合を除き，その請求を拒むことができない。

2　前項の技術基準は，これにより次の事項が確保されるものとして定められなければならない。

一　電気通信回線設備を**損傷**し，又はその機能に**障害**を与えないようにすること。

二　電気通信回線設備を利用する**他の利用者に迷惑を及ぼさないよう**にすること。

三　電気通信事業者の設置する電気通信回線設備と利用者の接続する端末設備との**責任の分界**が明確であるようにすること。

> **＊3 関連条文：電気通信事業法施行規則**
> **第31条**（利用者からの端末設備の接続の請求を拒める場合）
> 　法第52条第1項の総務省令で定める場合は，利用者から，端末設備であって電波を使用するもの（別に告示で定めるものを除く。）及び公衆電話機その他利用者による接続が著しく不適当なものの接続の請求を受けた場合とする。

〔8〕　電気通信事業法に規定する「秘密の保護」及び「検閲の禁止」について述べた次の二つの文章は，□□□。

A　電気通信事業者の取扱中に係る通信の秘密は，侵してはならない。電気通信事業に従事する者は，在職中電気通信事業者の取扱中に係る通信に関して知り得た他人の秘密を守らなければならない。その職を退いた後においても，同様とする。

B　電気通信事業者の取扱中に係る通信は，犯罪捜査に必要であると総務大臣が認めた場合を除き，検閲してはならない。

> ①　Aのみ正しい　　②　Bのみ正しい　　③　AもBも正しい
> ④　AもBも正しくない

出題
平成28年度第1回
平成27年度第1回
平成26年度第1回

P.156
A：法第4条第1項・第2項

P.154
B：法第3条

解説　①Aのみ正しい。
A　法第4条第1項・第2項の規定のとおりで，正しい。また，「電気通信事業者の取扱中に係る通信の秘密は，犯罪捜査に必要であると総務大臣が認めた場合を除き，侵してはならない。」の出題もあるが，「犯罪捜査に必要であると総務大臣が認めた場合を除き，」の下線部分の規定はないので誤りである。
B　法第3条に「電気通信事業者の取扱中に係る通信は，検閲してはならない。」と規定されており，「犯罪捜査に必要であると総務大臣が認めた場合を除き」の規定はないので，誤りである。

---

〔9〕　電気通信事業法に規定する「検閲の禁止」，「秘密の保護」又は「利用の公平」について述べた次の文章のうち，誤っているものは，□□□である。

> ①　電気通信事業者の取扱中に係る通信は，犯罪捜査に必要であると総務大臣が認めた場合を除き，検閲してはならない。
> ②　電気通信事業に従事する者は，在職中電気通信事業者の取扱中に係る通信に関して知り得た他人の秘密を守らなければならない。その職を退いた後においても，同様とする。
> ③　電気通信事業者は，電気通信役務の提供について，不当な差別的取扱いをしてはならない。

出題
平成30年度第1回
②③：平成29年度第2回

P.154
①：法第3条

P.156
②：法第4条第2項
③：同第6条

解説　誤っているものは①。
①　法第3条の規定から「電気通信事業者の取扱中に係る通信は，犯罪捜査に必要であると総務大臣が認めた場合を除き，検閲してはならない。」のうち，下線のような規定はなく，いかなる場合も検閲してはならないので，誤りである。
②　同第4条第2項の規定に照らして，正しい。
③　同第6条の規定に照らして，正しい。

出題
平成27年度第2回

P.156
法第4条第2項

〔10〕　電気通信事業に従事する者は，在職中電気通信事業者の取扱中に係る□□□に関して知り得た他人の秘密を守らなければならない。その職を退いた後においても，同様とする。

> ①　通信　　②　事故　　③　犯罪捜査

解答
〔8〕　①
〔9〕　①
〔10〕　①

第 53 条(端末機器技術基準適合認定)

第 86 条第 1 項の規定により登録を受けた者(以下「登録認定機関」という。)は,その登録に係る技術基準適合認定(前条第 1 項の総務省令で定める技術基準に適合していることの認定をいう。以下同じ。)を受けようとする者から求めがあった場合には,総務省令で定めるところにより審査を行い,当該求めに係る端末機器(総務省令*4 で定める種類の端末設備の機器をいう。以下同じ。)が前条第 1 項の総務省令で定める技術基準に適合していると認めるときに限り,技術基準適合認定を行うものとする。

2　登録認定機関は,その登録に係る技術基準適合認定をしたときは,総務省令*5 で定めるところにより,その端末機器に技術基準適合認定をした旨の表示を付さなければならない。

第 3 項(省略)

> *4 〈関連条文:2.2 端末機器の技術基準適合認定等に関する規則〉
> 　　第 3 条(対象とする端末機器)
> *5 〈関連条文:2.2 端末機器の技術基準適合認定等に関する規則〉
> 　　第 10 条(表示)

第 54 条(省略)

第 55 条(表示が付されていないものとみなす場合)

登録認定機関による技術基準適合認定を受けた端末機器であって第53条第 2 項又は第68の 8 第 3 項の規定により表示が付されているものが第52条第 1 項の総務省令で定める技術基準に適合していない場合において,総務大臣が電気通信回線設備を利用する他の利用者の通信への妨害の発生を防止するため特に必要があると認めるときは,当該端末機器は,第53条第 2 項又は第68条の 8 第 3 項の規定による表示が付されていないものとみなす。

2　総務大臣は,前項の規定により端末機器について表示が付されていないものとみなされたときは,その旨を公示しなければならない。

第 56 条〜第 68 条の 12(省略)

(4) 電気通信事業法　第 69 条(端末設備の接続の検査),第 70 条(自営電気通信設備の接続)

第 69 条(端末設備の接続の検査)

利用者は,適合表示端末機器を接続する場合その他総務省令で定める場合を除き,電気通信事業者の電気通信回線設備に端末設備を接続したときは,当該電気通信事業者の検査を受け,その接続が第 52 条第 1 項の技術基準に適合していると認められた後でなければ,これを使用してはならない。これを変更したときも,同様とする。

2　電気通信回線設備を設置する電気通信事業者は,端末設備に異常がある場合その他電気通信役務の円滑な提供に支障がある場合において必要と認めるときは,利用者に対し,その端末設備の接続が第 52 条第 1 項の技術基準に適合するかどうかの検査を受けるべきことを求めることができる。この場合において,当該利用者は,正当な理由がある場合その他総務省令で定める場合を除き,その請求を拒んではならない。

第 3 項(省略)

解 説　法第４条第２項の規定から，答は①**通信**。また，**取扱中に係る通信，他人の秘密を守らなければ**が □ になった問題も出題されている。

（2）電気通信事業法　第6条～第9条，第29条

〔11〕　電気通信事業法に規定する「基礎的電気通信役務の提供」及び「利用の公平」について述べた次の二つの文章は，□。

A　基礎的電気通信役務を提供する電気通信事業者は，その適切，公平かつ安定的な提供に努めなければならない。

B　電気通信事業者は，端末設備を自営電気通信設備に接続する場合において，不当な差別的取扱いをしてはならない。

> ①　Aのみ正しい　　②　Bのみ正しい　　③　AもBも正しい
> ④　AもBも正しくない

（出題）
平成26年度第2回

☞ P.156
A：法第7条
B：法第6条

解 説　①**Aのみ正しい**。
A　法第7条の規定のとおりで，正しい。
B　法第6条の規定から「電気通信事業者は，端末設備を自営電気通信設備に接続する場合において，不当な差別的取扱いをしてはならない。」のうち，下線部分が誤り。正しくは「**電気通信役務の提供について**」。
また，Bの「自営電気通信設備に接続する場合において」が「**端末設備の技術基準適合認定審査の実施について**」になっている問題も出題されているが，誤りの記述である。

〔12〕　電気通信事業者は，天災，事変その他の非常事態が発生し，又は発生するおそれがあるときは，災害の予防若しくは救援，交通，通信若しくは電力の供給の確保又は □ のために必要な事項を内容とする通信を優先的に取り扱わなければならない。公共の利益のため緊急に行うことを要するその他の通信であって総務省令で定めるものについても，同様とする。

> ①　秩序の維持　　②　犯罪の防止　　③　人命の救助

（出題）
平成30年度第2回
平成28年度第1回

☞ P.156
法第8条第1項

解 説　法第8条第1項の規定から，答は①**秩序の維持**。また，**公共の利益**が □ になった問題も出題されている。

〔13〕　電気通信回線設備とは，送信の場所と受信の場所との間を接続する伝送路設備及びこれと一体として設置される □ 設備並びにこれらの附属設備をいう。

> ①　交換　　②　線路　　③　端末

（出題）
平成27年度第2回
平成26年度第2回

☞ P.156
法第9条第一号

解 説　法第9条の規定から，答は①**交換**。

解答
〔11〕　①
〔12〕　①
〔13〕　①

3　第1項及び第2項の検査に従事する者は，その身分を示す証明書を携帯し，関係人に提示しなければならない。

適合端末機器(法第68条の2条)
　第53条第2項(第104条第4項において準用する場合を含む。)，第58条(第104条第7項において準用する場合を含む。)若しくは第65条又は第68条の8第3項の規定により表示が付されている端末機器(第55条第1項(第61条，前条並びに第104条第4項及び第7項において準用する場合を含む。)の規定により表示が付されていないものとみなされたものを除く。以下「適合表示端末機器」という。)(以下省略)

第70条(自営電気通信設備の接続)

　電気通信事業者は，電気通信回線設備を設置する電気通信事業者以外の者からその電気通信設備(端末設備以外のものに限る。以下「**自営電気通信設備**」という。)をその電気通信回線設備に接続すべき旨の請求を受けたときは，次に掲げる場合を除き，その請求を拒むことができない。

一　その自営電気通信設備の接続が，総務省令で定める技術基準(当該電気通信事業者又は当該電気通信事業者とその電気通信設備を接続する他の電気通信事業者であって総務省令で定めるものが総務大臣の認可を受けて定める技術的条件を含む。)に適合しないとき。

二　その自営電気通信設備を接続することにより当該電気通信事業者の電気通信回線設備の保持が経営上困難となることについて当該電気通信事業者が総務大臣の認定を受けたとき。

(第2項省略)

（5）電気通信事業法　第71条(工事担任者による工事の実施及び監督)，第72条(工事担任者資格者証)，第73条(工事担任者試験)

第71条(工事担任者による工事の実施及び監督)

　利用者は，端末設備又は自営電気通信設備を接続するときは，工事担任者資格者証の交付を受けている者(以下「**工事担任者**」という。)に，当該工事担任者資格者証の種類に応じ，これに係る工事を行わせ，又は実地に監督させなければならない。ただし，総務省令で定める場合は，この限りでない。

2　工事担任者は，その工事の実施又は監督の職務を誠実に行わなければならない。

第72条(工事担任者資格者証)

　工事担任者資格者証の種類及び工事担任者が行い，又は監督することができる端末設備若しくは自営電気通信設備の接続に係る工事の範囲は，総務省令で定める。

2　第46条第3項から第5項[*6]まで及び第47条[*7]の規定は，工事担任者資格者証について準用する。この場合において，第46条第3項第一号中「電気通信主任技術者試験」[*6]とあるのは「**工事担任者試験**」と，同項第三号中「専門的知識及び能力」とあるのは「**知識及び技能**」と読み替えるものとする。

〈関連条文：電気通信事業法〉
*6 第46条(電気通信主任技術者資格者証)
*7 第47条(電気通信主任技術者資格者証の返納)

164

〔14〕　電気通信事業者が特定の者に対し不当な差別的取扱いを行っていると総務大臣が認めるときは，総務大臣は電気通信事業者に対し，利用者の利益又は　　　　　を確保するために必要な限度において，業務の方法の改善その他の措置をとるべきことを命ずることができる。

> ①　公共の利益　　②　社会の秩序　　③　通信の秘密

(出題)
平成29年度第2回
平成28年度第2回
平成27年度第1回

📖 P.158
法第29条第1項第二号

解説　　法第29条の規定から，答は①**公共の利益**。また，業務の方法の改善が　　　　になった問題も出題されている。

（3）電気通信事業法　第52条，55条

〔15〕　電気通信事業者は，利用者から端末設備をその電気通信回線設備(その損壊又は故障等による利用者の利益に及ぼす影響が軽微なものとして総務省令で定めるものを除く。)に接続すべき旨の請求を受けたときは，その接続が総務省令で定める　　　　　に適合しない場合その他総務省令で定める場合を除き，その請求を拒むことができない。

> ①　管理規程　　②　技術基準　　③　検査規格

(出題)
平成29年度第2回

📖 P.160
法第52第1項

解説　　法第52条第1項の規定から，答は②**技術基準**。

〔16〕　登録認定機関による技術基準適合認定を受けた端末機器であって電気通信事業法の規定により表示が付されているものが総務省令で定める技術基準に適合していない場合において，総務大臣が電気通信回線設備を利用する他の利用者の　　　　　の発生を防止するため特に必要があると認めるときは，当該端末機器は，同法の規定による表示が付されていないものとみなす。

> ①　通信への妨害　　②　電気通信設備への損傷
> ③　端末設備との間で鳴音

(出題)
平成29年度第1回

📖 P.162
法第55条第1項

解説　　第55条第1項の規定から，答は①**通信への妨害**。

（4）電気通信事業法　第69条，70条

〔17〕　電気通信事業法の「端末設備の接続の検査」において，電気通信事業者の電気通信回線設備と端末設備との接続の検査に従事する者は，その身分を示す　　　　　を携帯し，関係人に提示しなければならないと規定されている。

> ①　証明書　　②　免許証　　③　認定証

(出題)
平成29年度第2回
平成28年度第2回
平成27年度第1回

📖 P.164
法第69条第3項

解答

〔14〕	①
〔15〕	②
〔16〕	①
〔17〕	①

解説　　法第69条第3項の規定から，答は①**証明書**。

法規科目　第1問の標準問題

第 73 条（工事担任者試験）

　工事担任者試験は，端末設備及び自営電気通信設備の接続に関して必要な知識及び技能について行う。

2　第 48 条第 2 項及び第 3 項の規定は，工事担任者試験について準用する。この場合において，同条第 2 項中「電気通信主任技術者資格者証」とあるのは，「工事担任者資格者証」と読み替えるものとする。

第 73 条の 2 ～第 193 条（省略）

〔18〕　電気通信事業者は，[　　　　]を設置する電気通信事業者以外の者からその電気通信設備（端末設備以外のものに限る。以下「自営電気通信設備」という。）をその[　　　　]に接続すべき旨の請求を受けたとき，その自営電気通信設備の接続が，総務省令で定める技術基準に適合しないときは，その請求を拒むことができる。

（出題）
平成30年度第1回
平成29年度第1回
平成27年度第2回

📖 P.164
法第70条第1項第一号

> ① 移動端末設備　　② 端末機器　　③ 電気通信回線設備

解説　　法第70条第1項第一号の規定から，答は③**電気通信回線設備**。また，**技術基準**が[　　　　]になった問題も出題されている。

（5）電気通信事業法　第71条，第72条

〔19〕　利用者は，端末設備又は自営電気通信設備を[　　　　]するときは，工事担任者資格者証の交付を受けている者に，当該工事担任者資格者証の種類に応じ，これに係る工事を行わせ，又は実地に監督させなければならない。ただし，総務省令で定める場合は，この限りでない。

（出題）
平成30年度第1回
平成28年度第1回
平成26年度第2回

📖 P.164
法第71条第1項

> ① 接続　　② 開通　　③ 設置

解説　　法第71条第1項の規定から，答は①**接続**。また，**自営電気通信設備**が[　　　　]になった問題も出題されている。

〔20〕　電気通信事業法に規定する「工事担任者による工事の実施及び監督」及び「工事担任者資格者証」について述べた次の二つの文章は，[　　　　]。
A　工事担任者は，端末設備又は自営電気通信設備を接続する工事の実施又は監督の職務を誠実に行わなければならない。
B　工事担任者資格者証の種類及び工事担任者が行い，又は監督することができる端末設備若しくは自営電気通信設備の接続に係る工事の範囲は，総務省令で定める。

（出題）
平成30年度第2回
平成29年度第2回
平成28年度第2回
平成27年度第2回

📖 P.164
A：法第71条第2項
B：同第1項

> ① Aのみ正しい　　② Bのみ正しい　　③ AもBも正しい
> ④ AもBも正しくない

解説　　③**AもBも正しい**。
A　法第71条第2項の規定に照らして，正しい。
B　同第1項の規定に照らして，正しい。

法規科目　第1問の標準問題

解答	
〔18〕	③
〔19〕	①
〔20〕	③

（出題）
平成30年度第1回

☞ P.158
A：法第46条第3項第
　二号
☞ P.160
B：同第4項第一号

〔21〕　電気通信事業法に規定する「工事担任者資格者証」について述べた次の二つの文章は，□□□□□。

A　総務大臣は，工事担任者資格者証の交付を受けようとする者の養成課程で，総務大臣が総務省令で定める基準に適合するものであることの認定をしたものを受講した者に対し，工事担任者資格者証を交付する。

B　総務大臣は，電気通信事業法の規定により工事担任者資格者証の返納を命ぜられ，その日から1年を経過しない者に対しては，工事担任者資格者証の交付を行わないことができる。

① Aのみ正しい　　② Bのみ正しい　　③ AもBも正しい
④ AもBも正しくない

解　説　②Bのみ正しい。
A　法第72条第2項の基づく第46条第3項第二号の規定から「総務大臣は，…基準に適合するものであることの認定をしたものを受講した者に対し，…」のうち，下線部分が誤り。正しくは「**修了**」。
B　同条第4項第一号の規定に照らして，正しい。

（出題）
平成29年度第1回
平成26年度第1回

☞ P.164
法第72条第2項
☞ P.160
法第46条第3項第二号

〔22〕　総務大臣は，工事担任者資格者証の交付を受けようとする者の養成課程で，総務大臣が総務省令で定める基準に適合するものであることの□□□□□した者に対し，工事担任者資格者証を交付する。

① 認証をしたものを受講　　② 認定をしたものを修了
③ 認可をしたものに合格

解　説　法第72条第2項に基づく法第46条第3項第二号の規定から，答は②**認定をしたものを修了**。また，**養成課程**が□□□□□になった問題も出題されている。

（出題）
平成28年度第2回
平成26年度第2回

☞ P.164
法第72条第2項
☞ P.158
法第46条第3項

〔23〕　総務大臣は，次の（ⅰ）～（ⅲ）のいずれかに該当する者に対し，工事担任者資格者証を交付する。

（ⅰ）　工事担任者試験に合格した者

（ⅱ）　工事担任者資格者証の交付を受けようとする者の□□□□□で，総務大臣が総務省令で定める基準に適合するものであることの認定をしたものを修了した者

（ⅲ）　前記（ⅰ）及び（ⅱ）に掲げる者と同等以上の知識及び技能を有すると総務大臣が認定した者

① 専門講座　　② 認定学校等　　③ 養成課程

解答
〔21〕　②
〔22〕　②
〔23〕　③

解　説　法第72条第2項に基づく法46条第3項の規定から，答は③**養成課程**。また，（ⅲ）の**技能**が□□□□□になった問題も出題されている。

◆ 第1問の年度別出題法令一覧

〈凡例：*26-1：試験実施年度・実施回数を示す（平成26年度第1回）〉

出題法令内訳	*26-1	26-2	27-1	27-2	28-1	28-2	29-1	29-2	30-1	30-2
電気通信事業法										
第1条(目的)	●問1		●問1		●問1					●問1
第2条(定義)										
一　電気通信		●問1	●問1						●問1	
二　電気通信設備	●問1	●問1								●問1
三　電気通信役務	●問1				●問1	●問1		●問1		●問1
四　電気通信事業					●問1		●問1			
五　電気通信事業者	●問1				●問1					
六　電気通信業務										
第3条(検閲の禁止)	●問1		●問1		●問1			●問1		
第4条(秘密の保護)										
第1項	●問1		●問1		●問1					
第2項				●問1	●問1		●問1		●問1	
第6条(利用の公平)		●問1					●問1		●問1	
第7条(基礎的電気通信役務の提供)		●問1								
第8条(重要通信の確保)										
第1項						●問1				●問1
第9条(電気通信事業の登録)		●問1	●問1	●問1		●問1				
第29条(業務の改善命令)			●問1			●問1		●問1		
第46条(電気通信技術者資格者証)										
第3項	●問1	●問1				●問1	●問1		●問1	
第4項							●問1			
第52条(端末設備の接続の技術基準)							●問1			
第1項			●問1			●問1	●問1			●問1
第53条(端末機器技術基準適合認定)										
第2項										
第55条(表示が付されていないものとみなす場合)										
第1項							●問1			
第69条(端末設備の接続の検査)										
第2項										
第3項			●問1			●問1	●問1			
第70条(自営電気通信設備の接続)										
第1項				●問1		●問1			●問1	
第71条(工事担任者による工事の実施及び監督)										
第1項		●問1			●問1				●問1	●問1
第2項				●問1		●問1		●問1		●問1
第72条(工事担任者資格者証)										
第1項				●問1		●問1	●問1			
第2項	●問1	●問1				●問1				
電気通信事業法施行規則										
第2条(用語)										
第2項										
一　音声伝送役務	●問1				●問1	●問1		●問1		
二　データ伝送役務		●問1			●問1		●問1		●問1	
三　専用役務										●問1
第3条(登録を要しない電気通信事業)										
第1項										
一　端末系伝送路設備			●問1							

2.1 工事担任者規則

（1）工事担任者規則　第4条（資格者証の種類及び工事の範囲）

　第4条（資格者証の種類及び工事の範囲）

　　法第72条第1項の工事担任者資格者証（以下「資格者証」という。）の種類及び工事担任者が行い，又は監督することができる端末設備等の接続に係る工事の範囲は，次の表に掲げるとおりとする。

資格者証の種類	工　事　の　範　囲
AI 第1種	アナログ伝送路設備（アナログ信号を入出力とする電気通信回線設備をいう。以下同じ。）に端末設備等を接続するための工事及び総合デジタル通信用設備に端末設備等を接続するための工事
AI 第2種	アナログ伝送路設備に端末設備等を接続するための工事（端末設備等に収容される電気通信回線の数が50以下であって内線の数が200以下のものに限る。）及び総合デジタル通信用設備に端末設備等を接続するための工事（総合デジタル通信回線の数が毎秒64キロビット換算で50以下のものに限る。）
AI 第3種	アナログ伝送路設備に端末設備を接続するための工事（端末設備に収容される電気通信回線の数が1のものに限る。）及び総合デジタル通信用設備に端末設備を接続するための工事（総合デジタル通信回線の数が基本インタフェースで1のものに限る。）
DD 第1種	デジタル伝送路設備（デジタル信号を入出力とする電気通信回線設備をいう。以下同じ。）に端末設備等を接続するための工事。ただし，総合デジタル通信用設備に端末設備等を接続するための工事を除く。
DD 第2種	デジタル伝送路設備に端末設備等を接続するための工事（接続点におけるデジタル信号の入出力速度が毎秒100メガビット（主としてインターネットに接続するための回線にあっては，毎秒1ギガビット）以下のものに限る。）。ただし，総合デジタル通信用設備に端末設備等を接続するための工事を除く。
DD 第3種	デジタル伝送路設備に端末設備等を接続するための工事（接続点におけるデジタル信号の入出力速度が毎秒1ギガビット以下であって，主としてインターネットに接続するための回線に係るものに限る。）ただし，総合デジタル通信用設備に端末設備等を接続するための工事を除く。
AI・DD 総合種	アナログ伝送路設備又はデジタル伝送路設備に端末設備等を接続するための工事。

第5条〜第36条（省略）

（2）工事担任者規則　第37条（資格者証の交付の申請），第38条（資格者証の交付），第40条（資格者証の再交付），第41条（資格者証の返納）

　第37条（資格者証の交付の申請）

　　資格者証の交付を受けようとする者は，別表第10号に定める様式の申請書に次に掲げる書類を添えて，総務大臣に提出しなければならない。

一　氏名及び生年月日を証明する書類

二　写真（申請前6月以内に撮影した無帽，正面，上三分身，無背景の縦30ミリメートル，横24ミリメートルのもので，裏面に申請に係る資格及び氏名を記載したものと

■■■■■■■■ 第2問の標準問題 ■■■■■■■■

第2問 次の各文章の □□□□ 内に，それぞれの □□□□ の解答群の中から，「工事担任者規則」，「端末機器の技術基準適合認定等に関する規則」，「有線電気通信法」，「有線電気通信設備令」又は「不正アクセス行為の禁止等に関する法律」に規定する内容に照らして最も適したものを選び，その番号を記せ。

工事担任者規則の改正により，問題を新しい条文にあわせて補正しました。

2.1 （1）工事担任者規則　第4条

✓
□
□
□

〔1〕　DD第三種工事担任者は，デジタル伝送路設備に端末設備等を接続するための工事のうち，接続点におけるデジタル信号の入出力速度が毎秒1ギガビット以下であって，主として □□□□ に接続するための回線に係るものに限る工事を行い，又は監督することができる。ただし，総合デジタル通信用設備に端末設備等を接続するための工事を除く。

> ① 自営電気通信設備　② インターネット　③ 電子計算機

(出題)
平成25年度第1回

📖 P.170
工事担任者規則第4条

解説　工事担任者規則第4条の規定から，答は**②インターネット**。

□
□
□

〔2〕　工事担任者規則に規定する「資格者証の種類及び工事の範囲」について述べた次の文章のうち，誤っているものは，□□□□ である。

> ① AI第三種工事担任者は，アナログ伝送路設備に端末設備を接続するための工事のうち，端末設備に収容される電気通信回線の数が1のものに限る工事を行い，又は監督することができる。また，総合デジタル通信用設備に端末設備を接続するための工事のうち，総合デジタル通信回線の数が毎秒64キロビット換算で1のものに限る工事を行い，又は監督することができる。
>
> ② DD第二種工事担任者は，デジタル伝送路設備に端末設備等を接続するための工事のうち，接続点におけるデジタル信号の入出力速度が毎秒100メガビット（主としてインターネットに接続するための回線にあっては，毎秒1ギガビット）以下のものに限る工事を行い，又は監督することができる。ただし，総合デジタル通信用設備に端末設備等を接続するための工事を除く。
>
> ③ DD第三種工事担任者は，デジタル伝送路設備に端末設備等を接続するための工事のうち，接続点におけるデジタル信号の入出力速度が毎秒1ギガビット以下であって，主としてインターネットに接続するための回線に係るものに限る工事を行い，又は監督することができる。ただし，総合デジタル通信用設備に端末設備等を接続するための工事を除く。

(出題)
平成30年度第2回
平成29年度第1回
平成27年度第2回
平成26年度第1回
①：平成30年度第1回
③：平成30年度第1回
　　平成28年度第1回
　　平成27年度第1回
　　平成26年度第2回

📖 P.170
工担規則第4条

法規科目　第2問の標準問題

解答
〔1〕　②
〔2〕　①

する。第40条において同じ。）一枚

三　養成課程（交付を受けようとする資格者証のものに限る。）の修了証明書（養成課程の修了に伴い資格者証の交付を受けようとする者の場合に限る。）

第2項，第3項（省略）

第 38 条（資格者証の交付）

総務大臣は，前条の申請があったときは，別表第十一号に定める様式の資格者証を交付する。

2　前項の規定により資格者証の交付を受けた者は，端末設備等の接続に関する**知識及び技術**の向上を図るように努めなければならない。

第 39 条（削除）

第 40 条（資格者証の再交付）

工事担任者は，氏名に変更を生じたとき又は資格者証を**汚し，破り又は失った**ために資格者証の再交付の申請をしようとするときは，別表第十二号に定める様式の申請書に次に掲げる書類を添えて，総務大臣に提出しなければならない。

一　資格者証（資格者証を失った場合を除く。）

二　写真一枚

三　氏名の変更の事実を証明する書類（氏名に変更を生じたときに限る。）

2　総務大臣は，前項の申請があったときは，資格者証を再交付する。

第 41 条（資格者証の返納）

法第72条第2項において準用する法第47条の規定により資格者証の返納を命ぜられた者は，その処分を受けた日から10日以内にその資格者証を総務大臣に返納しなければならない。資格者証の再交付を受けた後失った資格者証を発見したときも同様とする。

第 41 条の 2〜第 57 条（省略）

2.2　端末機器の技術基準適合認定等に関する規則

（1）端末機器の適合認定等規則　第1条（目的），第3条（対象とする端末機器）

第1条（目的）

この規則は，端末機器の技術基準適合認定等に関する事項を定めることを目的とする。

第2条（省略）

第3条（対象とする端末機器）

法第53条第1項の総務省令で定める種類の端末設備の機器は，次の端末機器とする。

一　**アナログ電話用設備**（電話用設備（電気通信事業の用に供する電気通信回線設備であ

解説　誤っているものは①。
① 工事担任者規則第4条の規定から「AI第三種工事担任者は，アナログ伝送路設備に端末設備を接続するための工事のうち，端末設備に収容される電気通信回線の数が1のものに限る工事を…。また，総合デジタル通信用設備に端末設備を接続するための工事のうち，総合デジタル通信回線の数が毎秒64キロビット換算で1のものに限る工事を…。」のうち，下線部分が誤り。正しくは「**基本インタフェース**」。
②③ 同条の規定のとおりで，いずれも正しい。

---

〔3〕　工事担任者規則に規定する「資格者証の種類及び工事の範囲」について述べた次の文章のうち，誤っているものは，　　　　　である。

① DD第三種工事担任者は，デジタル伝送路設備に端末設備等を接続するための工事のうち，接続点におけるデジタル信号の入出力速度が毎秒1ギガビット以下であって，主としてインターネットに接続するための回線に係るものに限る工事及び総合デジタル通信用設備に端末設備等を接続するための工事を行い，又は監督することができる。

② AI第三種工事担任者は，アナログ伝送路設備に端末設備を接続するための工事のうち，端末設備に収容される電気通信回線の数が1のものに限る工事を行い，又は監督することができる。また，総合デジタル通信用設備に端末設備を接続するための工事のうち，総合デジタル通信回線の数が基本インタフェースで1のものに限る工事を行い，又は監督することができる。

③ AI・DD総合種工事担任者は，アナログ伝送路設備又はデジタル伝送路設備に端末設備等を接続するための工事を行い，又は監督することができる。

（出題）
平成29年度第2回
平成28年度第2回
②：平成28年度第1回
　　平成27年度第1回
　　平成26年度第2回

P.170
工事担任者規則第4条

解説　誤っているものは①。
① 工事担任者規則第4条に「DD第三種　デジタル伝送路設備に端末設備等を接続するための工事（接続点におけるデジタル信号の入出力速度が毎秒1ギガビット以下であって，主としてインターネットに接続するための回線に係るものに限る。）。ただし，総合デジタル通信用設備に端末設備等を接続するための工事を除く。」と規定されており，総合デジタル通信用設備に端末設備等を接続するための工事を行い，又は監督することはできないので，記述は誤りである。
　また，「毎秒1ギガビット」が「毎秒1メガビット」になった問題も出題されており，誤りである。
②③ 同第4条の規定のとおりで，正しい。

【関連問題】
○ AI第二種工事担任者は，アナログ伝送路設備に端末設備等を接続するための工事のうち，端末設備等に収容される電気通信回線の数が50以下であって内線の数が200以下のものに限る工事を行い，又は監督することができる。また，総合デジタル通信用設備に端末設備等を接続するための工事のうち，総合デジタル通信回線の数が毎秒64キロビット換算で100以下のものに限る工事を行い，又は監督することができる。
　解説　同第4条の規定から「AI第二種工事担任者は，アナログ伝送路設備に端末設備等を接続するための工事のうち，端末設備等に収容される電気通信回線の数が50以下であって内線の数が200以下のものに限る工事を行い，又は監督することができる。また，総合デジタル通信用設備に端末設備等を接続するための工事のうち，総合デジタル通信回線の数が毎秒64キロビット換算で100以下のものに限る工事を行い，又は監督することができる。」のうち，下線部分が誤り。正しくは，「50」。

（出題）
平成28年度第1回
平成27年度第1回
平成26年度第2回

P.170
工事担任者規則第4条

解答
〔3〕　①

法規科目　第2問の標準問題

って，主として音声の伝送交換を目的とする電気通信役務の用に供するものをいう。以下同じ。)であって，端末設備又は自営電気通信設備を接続する点においてアナログ信号を入出力とするものをいう。)**又は移動電話用設備**(電話用設備であって，端末設備又は自営電気通信設備との接続において電波を使用するものをいう。)に接続される**電話機，構内交換設備，ボタン電話装置，変復調装置，ファクシミリその他総務大臣**が別に告示する端末機器(第三号に掲げるものを除く。)

二　**インターネットプロトコル電話用設備**(電話用設備(電気通信番号規則(令和元年総務省令第四号)別表第一号に掲げる固定電話番号を使用して提供する音声伝送役務の用に供するものに限る。)であって，端末設備又は自営電気通信設備との接続にインターネットプロトコルを使用するものをいう。)に接続される**電話機，構内交換設備，ボタン電話装置，符号変換装置**(インターネットプロトコルと音声信号を相互に符号変換する装置をいう。)**，ファクシミリ**その他呼の制御を行う端末機器

三　**インターネットプロトコル移動電話用設備**(移動電話用設備(電気通信番号規則別表第四号に掲げる音声伝送携帯電話番号を使用して提供する音声伝送役務の用に供するものに限る。)であって，端末設備又は自営電気通信設備との接続においてインターネットプロトコルを使用するものをいう。)に接続される端末機器

第四号〜第2項(省略)，第4条〜第9条(省略)

（2）端末機器の適合認定等規則　第 10 条（表示）

第 10 条（表示）

　法第53条第2項の規定により表示を付するときは，次に掲げる方法のいずれかによるものとする。

一　様式第七号[*1]による表示を技術基準適合認定を受けた端末機器の見やすい箇所に付す方法(以下省略)

二〜三（省略）

第2項〜第3項（省略）

＊1　様式第七号(第10条，第22条，第29条及び第38条関係)

　表示は，次の様式に記号　A　及び技術基準適合認定番号又は記号　T　及び設計認証番号を付加したものとする。

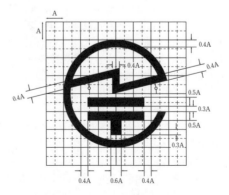

注1　大きさは，表示を容易に識別することができるものであること。

174

2.2 （2）端末機器の適合認定規則　第10条

〔4〕　端末機器の技術基準適合認定番号について述べた次の二つの文章は，
　　　　　　　　　である。

(出題)
平成26年度第1回
B：平成26年度第2回

📖 P.176
適合認定規則様式第七
号

　A　専用通信回線設備に接続される端末機器に表示される技術基準適合認定番
　　号の最初の文字は，Aである。

　B　総合デジタル通信用設備に接続される端末機器に表示される技術基準適合
　　認定番号の最初の文字は，Cである。

　　　　① Aのみ正しい　　② Bのみ正しい　　③ AもBも正しい
　　　　④ AもBも正しくない

解説　②Bのみ正しい。
　　　A　端末機器の技術基準適合認定等に関する規則様式第七号の規定から，認定番号
　　　　の最初の文字はDであるので，記述は誤りである。
　　　B　同規則の規定のとおりで，正しい。

【関連問題】
○　移動電話用設備(インターネットプロトコル移動電話用設備を除く。)に接続
　　される端末機器に表示される技術基準適合認定番号の最初の文字は，Aであ
　　る。
　　解説　正しい記述である。

(出題)
平成27年度第2回
平成26年度第2回

📖 P.176
適合認定規則様式第七
号

〔5〕　端末機器の技術基準適合認定等に関する規則に規定する，端末機器の技術
　　　基準適合認定番号について述べた次の文章のうち，誤っているものは，
　　　　　　　　　である。

(出題)
平成29年度第2回
①②：平成27年度第2回

📖 P.176
適合認定等規則様式第
七号

　①　総合デジタル通信用設備に接続される端末機器に表示される技術基準適
　　合認定番号の最初の文字は，C である。
　②　専用通信回線設備に接続される端末機器に表示される技術基準適合認定
　　番号の最初の文字は，B である。
　③　インターネットプロトコル移動電話用設備に接続される端末機器に表示
　　される技術基準適合認定番号の最初の文字は，F である。

解説　誤っているものは②。
　　　①　端末機器の技術基準適合認定等に関する規則様式第七号の規定のとおりで，正
　　　　しい。
　　　②　同様式第七号に，専用通信回線設備に接続される端末機器に表示される技術基
　　　　準適合認定番号の最初の文字はDと規定されているので，記述は誤りである。
　　　③　同様式第七号の規定のとおりで，正しい。

解答
〔4〕　②
〔5〕　②

法規科目　第2問の標準問題

2　材料は，容易に損傷しないものであること（省略）。

3　色彩は，適宜とする。ただし，表示を容易に識別することができるものであること。

4　技術基準適合認定番号又は設計認証番号の最後の3文字は，総務大臣が別に定める登録認定機関又は承認認定機関の区別とし，最初の文字は端末機器の種類に従い次表に定めるとおりとし，その他の文字等は総務大臣が別に定めるとおりとすること。なお，技術基準適合認定又は設計認証が，2以上の種類の端末機器が構造上一体となっているものについて同時になされたものであるときには，当該種類の端末機器について，次の表に掲げる記号を列記するものとする。

端末機器の種類		記号
一	アナログ電話用設備又は移動電話用設備に接続される端末機器（＊2）	A
二	インターネットプロトコル電話用設備に接続される端末機器	E
三	インターネットプロトコル移動電話用設備に接続される端末機器	F
四	無線呼出用設備に接続される端末機器	B
五	総合デジタル通信用設備に接続される端末機器	C
六	専用通信回線設備又はデジタルデータ伝送用設備に接続される端末機器	D

＊2　インターネットプロトコル移動電話用設備に接続される端末機器を除く。

第11条～第54条（省略）

2.3　有線電気通信法

（1）有線電気通信法　第1条（目的），第2条（定義），第3条（有線電気通信設備の届出），第5条（技術基準）

第1条（目的）

　　この法律は，有線電気通信設備の設置及び使用を規律し，有線電気通信に関する秩序を確立することによって，公共の福祉の増進に寄与することを目的とする。

第2条（定義）

　　この法律において「有線電気通信」とは，送信の場所と受信の場所との間の線条その他の導体を利用して，電磁的方式により，符号，音響又は影像を送り，伝え，又は受けることをいう。

2　この法律において「有線電気通信設備」とは，有線電気通信を行うための機械，器具，線路その他の電気的設備（無線通信用の有線連絡線を含む。）をいう。

第3条（有線電気通信設備の届出）

　　有線電気通信設備を設置しようとする者は，次の事項を記載した書類を添えて，設置の工事の開始の日の2週間前まで（工事を要しないときは，設置の日から2週間以内）に，その旨を総務大臣に届け出なければならない。

一　有線電気通信の方式の別

二　設備の設置の場所

三　設備の概要

〔6〕　端末機器の技術基準適合認定等に関する規則において，インターネットプロトコル移動電話用設備に接続される端末機器に表示される技術基準適合認定番号の最初の文字は，□□□□と規定されている。

(出題)
平成29年度第1回

P.176
適合認定等規則様式第七号

　　　　　①　D　　②　E　　③　F

解説　端末機器の技術基準適合認定等に関する規則様式第七号の規定から，答は③F。

〔7〕　端末機器の技術基準適合認定等に関する規則において，□□□□に接続される端末機器に表示される技術基準適合認定番号の最初の文字は，Fであると規定されている。

(出題)
平成30年度第1回
平成28年度第1回

　①　インターネットプロトコル電話用設備　　②　デジタルデータ伝送用設備
　③　インターネットプロトコル移動電話用設備

解説　端末機器の技術基準適合認定等に関する規則様式第七号の規定から，答は③**インターネットプロトコル移動電話用設備**。

【関連問題】
○　□□□□に接続される端末機器に表示される技術基準適合認定番号の最初の文字は，Cと規定されている。
　　解説　答は総合デジタル通信用設備である。

(出題)
平成28年度第2回

○　□□□□に接続される端末機器に表示される技術基準適合認定番号の最初の文字は，Dである。
　　解説　答は専用通信回線設備である。

(出題)
平成27年度第1回

○　□□□□に接続される端末機器に表示される技術基準適合認定番号の最初の文字は，Eと規定されている。
　　解説　答はインターネットプロトコル電話用設備である。

(出題)
平成30年度第2回

P.176
適合認定等規則様式第七号

2.3　(1)有線電気通信法　第1条〜第3条，第5条

〔8〕　有線電気通信法は，有線電気通信設備の設置及び使用を規律し，有線電気通信に関する□□□□することによって，公共の福祉の増進に寄与することを目的とする。

(出題)
平成29年度第2回
平成26年度第2回

P.176
有線電気通信法第1条

　　　　①　秩序を確立　　②　競争を促進　　③　規格を統一

解説　有線電気通信法第1条の規定から，答は①**秩序を確立**。また，**設置及び使用，規律**が□□□□になった問題も出題されている。

解答
〔6〕　③
〔7〕　③
〔8〕　①

法規科目　第2問の標準問題

第2項〜第4条（省略）

第5条（技術基準）

　有線電気通信設備（政令で定めるものを除く。）は，政令で定める技術基準に適合するものでなければならない。

2　前項の技術基準は，これにより次の事項が確保されるものとして定められなければならない。

　一　有線電気通信設備は，他人の設置する有線電気通信設備に**妨害を与えない**ようにすること。

　二　有線電気通信設備は，**人体に危害を及ぼし，又は物件に損傷を与えない**ようにすること。

（2）有線電気通信法　第6条（設備の検査等），第7条（設備の改善等の措置）

　第6条（設備の検査等）

　総務大臣は，この法律の施行に必要な限度において，有線電気通信設備を設置した者からその設備に関する報告を徴し，又はその職員に，その事務所，営業所，工場若しくは事業場に立ち入り，その設備若しくは帳簿書類を検査させることができる。

2　前項の規定により立入検査をする職員は，その身分を示す証明書を携帯し，関係人に提示しなければならない。

3　第1項の規定による検査の権限は，犯罪捜査のために認められたものと解してはならない。

　第7条（設備の改善等の措置）

　総務大臣は，有線電気通信設備を設置した者に対し，その設備が第5条の**技術基準に適合しない**ため他人の設置する有線電気通信設備に妨害を与え，又は人体に危害を及ぼし，若しくは物件に損傷を与えると認めるときは，その**妨害**，危害又は**損傷の防止**又は除去のため必要な限度において，その設備の**使用の停止**又は改造，修理その他の措置を命ずることができる。

第2項（省略）

第8条〜第18条（省略）

2.4　有線電気通信設備令

（1）有線電気通信設備令　第1条（定義）

第1条（定義）

　この政令及びこの政令に基づく命令の規定の解釈に関しては，次の定義に従うものとする。

　一　**電線**　有線電気通信（送信の場所と受信の場所との間の線条その他の導体を利用して，電磁的方式により信号を行うことを含む。）を行うための導体（絶縁物又は保護物で被覆されている場合は，これらの物を含む。）であって，強電流電線に重畳される通

〔9〕　有線電気通信法に規定する「技術基準」について述べた次の二つの文章は，　　　　。

A　有線電気通信設備(政令で定めるものを除く。)の技術基準により確保されるべき事項の一つとして，有線電気通信設備は，他人の設置する有線電気通信設備に妨害を与えないようにすることがある。

B　有線電気通信設備(政令で定めるものを除く。)の技術基準により確保されるべき事項の一つとして，有線電気通信設備は，重要通信に付される識別符号を判別できるようにすることがある。

① Aのみ正しい　　② Bのみ正しい　　③ AもBも正しい
④ AもBも正しくない

(出題)
平成30年度第2回
平成28年度第1回
A：平成27年度第2回

🖙 P.178
A：有線法第5条第2項第一号
B：同第二号

解　説　①Aのみ正しい。
A　有線電気通信法第5条第2項第一号の規定に照らして，正しい。
B　同第二号の規定から「…有線電気通信設備は，重要通信に付される識別符号を判別できるようにする…」のうち，下線部分が誤り。正しくは**人体に危害を及ぼし，又は物件に損傷を与えない**。

〔10〕　有線電気通信法に規定する「目的」又は「技術基準」について述べた次の文章のうち，正しいものは，　　　　である。

① 有線電気通信法は，有線電気通信設備の設置及び態様を規律し，有線電気通信に関する役務を提供することによって，公共の福祉の増進に寄与することを目的とする。

② 有線電気通信設備(政令で定めるものを除く。)の技術基準により確保されるべき事項の一つとして，有線電気通信設備は，他人の設置する有線電気通信設備に妨害を与えないようにすることがある。

③ 有線電気通信設備(政令で定めるものを除く。)の技術基準により確保されるべき事項の一つとして，有線電気通信設備は，重要通信に付される識別符号を判別できるようにすることがある。

(出題)
平成29年度第1回
平成27年度第1回
③：平成27年度第2回

🖙 P.176
①：有線法第1条
🖙 P.178
②：同第5条第2項第一号
③：同第二号

解　説　正しいものは②。
① 有線電気通信法第1条の規定から「有線電気通信法は，有線電気通信設備の設置及び態様を規律し，有線電気通信に関する役務を提供することによって，公共の福祉の増進に寄与することを目的とする。」のうち，下線部分が誤り。正しくは「**秩序を確立**」。
② 同第5条第2項第一号の規定に照らして，正しい。
③ 同第二号の規定から「…有線電気通信設備は，重要通信に付される識別符号を判別できるようにすることがある。」のうち，下線部分が誤り。正しくは「**人体に危害を及ぼし，又は物件に損傷を与えない**」。

法規科目　第2問の標準問題

解答
〔9〕　①
〔10〕　②

信回線に係るもの以外のもの

二　**絶縁電線**　絶縁物のみで被覆されている電線

三　**ケーブル**　光ファイバ並びに光ファイバ以外の絶縁物及び保護物で被覆されている電線

四　**強電流電線**　強電流電気の伝送を行うための**導体**（絶縁物又は保護物で被覆されている場合は，これらの物を含む。）

五　**線路**　送信の場所と受信の場所との間に設置されている電線及びこれに係る中継器その他の機器（これらを支持し，又は**保蔵するための工作物を含む**。）

六　**支持物**　電柱，支線，つり線その他電線又は強電流電線を支持するための工作物

七　**離隔距離**　線路と他の物体（線路を含む。）とが**気象条件による位置の変化により**最も接近した場合におけるこれらの物の間の距離

八　**音声周波**　周波数が 200 ヘルツを超え，3,500 ヘルツ以下の電磁波

九　**高周波**　周波数が 3,500 ヘルツを超える電磁波

十　**絶対レベル**　一の皮相電力の 1 ミリワットに対する比をデシベルで表したもの

十一　**平衡度**　通信回線の中性点と大地との間に起電力を加えた場合におけるこれらの間に生ずる電圧と通信回線の端子間に生ずる電圧との比を**デシベル**で表したもの

第2条（省略）

（2）有線電気通信設備令　第2条の2（使用可能な電線の種類），第4条（線路の電圧及び通信回線の電力）

第2条の2（使用可能な電線の種類）

　　有線電気通信設備に使用する電線は，**絶縁電線又はケーブル**でなければならない。ただし，総務省令で定める場合は，この限りでない。

第3条（省略）

第4条（線路の電圧及び通信回線の電力）

　　通信回線の線路の電圧は，**100 ボルト**以下でなければならない。ただし，電線として**ケーブルのみ**を使用するとき，又は人体に危害を及ぼし，若しくは物件に損傷を与えるおそれがないときは，この限りでない。

第2項（省略）

第5条～第19条（省略）

2.5　不正アクセス行為の禁止等に関する法律

（1）不正アクセス行為の禁止等に関する法律　第1条（目的），第2条（定義），第3条（不正アクセス行為の禁止）

第1条（目的）

　　この法律は，不正アクセス行為を禁止するとともに，これについての罰則及びその再

〔11〕　有線電気通信法の「有線電気通信設備の届出」において，有線電気通信設備（その設置について総務大臣に届け出る必要のないものを除く。）を設置しようとする者は，有線電気通信の方式の別，□□□□及び設備の概要を記載した書類を添えて，設置の工事の開始の日の2週間前まで（工事を要しないときは，設置の日から2週間以内）に，その旨を総務大臣に届け出なければならないと規定されている。

- ① 端末設備の接続の技術的条件　　② 設備の設置の場所
- ③ 設備構成図

（出題）
平成28年度第2回
平成26年度第1回

🕮 P.176
有線電気通信法第3条
第1項第二号

解　説　有線電気通信法第3条第1項第二号の規定から，答は**②設備の設置の場所**。また，方式の別，設備の概要が□□□□になった問題も出題されている。

---

〔12〕　総務大臣は，有線電気通信法の施行に必要な限度において，有線電気通信設備を□□□□からその設備に関する報告を徴し，又はその職員に，その事務所，営業所，工場若しくは事業場に立ち入り，その設備若しくは帳簿書類を検査させることができる。

- ① 設置した者　　② 管理する者　　③ 運用する者

（出題）
平成30年度第1回

🕮 P.178
有線法第6条第1項

解　説　①設置した者。
有線電気通信法第6条第1項の規定から答は**設置した者**。

2.4　（1）有線電気通信設備令　第1条

〔13〕　有線電気通信設備令に規定する用語について述べた次の文章のうち，誤っているものは，□□□□である。

- ① ケーブルとは，光ファイバ並びに光ファイバ以外の絶縁物及び保護物で被覆されている電線をいう。
- ② 高周波とは，周波数が3,500ヘルツを超える電磁波をいう。
- ③ 音声周波とは，周波数が250ヘルツを超え，3,000ヘルツ以下の電磁波をいう。

（出題）
平成30年度第2回
①：平成29年度第1回
③：平成29年度第1回
　　平成27年度第2回

🕮 P.180
①：設備令第1条第三号
②：同第九号
③：同第八号

解　説　誤っているものは③。
① 有線電気通信設備令第1条第三号の規定に照らして，正しい。
② 同第九号の規定に照らして，正しい。
③ 同第八号の規定から「音声周波とは，周波数が250ヘルツを超え，3,000ヘルツ以下の電磁波をいう。」のうち，下線部分が誤り。正しくは**200，3,500**。

解答
〔11〕　②
〔12〕　①
〔13〕　③

発防止のための都道府県公安委員会による援助措置等を定めることにより，電気通信回線を通じて行われる**電子計算機に係る犯罪の防止及びアクセス制御機能により実現される電気通信に関する秩序の維持**を図り，もって**高度情報通信社会の健全な発展**に寄与することを目的とする。

第2条（定義）

この法律において「**アクセス管理者**」とは，電気通信回線に接続している電子計算機（以下「特定電子計算機」という。）の利用（当該電気通信回線を通じて行うものに限る。以下「特定利用」という。）につき当該特定電子計算機の**動作を管理する者**をいう。

2　この法律において「**識別符号**」とは，特定電子計算機の特定利用をすることについて当該特定利用に係るアクセス管理者の許諾を得た者（以下「利用権者」という。）及び当該アクセス管理者（以下この項において「利用権者等」という。）に，当該アクセス管理者において当該利用権者等を他の利用権者等と区別して識別することができるように付される符号であって，次のいずれかに該当するもの又は次のいずれかに該当する符号とその他の符号を組み合わせたものをいう。

一　当該アクセス管理者によってその内容をみだりに第三者に知らせてはならないものとされている符号

二　当該利用権者等の身体の全部若しくは一部の影像若しくは音声を用いて当該アクセス管理者が定める方法により作成される符号

三　当該利用権者等の署名を用いて当該アクセス管理者が定める方法により作成される符号

3　この法律において「**アクセス制御機能**」とは，特定電子計算機の特定利用を自動的に制御するために当該特定利用に係るアクセス管理者によって当該特定電子計算機又は当該特定電子計算機に電気通信回線を介して接続された他の特定電子計算機に付加されている機能であって，当該特定利用をしようとする者により当該機能を有する特定電子計算機に入力された符号が当該特定利用に係る識別符号（識別符号を用いて当該アクセス管理者の定める方法により作成される符号と当該識別符号の一部を組み合わせた符号を含む。次項第一号及び第二号において同じ。）であることを確認して，当該特定利用の制限の全部又は一部を解除するものをいう。

第4項（省略）

第3条（不正アクセス行為の禁止）

何人も，不正アクセス行為をしてはならない。

第4条〜第 14 条（省略）

〔14〕　有線電気通信設備令に規定する用語について述べた次の文章のうち，<u>誤っ</u>
<u>ているもの</u>は，□□□である。

（出題）
平成25年度第1回

📖 P.180
①：有設令第1条第三号
②：　同　　第二号
③：　同　　第四号

①　ケーブルとは，光ファイバ並びに光ファイバ以外の絶縁物及び保護物で
被覆されている電線をいう。

②　絶縁電線とは，絶縁物のみで被覆されている電線をいう。

③　強電流電線とは，強電流電気の伝送を行うための導体のほか，つり線，
支線などの工作物を含めたものをいう。

解説　　誤っているものは③。
①　有線設備令第1条第三号の規定のとおりで，正しい。
②　同第1条第二号の規定のとおりで，正しい。
③　同第1条第四号から「強電流電線とは，強電流電気の伝送を行うための導体のほ
<u>か，つり線，支線などの工作物を含めたものをいう。</u>」のうち，下線部分が誤り。正
しくは「**（絶縁物又は保護物で被覆されている場合は，これらの物を含む。）**」である。

〔15〕　有線電気通信設備令に規定する用語について述べた次の文章のうち，正し
いものは，□□□である。

（出題）
平成29年度第2回
平成28年度第1回
平成26年度第2回

📖 P.180
①：有線電気通信設備
　令第1条第四号
②：同第三号
②：同第二号

①　強電流電線とは，強電流電気の伝送を行うための導体（絶縁物又は保護物
で被覆されている場合は，これらの物を含む。）をいう。

②　ケーブルとは，光ファイバ以外の絶縁物のみで被覆されている電線をい
う。

③　絶縁電線とは，絶縁物又は保護物で被覆されている電線をいう。

解説　　正しいものは①。
①　有線電気通信設備令第1条第四号の規定のとおりで，正しい。
②　同第三号の規定から「ケーブルとは，<u>光ファイバ以外の絶縁物のみで被覆され</u>
<u>ている電線をいう。</u>」のうち，下線部分が誤り。正しくは「**光ファイバ並びに光フ**
ァイバ以外の絶縁物及び保護物」。
③　同第二号の規定から「絶縁電線とは，<u>絶縁物又は保護物で被覆されている電線</u>
<u>をいう。</u>」のうち，下線部分が誤り。正しくは「**絶縁物のみ**」。

法規科目　第2問の標準問題

解答
〔14〕　③
〔15〕　①

（出題）
平成30年度第1回
①：平成28年度第2回
　　平成27年度第2回
　　平成27年度第1回
　　平成26年度第1回
②：平成28年度第2回

☞ P.180
①：設備令第1条第五号
②：同第二号
③：同第十号

〔16〕　有線電気通信設備令に規定する用語について述べた次の文章のうち，誤っているものは，□□□である。

---

① 線路とは，送信の場所と受信の場所との間に設置されている電線及びこれに係る中継器その他の機器（これらを支持し，又は保蔵するための工作物を含む。）をいう。

② 絶縁電線とは，絶縁物又は保護物で被覆されている電線をいう。

③ 絶対レベルとは，一の皮相電力の1ミリワットに対する比をデシベルで表わしたものをいう。

解説　誤っているものは②。
① 有線電気通信設備令第1条第五号の規定に照らして，正しい。
② 同第二号の規定から「絶縁電線とは，絶縁物又は保護物で被覆されている電線をいう。」のうち，下線部分が誤り。正しくは**絶縁物のみ**。
③ 同第十号の規定に照らして，正しい。

【関連問題】

（出題）
平成29年度第1回
平成27年度第2回

☞ P.180
有設令第1条第六号

○ 支持物とは，電柱，支線，つり線その他電線又は強電流電線を支持するための工作物をいう。
　解説　有線電気設備令第1条第六号の規定のとおりで，正しい。

（出題）
平成27年度第1回
平成26年度第1回

☞ P.180
有設令第1条第六号

○ 支持物とは，電柱，支線，つり線その他電線又は電気通信設備を支持するための工作物をいう。
　解説　同第六号の規定から「支持物とは，…電線又は電気通信設備を支持…」のうち，下線部分が誤り。正しくは「**強電流電線**」。

（出題）
平成26年度第1回

☞ P.180
有設令第1条第八号

○ 音声周波とは，周波数が200ヘルツを超え，3,500ヘルツ以下の電磁波をいう。
　解説　同第八号の規定のとおりで，正しい。

解答
〔16〕　②

184

2.5　（1）不正アクセス行為の禁止等に関する法律　第1条〜第3条

〔17〕　不正アクセス行為の禁止等に関する法律は，不正アクセス行為を禁止するとともに，これについての罰則及びその再発防止のための都道府県公安委員会による援助措置等を定めることにより，電気通信回線を通じて行われる　　　　　　に係る犯罪の防止及びアクセス制御機能により実現される電気通信に関する秩序の維持を図り，もって高度情報通信社会の健全な発展に寄与することを目的とする。

> ①　電子計算機　　②　インターネット通信　　③　不正ログイン

解　説　不正アクセス行為の禁止等に関する法律第1条の規定から，答は①**電子計算機**。また，**再発防止，アクセス制御機能，秩序の維持**が　　　　になった問題も出題されている。

（出題）
平成30年度第2回
平成29年度第1回
平成26年度第2回
平成26年度第1回

📖 P.180
不正アクセス禁止法第
　1条

〔18〕　不正アクセス行為の禁止等に関する法律において，アクセス管理者とは，電気通信回線に接続している電子計算機（以下「特定電子計算機」という。）の利用（当該電気通信回線を通じて行うものに限る。）につき当該特定電子計算機の　　　　　　する者をいう。

> ①　接続を制限　　②　動作を管理　　③　利用を監視

解　説　不正アクセス行為の禁止等に関する法律第2条第1項の規定から，答は②**動作を管理**。

（出題）
平成30年度第1回
平成28年度第1回
平成27年度第1回

📖 P.182
不正アクセス禁止法第
　2条第1項

法規科目　第2問の標準問題

解答
〔17〕　①
〔18〕　②

（出題）
平成29年度第2回
平成28年度第2回
平成27年度第2回

☞ P.182
不正アクセス禁止法第
　2条第3項

〔19〕　不正アクセス行為の禁止等に関する法律において，アクセス制御機能とは，特定電子計算機の特定利用を自動的に制御するために当該特定利用に係るアクセス管理者によって当該特定電子計算機又は当該特定電子計算機に電気通信回線を介して接続された他の特定電子計算機に付加されている機能であって，当該特定利用をしようとする者により当該機能を有する特定電子計算機に入力された符号が当該特定利用に係る□□□□であることを確認して，当該特定利用の制限の全部又は一部を解除するものをいう。

① 秘密鍵　　② 電磁的記録　　③ 識別信号

解説　　不正アクセス行為の禁止等に関する法律第2条第3項の規定から，答は**③識別信号**。また，**制限，解除**が□□□□になった問題も出題されている。

解答
〔19〕　③

186

◆ 第2問の年度別出題法令一覧

〈凡例：*26-1：試験実施年度・実施回数を示す(平成26年度第1回)〉

出 題 法 令 内 訳	*26-1	26-2	27-1	27-2	28-1	28-2	29-1	29-2	30-1	30-2
工事担任者規則										
第4条(資格者証の種類及び工事の範囲)										
AI・DD総合種						●問2		●問2		
AI 2種		●問2	●問2		●問2					
AI 3種	●問2	●問2	●問2	●問2	●問2	●問2	●問2	●問2	●問2	●問2
DD 2種	●問2				●問2		●問2			●問2
DD 3種	●問2	●問2	●問2	●問2	●問2	●問2	●問2	●問2	●問2	●問2
技術基準適合認定規則										
第3条(対象とする端末機器)										
第10条(表示)様式第7号	●問2	●問2	●問2	●問2	●問2	●問2	●問2	●問2	●問2	●問2
有線電気通信法										
第1条(目的)		●問2	●問2	●問2			●問2	●問2		
第2条(定義)										
第1項										
第2項										
第3条(有線電気通信設備の届出)										
第1項	●問2					●問2				
第5条(技術基準)										
第2項 第1号，第2号			●問2	●問2	●問2		●問2			●問2
第6条(設備の検査等)										
第1項								●問2		
有線電気通信設備令										
第1条(定義)										
一　電線										
二　絶縁電線		●問2			●問2	●問2		●問2	●問2	
三　ケーブル		●問2			●問2		●問2	●問2		●問2
四　強電流電線		●問2			●問2		●問2			
五　線路	●問2		●問2	●問2		●問2			●問2	
六　支持物	●問2		●問2	●問2		●問2	●問2			
七　離隔距離										
八　音声周波	●問2			●問2		●問2				●問2
九　高周波										●問2
十　絶対レベル								●問2		
十一　平衡度										
第2条の2(使用可能な電線の種類)										
不正アクセス行為の禁止等に関する法律										
第1条(目的)	●問2	●問2				●問2				●問2
第2条(定義)										
第1項			●問2		●問2			●問2		
第2項										
第3項				●問2		●問2	●問2			

法規科目　第2問の標準問題

3.1 端末設備等規則（Ⅰ）

（1）端末設備等規則　第2条（定義）

 第2条（定義）

　この規則において使用する用語は，法において使用する用語の例による。

2　この規則の規定の解釈については，次の定義に従うものとする。

　一　「**電話用設備**」とは，電気通信事業の用に供する**電気通信回線設備**であって，主として音声の伝送交換を目的とする電気通信役務の用に供するものをいう。

　二　「**アナログ電話用設備**」とは，電話用設備であって，端末設備又は自営電気通信設備を接続する点においてアナログ信号を入出力とするものをいう。

　三　「**アナログ電話端末**」とは，端末設備であって，アナログ電話用設備に接続される点において2線式の接続形式で接続されるものをいう。

　四　「**移動電話用設備**」とは，電話用設備であって，端末設備又は**自営電気通信設備**との接続において電波を使用するものをいう。

　五　「**移動電話端末**」とは，端末設備であって，**移動電話用設備**に接続されるものをいう。

　六　「**インターネットプロトコル電話用設備**」とは，電話用設備（電気通信番号規則（令和元年総務省令第四号）別表第一号に掲げる固定電話番号を使用して提供する音声伝送役務の用に供するものに限る。）であって，端末設備又は自営電気通信設備との接続にインターネットプロトコルを使用するものをいう。

　七　「**インターネットプロトコル電話端末**」とは，端末設備であって，インターネットプロトコル電話用設備に接続されるものをいう。

　八　「**インターネットプロトコル移動電話用設備**」とは，移動電話用設備（電気通信番号規則別表第四号に掲げる音声伝送携帯電話番号を使用して提供する音声伝送役務の用に供するものに限る。）であって，端末設備又は自営電気通信設備との接続においてインターネットプロトコルを使用するものをいう。

　九　「**インターネットプロトコル移動電話端末**」とは，端末設備であって，インターネットプロトコル移動電話用設備に接続されるものをいう。

　十　「**無線呼出用設備**」とは，電気通信事業の用に供する電気通信回線設備であって，無線によって利用者に対する呼出し（これに付随する通報を含む。）を行うことを目的とする電気通信役務の用に供するものをいう。

　十一　「**無線呼出端末**」とは，端末設備であって，**無線呼出用設備**に接続されるものをいう。

　十二　「**総合デジタル通信用設備**」とは，電気通信事業の用に供する電気通信回線設備であって，主として64キロビット毎秒を単位とするデジタル信号の伝送速度により，符号，音声その他の音響又は影像を統合して伝送交換することを目的とする電気通信役務の用に供するものをいう。

　十三　「**総合デジタル通信端末**」とは，端末設備であって，**総合デジタル通信用設備**に接続されるものをいう。

第3問・第4問の標準問題

第3問・第4問　次の各文章の　　　　内に，それぞれの　　　　の解答群の中から，「端末設備等規則」に規定する内容に照らして最も適したものを選び，その番号を記せ。

3.1　（1）端末設備等規則　第2条

〔1〕　用語について述べた次の文章のうち，誤っているものは，　　　　である。

① インターネットプロトコル移動電話端末とは，端末設備であって，インターネットプロトコル移動電話用設備又はデジタルデータ伝送用設備に接続されるものをいう。

② アナログ電話用設備とは，電話用設備であって，端末設備又は自営電気通信設備を接続する点においてアナログ信号を入出力とするものをいう。

③ デジタルデータ伝送用設備とは，電気通信事業の用に供する電気通信回線設備であって，デジタル方式により，専ら符号又は影像の伝送交換を目的とする電気通信役務の用に供するものをいう。

（出題）
平成29年度第2回
平成28年度第1回
③：平成27年度第1回

☞ P.188
①：端末設備等規則第2条第九号
②：同第二号

☞ P.190
③：同第十五号

解 説　誤っているものは①。
① 端末設備等規則第2条第九号の規定から「インターネットプロトコル移動電話端末とは，端末設備であって，インターネットプロトコル移動電話用設備又はデジタルデータ伝送用設備に接続されるものをいう。」のうち下線部分が誤りであり，デジタルデータ伝送用設備は該当しない。
② 同第二号の規定に照らして，正しい。
③ 同第十五号の規定に照らして，正しい。

〔2〕　用語について述べた次の文章のうち，誤っているものは，　　　　である。

① アナログ電話用設備とは，電話用設備であって，端末設備又は自営電気通信設備を接続する点において音声信号を入出力とするものをいう。

② インターネットプロトコル電話端末とは，端末設備であって，インターネットプロトコル電話用設備に接続されるものをいう。

③ 選択信号とは，主として相手の端末設備を指定するために使用する信号をいう。

（出題）
平成28年度第2回
③：平成26年度第1回

☞ P.188
①：端末設備等規則第2条第2項第二号
②：同第七号

☞ P.190
③：同第十九号

解 説　誤っているものは①。
① 端末設備等規則第2条第2項第二号の規定から「アナログ電話用設備とは，電話用設備であって，端末設備又は自営電気通信設備を接続する点において音声信号を入出力とするものをいう。」のうち，下線部分が誤り。正しくは「**アナログ**」。
② 同第七号の規定のとおりで，正しい。
③ 同第十九号の規定のとおりで，正しい。また，選択信号とは，交換設備の動作の開始を制御するために使用する信号という問題も出題されているが，下線部分が誤りである。

解答
〔1〕　①
〔2〕　①

十四　「専用通信回線設備」とは，電気通信事業の用に供する電気通信回線設備であって，特定の利用者に当該設備を専用させる電気通信役務の用に供するものをいう。

十五　「デジタルデータ伝送用設備」とは，電気通信事業の用に供する電気通信回線設備であって，デジタル方式により，専ら符号又は影像の伝送交換を目的とする電気通信役務の用に供するものをいう。

十六　「専用通信回線設備等端末」とは，端末設備であって，専用通信回線設備又はデジタルデータ伝送用設備に接続されるものをいう。

十七　「発信」とは，通信を行う相手を呼び出すための動作をいう。

十八　「応答」とは，電気通信回線からの呼出しに応ずるための動作をいう。

十九　「選択信号」とは，主として相手の端末設備を指定するために使用する信号をいう。

二十　「直流回路」とは，端末設備又は自営電気通信設備を接続する点において２線式の接続形式を有するアナログ電話用設備に接続して電気通信事業者の交換設備の動作の開始及び終了の制御を行うための回路をいう。

二十一　「絶対レベル」とは，一の皮相電力の１ミリワットに対する比をデシベルで表したものをいう。

二十二　「通話チャネル」とは，移動電話用設備と移動電話端末又はインターネットプロトコル移動電話端末の間に設定され，主として音声の伝送に使用する通信路をいう。

二十三　「制御チャネル」とは，移動電話用設備と移動電話端末又はインターネットプロトコル移動電話端末の間に設定され，主として制御信号の伝送に使用する通信路をいう。

二十四　「呼設定用メッセージ」とは，呼設定メッセージ又は応答メッセージをいう。

二十五　「呼切断用メッセージ」とは，切断メッセージ，解放メッセージ又は解放完了メッセージをいう。

（2）端末設備等規則　第3条(責任の分界)

 第3条(責任の分界)

　利用者の接続する端末設備(以下「端末設備」という。)は，事業用電気通信設備との責任の分界を明確にするため，事業用電気通信設備との間に分界点を有しなければならない。

2　分界点における接続の方式は，端末設備を電気通信回線ごとに事業用電気通信設備から容易に切り離せるものでなければならない。

（3）端末設備等規則　第4条(漏えいする通信の識別禁止)，第5条(鳴音の発生防止)

 第4条(漏えいする通信の識別禁止)

　端末設備は，事業用電気通信設備から漏えいする通信の内容を意図的に識別する機能を有してはならない。

 第5条(鳴音の発生防止)

　端末設備は，事業用電気通信設備との間で鳴音(電気的又は音響的結合により生ずる発振状態をいう。)を発生することを防止するために総務大臣が別に告示する条件を満たすものでなければならない。

〔3〕　用語について述べた次の文章のうち，誤っているものは，[　　　]である。

① 移動電話用設備とは，電話用設備であって，端末設備又は自営電気通信設備との接続において電波を使用するものをいう。

② 総合デジタル通信用設備とは，電気通信事業の用に供する電気通信回線設備であって，主として64キロビット毎秒を単位とするデジタル信号の伝送速度により，符号，音声その他の音響又は影像を統合して伝送交換することを目的とする電気通信役務の用に供するものをいう。

③ 制御チャネルとは，移動電話用設備と移動電話端末又はインターネットプロトコル移動電話端末の間に設定され，主として音声の伝送に使用する通信路をいう。

（出題）
平成29年度第1回
①：平成27年度第1回
　　平成26年度第2回
　　平成26年度第1回
②：平成26年度第1回
③：平成27年度第1回

P.188
①：端末設備等規則第2条第2項第四号
②：同第十二号

P.190
③：同第二十三号

解説
誤っているものは③。
① 端末設備等規則第2条第2項第四号の規定に照らして，正しい。
② 同第十二号の規定に照らして，正しい。
③ 同第二十三号の規定から「制御チャネルとは，移動電話用設備と移動電話端末又はインターネットプロトコル移動電話端末の間に設定され，主として音声の伝送に使用する通信路をいう。」のうち，下線部分が誤り。正しくは「**制御信号**」。

〔4〕　用語について述べた次の文章のうち，誤っているものは，[　　　]である。

① 専用通信回線設備とは，電気通信事業の用に供する電気通信回線設備であって，特定の利用者に当該設備を専用させる電気通信役務の用に供するものをいう。

② デジタルデータ伝送用設備とは，電気通信事業の用に供する電気通信回線設備であって，多重伝送方式により，専ら符号又は影像の伝送交換を目的とする電気通信役務の用に供するものをいう。

③ 通話チャネルとは，移動電話用設備と移動電話端末又はインターネットプロトコル移動電話端末の間に設定され，主として音声の伝送に使用する通信路をいう。

（出題）
平成27年度第2回
①：平成26年度第2回

P.190
①：端末設備等規則第2条第2項第十四号
②：同第2条第2項第十五号
③：同第2条第2項第二十二号

解説
誤っているものは，②
① 端末設備等規則第2条第2項第十四号の規定のとおりで，正しい。
② 同第十五号の規定から「デジタルデータ伝送用設備とは，電気通信事業の用に供する電気通信回線設備であって，多重伝送方式により，専ら符号又は影像の伝送交換を目的とする電気通信役務の用に供するものをいう。」のうち，下線部分が誤り。正しくは「**デジタル**」。
③ 同第二十二号の規定のとおりで，正しい。

法規科目　第3問・第4問の標準問題

解答
〔3〕　③
〔4〕　②

（4）端末設備等規則　第6条（絶縁抵抗等），第7条（過大音響衝撃の発生防止）

 第6条（絶縁抵抗等）

　　端末設備の機器は，その電源回路と筐体及びその電源回路と事業用電気通信設備との間に次の絶縁抵抗及び絶縁耐力を有しなければならない。

　一　絶縁抵抗は，使用電圧が 300 ボルト以下の場合にあっては，0.2 メガオーム以上であり，300 ボルトを超え 750 ボルト以下の直流及び 300 ボルトを超え 600 ボルト以下の交流の場合にあっては，0.4 メガオーム以上であること。

　二　絶縁耐力は，使用電圧が 750 ボルトを超える直流及び 600 ボルトを超える交流の場合にあっては，その使用電圧の 1.5 倍の電圧を連続して 10 分間加えたときこれに耐えること。

　2　端末設備の機器の金属製の台及び筐体は，接地抵抗が 100 オーム以下となるように接地しなければならない。ただし，安全な場所に危険のないように設置する場合にあっては，この限りでない。

 第7条（過大音響衝撃の発生防止）

　　通話機能を有する端末設備は，通話中に受話器から過大な音響衝撃が発生することを防止する機能を備えなければならない。

（5）端末設備等規則　第8条（配線設備等）

 第8条（配線設備等）

　　利用者が端末設備を事業用電気通信設備に接続する際に使用する線路及び保安器その他の機器（以下「配線設備等」という。）は，次の各号により設置されなければならない。

　一　配線設備等の評価雑音電力（通信回線が受ける妨害であって人間の聴覚率を考慮して定められる実効的雑音電力をいい，誘導によるものを含む。）は，絶対レベルで表した値で定常時においてマイナス 64 デシベル以下であり，かつ，最大時においてマイナス 58 デシベル以下であること。

　二　配線設備等の電線相互間及び電線と大地間の絶縁抵抗は，直流 200 ボルト以上の一の電圧で測定した値で 1 メガオーム以上であること。

　三　配線設備等と強電流電線との関係については，有線電気通信設備令（昭和 28 年政令第 131 号）第 11 条から第 15 条まで及び第 18 条に適合するものであること。

　四　事業用電気通信設備を損傷し，又はその機能に障害を与えないようにするため，総務大臣が別に告示するところにより配線設備等の設置の方法を定める場合にあっては，その方法によるものであること。

（6）端末設備等規則　第9条（端末設備内において電波を使用する端末設備）

 第9条（端末設備内において電波を使用する端末設備）

　　端末設備を構成する一の部分と他の部分相互間において電波を使用する端末設備は，次の各号の条件に適合するものでなければならない。

　一　総務大臣が別に告示する条件に適合する識別符号（端末設備に使用される無線設備を識別するための符号であって，通信路の設定に当たってその照合が行われるものを

〔5〕　用語について述べた次の文章のうち，誤っているものは，[　　　]である。

① 移動電話用設備とは，電話用設備であって，端末設備又は自営電気通信設備との接続において電波を使用するものをいう。

② インターネットプロトコル電話端末とは，端末設備であって，インターネットプロトコル電話用設備に接続されるものをいう。

③ 制御チャネルとは，移動電話用設備と移動電話端末又はインターネットプロトコル移動電話端末の間に設定され，主として音声の伝送に使用する通信路をいう。

(出題)
平成30年度第2回
①②：平成26年度第1回

☞ P.188
①：端末設備等規則第2条第2項第四号
②：同第七号
☞ P.190
③：同第二十三号

解 説　誤っているものは③。
① 端末設備等規則第2条第2項第四号の規定に照らして，正しい。
② 同第七号の規定に照らして，正しい。
③ 同第二十三号の規定から「制御チャネルとは、移動電話用設備と移動電話端末又はインターネットプロトコル移動電話端末の間に設定され、主として音声の伝送に使用する通信路をいう。」のうち，下線部分が誤り。正しくは「**制御信号**」。

〔6〕　用語について述べた次の文章のうち，誤っているものは，[　　　]である。

① 移動電話用設備とは，電話用設備であって，基地局との接続において電波を使用するものをいう。

② 総合デジタル通信用設備とは，電気通信事業の用に供する電気通信回線設備であって，主として64キロビット毎秒を単位とするデジタル信号の伝送速度により，符号，音声その他の音響又は影像を統合して伝送交換することを目的とする電気通信役務の用に供するものをいう。

③ インターネットプロトコル電話端末とは，端末設備であって，インターネットプロトコル電話用設備に接続されるものをいう。

(出題)
平成30年度第1回

☞ P.188
①：端末設備等規則第2条第2項第四号
②：同第十二号
③：同第七号

解 説　誤っているものは①。
① 端末設備等規則第2条第2項第四号の規定から「移動電話用設備とは，電話用設備であって，基地局との接続において電波を使用するものをいう。」のうち，下線部分が誤り。正しくは「**端末設備又は自営電気通信設備**」。
② 同第十二号の規定に照らして，正しい。
③ 同第七号の規定に照らして，正しい。

法規科目　第3問・第4問の標準問題

解答
〔5〕　③
〔6〕　①

いう。)を有すること。

二　使用する電波の周波数が空き状態であるかどうかについて，総務大臣が別に告示するところにより判定を行い，**空き状態である場合にのみ通信路を設定する**ものであること。ただし，総務大臣が別に告示するものについては，この限りでない。

三　使用される無線設備は，**一の筐体**に収められており，かつ，容易に**開けること**ができないこと。ただし，総務大臣が別に告示するものについては，この限りでない。

第10条（基本的機能）

アナログ電話端末の直流回路は，発信又は応答を行うとき閉じ，通信が終了したとき開くものでなければならない。

第11条（発信の機能）

アナログ電話端末は，発信に関する次の機能を備えなければならない。

一　自動的に選択信号を送出する場合にあっては，直流回路を閉じてから3秒以上経過後に選択信号の送出を開始するものであること。ただし，電気通信回線からの発信音又はこれに相当する可聴音を確認した後に選択信号を送出する場合にあっては，この限りでない。

二　発信に際して相手の端末設備からの応答を自動的に確認する場合にあっては，電気通信回線からの応答が確認できない場合選択信号送出終了後2分以内に直流回路を開くものであること。

三　自動再発信（応答のない相手に対し引き続いて繰り返し自動的に行う発信をいう。以下同じ。）を行う場合（自動再発信の回数が15回以内の場合を除く。）にあっては，その回数は最初の発信から3分間に2回以内であること。この場合において，最初の発信から3分を超えて行われる発信は，別の発信とみなす。

四　前号の規定は，火災，盗難その他の非常の場合にあっては，適用しない。

3.2　端末設備等規則（II）

（1）端末設備等規則（アナログ電話端末）

第12条（選択信号の条件）

アナログ電話端末の選択信号は，次の条件に適合するものでなければならない。

一　ダイヤルパルスにあっては，別表第一号の条件

二　押しボタンダイヤル信号にあっては，別表第二号の条件

〔7〕　電話用設備とは，電気通信事業の用に供する電気通信回線設備であって，主として 　　　　 の伝送交換を目的とする電気通信役務の用に供するものをいう。

① アナログ信号　　② 音声　　③ 音声及び影像

（出題）
平成30年度第2回
平成26年度第2回

P.188
端末設備等規則第2条
第2項第一号

解説　端末設備等規則第2条第2項第一号の規定から，答は**②音声**。

〔8〕　アナログ電話用設備とは，電話用設備であって，端末設備又は 　　　　 を接続する点においてアナログ信号を入出力とするものをいう。

① 自営電気通信設備　　② 有線電気通信設備
③ 電気通信回線設備

（出題）
平成29年度第1回

P.188
端末設備等規則第2条
第2項第二号

解説　同第2条第2項第二号の規定から，答は**①自営電気通信設備**。

〔9〕　絶対レベルとは，一の 　　　　 に対する比をデシベルで表したものをいう。

① 皮相電力の1ワット　　② 皮相電力の1ミリワット
③ 有効電力の1ワット　　④ 有効電力の1ミリワット

（出題）
平成29年度第2回
平成27年度第2回

P.190
端末設備等規則第2条
第2項第二十一号

解説　端末設備等規則第2条第二十一号の規定から，答は**②皮相電力の1ミリワット**。

〔10〕　通話チャネルとは，移動電話用設備と移動電話端末又はインターネットプロトコル移動電話端末の間に設定され，主として 　　　　 に使用する通信路をいう。

① アナログ信号の入出力　　② 音声の伝送　　③ 制御信号の伝送

（出題）
平成28年度第1回
平成26年度第1回

P.190
端末設備等規則第2条
第2項第二十二号

解説　端末設備等規則第2条第2項第二十二号の規定から，答は**②音声の伝送**。
また，移動電話用設備と移動電話端末の**移動電話**が 　　　　 になった問題も出題されている。

解答
〔7〕　②
〔8〕　①
〔9〕　②
〔10〕　②

別表第一号　ダイヤルパルスの条件（第12条第一号関係）

第1　ダイヤルパルス数

ダイヤル番号とダイヤルパルス数は同一であること。ただし，「0」は，10パルスとする。

第2　ダイヤルパルスの信号

ダイヤルパルスの種類	ダイヤルパルス速度	ダイヤルパルスメーク率		ミニマムポーズ
10パルス毎秒方式	10±1.0パルス毎秒以内	30%以上	42%以下	600ms 以上
20パルス毎秒方式	20±1.6パルス毎秒以内	30%以上	36%以下	450ms 以上

注1：ダイヤルパルス速度とは，1秒間に断続するパルス数をいう。
　2：ダイヤルパルスメーク率とは，ダイヤルパルスの接（メーク）と断（ブレーク）の時間の割合を
　　いい，次式で定義するものとする。
　　　ダイヤルパルスメーク率＝{接時間÷（接時間＋断時間）}×100（%）
　3：ミニマムポーズとは，隣接するパルス列間の休止時間の最小値をいう。

別表第二号　押しボタンダイヤル信号の条件（第12条第二号関係）

第1 ダイヤル信号の周波数

押しボタンダイヤル信号	周波数
1	697Hz 及び 1,209Hz
2	697Hz 及び 1,336Hz
3	697Hz 及び 1,477Hz
4	770Hz 及び 1,209Hz
5	770Hz 及び 1,336Hz
6	770Hz 及び 1,477Hz
7	852Hz 及び 1,209Hz
8	852Hz 及び 1,336Hz
9	852Hz 及び 1,477Hz
0	941Hz 及び 1,336Hz
＊	941Hz 及び 1,209Hz
＃	941Hz 及び 1,477Hz
A	697Hz 及び 1,633Hz
B	770Hz 及び 1,633Hz
C	852Hz 及び 1,633Hz
D	941Hz 及び 1,633Hz

第2 その他の条件

項　目		条件
信号周波数偏差		（省略）
信号送出電力の許容範囲	低群周波数	（省略）
	高群周波数	（省略）
	二周波電力差	（省略）
信号送出時間		50ms 以上
ミニマムポーズ		30ms 以上
周期		120ms 以上

注1：低群周波数とは，697Hz，770Hz，852Hz 及
　　び 941Hz をいい，高群周波数とは，1,209Hz，
　　1,336Hz，1,477Hz 及び 1,633Hz をいう。
　2：ミニマムポーズとは，隣接する信号間の休
　　止時間の最小値をいう。
　3：周期とは，信号送出時間とミニマムポーズ
　　の和をいう。

第 12 条の 2（緊急通報機能）

アナログ電話端末であって，通話の用に供するものは，電気通信番号規則別表第十二
号に掲げる緊急通報番号を使用した警察機関，海上保安機関又は消防機関への通報（以
下「緊急通報」という。）を発信する機能を備えなければならない。

第 13 条〜第 16 条（省略）

（2）端末設備等規則（移動電話端末）

第 17 条（基本的機能）

移動電話端末は，次の機能を備えなければならない。

一　発信を行う場合にあっては，**発信を要求する信号を送出する**ものであること。

二　応答を行う場合にあっては，**応答を確認する信号を送出する**ものであること。

三　通信を終了する場合にあっては，チャネル（通話チャネル及び制御チャネルをい
　う。以下同じ。）を切断する信号を送出するものであること。

〔11〕　[　　　　]回路とは，端末設備又は自営電気通信設備を接続する点において
　2線式の接続形式を有するアナログ電話用設備に接続して電気通信事業者の
　交換設備の動作の開始及び終了の制御を行うための回路をいう。

> ① デジタル　　② アナログ　　③ 交流　　④ 直流

（出題）
平成30年度第1回
平成27年度第1回

P.190
端末設備等規則第2条
第2項第二十号

解説　同第2条第2項第二十号の規定から，答は④**直流**。

【関連問題】

○ 総合デジタル通信端末とは，端末設備であって，専用通信回線設備又はデ
ジタルデータ伝送用設備に接続されるものをいう。

　解説　同第十三号の規定から「…端末設備であって，専用通信回線設備又はデジタルデータ
　伝送用設備に接続されるもの…」のうち，下線部分が誤り。正しくは「**総合デジタル
　通信用設備**」。

（出題）
平成26年度第2回

P.188
同第十三号

（2）端末設備等規則　第3条

〔12〕　利用者の接続する端末設備は，事業用電気通信設備との[　　　　]の分界を
　明確にするため，事業用電気通信設備との間に分界点を有しなければならな
　い。

> ① インタフェース　　② 責任　　③ 設備区分

（出題）
平成29年度第1回

P.190
端末設備等規則第3条
第1項

解説　端末設備等規則第3条第1項の規定から，答は②**責任**。また，**分界点**が[　　　　]
になった問題も出題されている。

〔13〕　端末設備と事業用電気通信設備との間に有しなければならないとされてい
　る分界点における接続の方式は，端末設備を[　　　　]ごとに事業用電気通信
　設備から容易に切り離せるものでなければならない。

> ① 自営電気通信設備　　② 電気通信回線　　③ 配線設備

（出題）
平成30年度第2回
平成26年度第2回

P.190
端末設備等規則第3条
第2項

解説　端末設備等規則第3条第2項の規定から，答は②**電気通信回線**

解答
〔11〕④
〔12〕②
〔13〕②

法規科目　第3問・第4問の標準問題

第 18 条（発信の機能）

移動電話端末は，発信に関する次の機能を備えなければならない。

一 発信に際して相手の端末設備からの応答を自動的に確認する場合にあっては，電気通信回線からの応答が確認できない場合選択信号送出終了後１分以内にチャネルを切断する信号を送出し，送信を停止するものであること。

二 自動再発信を行う場合にあっては，その回数は２回以内であること。ただし，最初の発信から３分を超えた場合にあっては，別の発信とみなす。

三 前号の規定は，火災，盗難その他の非常の場合にあっては，適用しない。

第 19 条（送信タイミング）

移動電話端末は，総務大臣が別に告示する条件に適合する送信タイミングで送信する機能を備えなければならない。

第 20 条～第 28 条（省略）

第28条の２（緊急通報機能）

移動電話端末であって，通話の用に供するものは，緊急通報を発信する機能を備えなければならない。

第 29 条～第 32 条（省略）

（3）端末設備等規則（インターネットプロトコル電話端末）

第 32 条の２（基本的機能）

インターネットプロトコル電話端末は，次の機能を備えなければならない。

一 発信又は応答を行う場合にあっては，呼の設定を行うためのメッセージ又は当該メッセージに対応するためのメッセージを送出するものであること。

二 通信を終了する場合にあっては，呼の切断，解放若しくは取消しを行うためのメッセージ又は当該メッセージに対応するためのメッセージ（以下「通信終了メッセージ」という。）を送出するものであること。

第 32 条の３（発信の機能）

インターネットプロトコル電話端末は，発信に関する次の機能を備えなければならない。

一 発信に際して相手の端末設備からの応答を自動的に確認する場合にあっては，電気通信回線からの応答が確認できない場合呼の設定を行うためのメッセージ送出終了後２分以内に通信終了メッセージを送出するものであること。

二 自動再発信を行う場合（自動再発信の回数が15回以内の場合を除く。）にあっては，その回数は最初の発信から３分間に２回以内であること。この場合において，最初の発信から３分を超えて行われる発信は，別の発信と見なす。

三 前号の規定は，火災，盗難その他の非常の場合にあっては，適用しない。

〔14〕　責任の分界について述べた次の二つの文章は，　□□□□　。

（出題）
平成28年度第2回
B：平成26年度第1回

🖘 P.190
端末設備等規則第3条

A　利用者の接続する端末設備は，事業用電気通信設備との技術的インタフェースを明確にするため，事業用電気通信設備との間に分界点を有しなければならない。

B　分界点における接続の方式は，端末設備を電気通信回線ごとに事業用電気通信設備から容易に切り離せるものでなければならない。

　　　① Aのみ正しい　　② Bのみ正しい　　③ AもBも正しい
　　　④ AもBも正しくない

解 説　②Bのみ正しい。
A　同第3条第1項の規定から「利用者の接続する端末設備は，事業用電気通信設備との技術的インタフェースを明確にするため，事業用電気通信設備との間に分界点を有しなければならない。」のうち，下線部分が誤り。正しくは「**責任の分界**」。
B　同第2項の規定のとおりで，正しい。

〔15〕　責任の分界又は安全性等について述べた次の文章のうち，誤っているものは，　□□□□　である。

（出題）
平成29年度第2回
①：平成26年度第2回
　　平成26年度第1回
③：平成26年度第1回

🖘 P.190
①：端末設備等規則第
3条第1項
🖘 P.192
②：同第8条第二号
🖘 P.190
③：同第4条

① 利用者の接続する端末設備は，事業用電気通信設備との責任の分界を明確にするため，事業用電気通信設備との間に分界点を有しなければならない。

② 配線設備等の電線相互間及び電線と大地間の絶縁抵抗は，直流100ボルト以上の一の電圧で測定した値で1メガオーム以上であること。

③ 端末設備は，事業用電気通信設備から漏えいする通信の内容を意図的に識別する機能を有してはならない。

解 説　誤っているものは②。
① 同第3条第1項の規定に照らして，正しい。
　　また，「…事業用電気通信設備との間に保安器を有しなければならない。」も出題されているが，下線部分が誤りである。
② 同第8条第二号の規定から「配線設備等の電線相互間及び電線と大地間の絶縁抵抗は，直流100ボルト以上の一の電圧で測定した値で1メガオーム以上であること。」のうち，下線部分が誤り。正しくは「**200**」。
③ 同第4条の規定に照らして，正しい。

（3）端末設備等規則　第4条，第5条

（出題）
平成26年度第2回

🖘 P.190
端末設備等規則第5条

〔16〕　端末設備と事業用電気通信設備との間で発生する鳴音とは，電気的又は音響的結合により生ずる　□□□□　をいう。

　　　　　① 発振状態　　② 漏話雑音　　③ 反響音

解答

〔14〕　②
〔15〕　②
〔16〕　①

解 説　端末設備等規則第5条の規定から，答は①**発振状態**。

第32条の4〜第32条の5（省略）

第32条の6（緊急通報機能）

　インターネットプロトコル電話端末であって，通話の用に供するものは，緊急通報を発信する機能を備えなければならない。

第32条の7（電気的条件等）

　インターネットプロトコル電話端末は，総務大臣が別に告示する電気的条件及び光学的条件のいずれかの条件に適合するものでなければならない。

2　インターネットプロトコル電話端末は，電気通信回線に対して直流の電圧を加えるものであってはならない。ただし，前項に規定する総務大臣が別に告示する条件において直流重畳が認められる場合にあっては，この限りでない。

第32条の8（アナログ電話端末等と通信する場合の送出電力）

　インターネットプロトコル電話端末がアナログ電話端末等と通信する場合にあっては，通話の用に供する場合を除き，インターネットプロトコル電話用設備とアナログ電話用設備との接続点においてデジタル信号をアナログ信号に変換した送出電力は，別表第5号のとおりとする。〈別表第5号省略〉

第32条の9（省略）

（4）端末設備等規則（インターネットプロトコル移動電話端末）

第32条の10（基本的機能）

　インターネットプロトコル移動電話端末は，次の機能を備えなければならない。

一　発信を行う場合にあっては，発信を要求する信号を送出するものであること。

二　応答を行う場合にあっては，応答を確認する信号を送出するものであること。

三　通信を終了する場合にあっては，チャネルを切断する信号を送出するものであること。

四　発信又は応答を行う場合にあっては，呼の設定を行うためのメッセージ又は当該メッセージに対応するためのメッセージを送出するものであること。

五　通信を終了する場合にあっては，通信終了メッセージを送出するものであること。

第32条の11（発信の機能）

　インターネットプロトコル移動電話端末は，発信に関する次の機能を備えなければならない。

一　発信に際して相手の端末設備からの応答を自動的に確認する場合にあっては，電気通信回線からの応答が確認できない場合呼の設定を行うためのメッセージ送出終了後128秒以内に通信終了メッセージを送出するものであること。

二　自動再発信を行う場合にあっては，その回数は3回以内であること。ただし，最初の発信から3分を超えた場合にあっては，別の発信とみなす。

三　前号の規定は，火災，盗難その他の非常の場合にあっては，適用しない。

〔17〕　端末設備は，事業用電気通信設備から漏えいする通信の内容を意図的に

□□□する機能を有してはならない。

① 変更　　② 照合　　③ 識別

(出題)
平成30年度第1回
平成27年度第2回

📖 P.190
端末設備等規則第4条

解 説　端末設備等規則第4条の規定から，答は**③識別**。

---

〔18〕　用語について述べた次の二つの文章は，□□□。

A　鳴音とは，電気的又は音響的結合により生ずる発振状態をいう。

B　識別符号とは，端末設備に使用される移動電話端末を検知するための符号
であって，通信路の設定に当たってその登録が行われるものをいう。

① Aのみ正しい　　② Bのみ正しい　　③ AもBも正しい
④ AもBも正しくない

(出題)
平成26年度第1回

📖 P.190
A：端末設備等規則第
　5条
📖 P.192
B：同第9条第一号

解 説　①Aのみ正しい。
A　端末設備等規則第5条の規定のとおりで，正しい。
B　端末設備等規則第9条第一号の規定から「識別符号とは，端末設備に使用される
移動電話端末を検知するための符号であって，通信路の設定に当たってその登録が
行われるものをいう。」のうち，下線部分が誤り。正しくは「**無線設備を識別，照合**」。

---

〔19〕　安全性等について述べた次の文章のうち，<u>誤っているもの</u>は，□□□で
ある。

① 端末設備の機器は，その電源回路と筐体及びその電源回路と事業用電気
通信設備との間において，使用電圧が750ボルトを超える直流及び600ボ
ルトを超える交流の場合にあっては，その使用電圧の1.5倍の電圧を連続
して15分間加えたときこれに耐える絶縁耐力を有しなければならない。

② 端末設備は，事業用電気通信設備から漏えいする通信の内容を意図的に
識別する機能を有してはならない。

③ 端末設備を構成する一の部分と他の部分相互間において電波を使用する
端末設備は，総務大臣が別に告示する条件に適合する識別符号(端末設備
に使用される無線設備を識別するための符号であって，通信路の設定に
当たってその照合が行われるものをいう。)を有しなければならない。

(出題)
平成25年度第2回

📖 P.192
①：端末設備等規則第
　6条第1項第二号
📖 P.190
②：同第4条
📖 P.192
③：同第9条第一号

法規科目 第3問・第4問の標準問題

解 説　誤っているものは①。
①　端末設備等規則第6条第1項第2号の規定から「端末設備の機器は，…　その
使用電圧の1.5倍の電圧を連続して<u>15分間</u>加えたときこれに耐える絶縁耐力を有
しなければならない。」のうち，下線部分が誤り。正しくは「**10**」。
②　同第4条の規定のとおりで，正しい。
③　同第9条第一号の規定のとおりで，正しい。

解答
〔17〕　③
〔18〕　①
〔19〕　①

第 32 条の 12（送信タイミング）

インターネットプロトコル移動電話端末は，総務大臣が別に告示する条件に適合する送信タイミングで送信する機能を備えなければならない。

第 32 条の 13〜第 32 条の 22（省略）

第 32 条の 23（緊急通報機能）

インターネットプロトコル移動電話端末であって，通話の用に供するものは，緊急通報を発信する機能を備えなければならない。

第 32 条の 24〜第 34 条の 7（省略）

（5）端末設備等規則（専用通信回線設備等端末）

第 34 条の 8（電気的条件等）

専用通信回線設備等端末は，総務大臣が別に告示する電気的条件及び光学的条件のいずれかの条件に適合するものでなければならない。

2　専用通信回線設備等端末は，電気通信回線に対して直流の電圧を加えるものであってはならない。ただし，前項に規定する総務大臣が別に告示する条件において直流重畳が認められる場合にあっては，この限りでない。

第 34 条の 9（漏話減衰量）

複数の電気通信回線と接続される専用通信回線設備等端末の回線相互間の漏話減衰量は，1,500 ヘルツにおいて 70 デシベル以上でなければならない。

第 35 条〜第 36 条（省略）

〔20〕 安全性等について述べた次の文章のうち，<u>誤っているもの</u>は，⬚⬚⬚である。

---

① 端末設備は，事業用電気通信設備との間で鳴音(電気的又は音響的結合により生ずる発振状態をいう。)を発生することを防止するために総務大臣が別に告示する条件を満たすものでなければならない。

② 端末設備の機器は，その電源回路と筐体及びその電源回路と事業用電気通信設備との間において，使用電圧が750ボルトを超える直流及び600ボルトを超える交流の場合にあっては，その使用電圧の1.5倍の電圧を連続して10分間加えたときこれに耐える絶縁耐力を有しなければならない。

③ 利用者が端末設備を事業用電気通信設備に接続する際に使用する線路及び保安器その他の機器の評価雑音電力は，絶対レベルで表した値で定常時においてマイナス64デシベル以下であり，かつ，最大時においてマイナス48デシベル以下でなければならない。

(出題)
平成29年度第1回

☞ P.190
①：端末設備等規則第5条
☞ P.192
②：同第6条第1項第二号
③：同第8条第一号

解説　誤っているものは③。
① 同第5条の規定に照らして，正しい。
② 同第6条第1項第二号の規定に照らして，正しい。
③ 同第8条第一号の規定から「…評価雑音電力は，絶対レベルで表した値で定常時においてマイナス64デシベル以下であり，かつ，最大時においてマイナス<u>48</u>デシベル以下でなければならない。」のうち，下線部分が誤り。正しくは「58」。

〔21〕 「絶縁抵抗等」について述べた次の二つの文章は，⬚⬚⬚。(5点)

A　端末設備の機器は，その電源回路と筐体及びその電源回路と事業用電気通信設備との間において，使用電圧が300ボルト以下の場合にあっては，0.2メガオーム以上の絶縁抵抗を有しなければならない。

B　端末設備の機器の金属製の台及び筐体は，接地抵抗が10オーム以下となるように接地しなければならない。ただし，安全な場所に危険のないように設置する場合にあっては，この限りでない。

---

① Aのみ正しい　　② Bのみ正しい　　③ AもBも正しい
④ AもBも正しくない

(出題)
平成30年度第2回

☞ P.192
A：端末設備等規則第6条第1項第一号
B：同第2項

解説　①Aのみ正しい。
A　端末設備等規則第6条第1項第一号の規定に照らして，正しい。
B　同第2項の規定から「端末設備の機器の金属製の台及び筐体は，接地抵抗が<u>10</u>オーム以下となるように接地しなければならない。…」のうち，下線部分が誤り。正しくは「100」。

解答
〔20〕 ③
〔21〕 ①

(出題)
平成27年度第2回

☞ P.190
①：端末設備等規則第5条
☞ P.192
②：同第6条第1項第一号
③：同第6条第2項

〔22〕 安全性等について述べた次の文章のうち，正しいものは， ☐ である。

① 端末設備は，他の端末設備との間で鳴音（電気的又は音響的結合により生ずる発振状態をいう。）を発生することを防止するために総務大臣が別に告示する条件を満たすものでなければならない。

② 端末設備の機器は，その電源回路と筐体及びその電源回路と事業用電気通信設備との間において，使用電圧が300ボルト以下の場合にあっては，0.4メガオーム以上の絶縁抵抗を有しなければならない。

③ 端末設備の機器の金属製の台及び筐体は，接地抵抗が100オーム以下となるように接地しなければならない。ただし，安全な場所に危険のないように設置する場合にあっては，この限りでない。

解説
正しいものは③。
① 端末設備等規則第5条の規定から「端末設備は，他の端末設備との間で鳴音（電気的又は音響的結合により生ずる発振状態をいう。）を発生することを防止するために総務大臣が別に告示する条件を満たすものでなければならない。」のうち，下線部分が誤り。正しくは「事業用電気通信設備」。
② 同第6条第1項第一号の規定から「端末設備の機器は，その電源回路と筐体及びその電源回路と事業用電気通信設備との間において，使用電圧が300ボルト以下の場合にあっては，0.4メガオーム以上の絶縁抵抗を有しなければならない。」のうち，下線部分が誤り。正しくは「0.2」。
③ 同第6条第2項の規定のとおりで，正しい。

(出題)
平成28年度第2回

☞ P.190
①：端末設備等規則第5条
☞ P.192
②：同第6条第2項
③：同8条第四号

〔23〕 安全性等について述べた次の文章のうち，誤っているものは， ☐ である。

① 端末設備は，事業用電気通信設備との間で鳴音（電気的又は音響的結合により生ずる発振状態をいう。）を発生することを防止するために総務大臣が別に告示する条件を満たすものでなければならない。

② 端末設備の機器の金属製の台及び筐体は，接地抵抗が10オーム以下となるように接地しなければならない。ただし，安全な場所に危険のないように設置する場合にあっては，この限りでない。

③ 利用者が端末設備を事業用電気通信設備に接続する際に使用する線路及び保安器その他の機器（以下「配線設備等」という。）は，事業用電気通信設備を損傷し，又はその機能に障害を与えないようにするため，総務大臣が別に告示するところにより配線設備等の設置の方法を定める場合にあっては，その方法によるものでなければならない。

解説
誤っているものは②。
① 同第5条の規定のとおりで，正しい。
② 同第6条第2項の規定から「端末設備の機器の金属製の台及び筐体は，接地抵抗が10オーム以下となるように接地しなければならない。ただし，…」のうち，下線部分が誤り。正しくは「100」。
③ 同第8条第四号の規定のとおりで，正しい。

解答
〔22〕 ③
〔23〕 ②

〔24〕　安全性等について述べた次の文章のうち，誤っているものは，□□□□である。

（出題）
平成27年度第1回

📖 P.190
①：端末設備等規則第
　4条
②：同第5条
📖 P.192
③：同第8条第二号

① 端末設備は，事業用電気通信設備から漏えいする通信の内容を容易に照合する機能を有してはならない。

② 端末設備は，事業用電気通信設備との間で鳴音（電気的又は音響的結合により生ずる発振状態をいう。）を発生することを防止するために総務大臣が別に告示する条件を満たすものでなければならない。

③ 配線設備等の電線相互間及び電線と大地間の絶縁抵抗は，直流200ボルト以上の一の電圧で測定した値で1メガオーム以上でなければならない。

解説
誤っているものは①。
① 端末設備等規則第4条の規定から「端末設備は，事業用電気通信設備から漏えいする通信の内容を容易に照合する機能を有してはならない。」のうち，下線部分が誤り。正しくは「**意図的に識別**」。
② 同規則第5条の規定のとおりで，正しい。
③ 同規則第8条第二号の規定のとおりで，正しい。

〔25〕　安全性等について述べた次の文章のうち，誤っているものは，□□□□である。

（出題）
平成28年度第1回

📖 P.190
①：端末設備等規則第
　5条
②：同4条
📖 P.192
③：同第8条第四号

① 端末設備は，事業用電気通信設備との間で鳴音（電気的又は音響的結合により生ずる発振状態をいう。）を発生することを防止するために電気通信事業者が別に定める条件を満たすものでなければならない。

② 端末設備は，事業用電気通信設備から漏えいする通信の内容を意図的に識別する機能を有してはならない。

③ 配線設備等は，事業用電気通信設備を損傷し，又はその機能に障害を与えないようにするため，総務大臣が別に告示するところにより配線設備等の設置の方法を定める場合にあっては，その方法により設置されなければならない。

解説
誤っているものは①。
① 端末設備等規則第5条の規定から「端末設備は，事業用電気通信設備との間で鳴音（電気的又は音響的結合により生ずる発振状態をいう。）を発生することを防止するために電気通信事業者が別に定める条件を満たすものでなければならない。」のうち，下線部分が誤り。正しくは「**総務大臣が別に告示する**」。
② 同第4条の規定のとおりで，正しい。
③ 同第8条第四号の規定のとおりで，正しい。

法規科目　第3問・第4問の標準問題

解答
〔24〕　①
〔25〕　①

（4）端末設備等規則　第6条，第7条

（出題）
平成30年度第2回

☞ P.192
①：端末設備等規則第
　6条第1項第二号
☞ P.190
②：同第5条
☞ P.192
③：同第7条

〔26〕　安全性等について述べた次の文章のうち，正しいものは，□□□　である。

① 端末設備の機器は，その電源回路と筐体及びその電源回路と事業用電気通信設備との間において，使用電圧が750ボルトを超える直流及び600ボルトを超える交流の場合にあっては，その使用電圧の1.5倍の電圧を連続して10分間加えたときこれに耐える絶縁耐力を有しなければならない。

② 端末設備は，事業用電気通信設備との間で側音（電気的又は音響的結合により生ずる発振状態をいう。）を発生することを防止するために総務大臣が別に告示する条件を満たすものでなければならない。

③ 通話機能を有する端末設備は，通話中に受話器から過大な誘導雑音が発生することを防止する機能を備えなければならない。

解説
正しいものは①。
① 端末設備等規則第6条第1項第二号の規定に照らして，正しい。
② 同第5条の規定から「端末設備は，事業用電気通信設備との間で側音（電気的又は音響的結合により生ずる発振状態をいう。）を発生することを防止…」のうち，下線部分が誤り。正しくは「**鳴音**」。
③ 同第7条の規定から「通話機能を有する端末設備は，通話中に受話器から過大な誘導雑音が発生することを防止…」のうち，下線部分が誤り。正しくは**音響衝撃**。

（出題）
平成29年度第2回
平成28年度第2回

☞ P.192
端末設備等規則第6条
第1項第一号

〔27〕　端末設備の機器は，その電源回路と筐体及びその電源回路と□□□との間において，使用電圧が300ボルト以下の場合にあっては，0.2メガオーム以上の絶縁抵抗を有しなければならない。

① 他の端末設備　　② 伝送装置　　③ 事業用電気通信設備

解説　端末設備等規則第6条第1項第一号の規定から，答は③**事業用電気通信設備**。

（出題）
平成25年度第1回

☞ P.192
端末設備等規則第6条
第1項第一号

〔28〕　端末設備の機器は，その電源回路と筐体及びその電源回路と事業用電気通信設備との間において，使用電圧が□□□ボルトを超え750ボルト以下の直流及び□□□ボルトを超え600ボルト以下の交流の場合にあっては，0.4メガオーム以上の絶縁抵抗を有しなければならない。

① 100　　② 200　　③ 300

解説　端末設備等規則第6条第1項第一号の規定から，答は③300。

解答
〔26〕　①
〔27〕　③
〔28〕　③

〔29〕　端末設備の機器は，その電源回路と筐体及びその電源回路と事業用電気通信設備との間において，使用電圧が750ボルトを超える直流及び600ボルトを超える交流の場合にあっては，その使用電圧の1.5倍の電圧を連続して　　　　　分間加えたときこれに耐える絶縁耐力を有しなければならない。

① 3　　② 5　　③ 10

(出題)
平成27年度第2回

P.192
端末設備等規則第6条
第1項第二号

解説　端末設備等規則第6条第1項第二号の規定から，**答は③10。**

〔30〕　「絶縁抵抗等」について述べた次の文章のうち，正しいものは，　　　　　である。

① 端末設備の機器は，その電源回路と筐体及びその電源回路と事業用電気通信設備との間において，使用電圧が300ボルト以下の場合にあっては，0.4メガオーム以上の絶縁抵抗を有しなければならない。

② 端末設備の機器の金属製の台及び筐体は，接地抵抗が100オーム以下となるように接地しなければならない。ただし，安全な場所に危険のないように設置する場合にあっては，この限りでない。

③ 端末設備の機器は，その電源回路と筐体及びその電源回路と事業用電気通信設備との間において，使用電圧が750ボルトを超える直流及び600ボルトを超える交流の場合にあっては，その使用電圧の2倍の電圧を連続して10分間加えたときこれに耐える絶縁耐力を有しなければならない。

(出題)
平成30年度第1回
平成28年度第1回

P.192
①：端末設備等規則第6条第1項第一号
②：同第6条第2項
③：同第6条第1項第二号

解説　正しいものは②。
① 同第6条第1項第一号の規定から「端末設備の機器は，その電源回路と筐体及びその電源回路と事業用電気通信設備との間において，使用電圧が300ボルト以下の場合にあっては，0.4メガオーム以上の絶縁抵抗を有しなければならない。」のうち，下線部分が誤り。正しくは「0.2」。
② 同第6条第2項の規定に照らして，正しい。
③ 同第6条第1項第二号の規定から「端末設備の機器は，その電源回路と筐体及びその電源回路と事業用電気通信設備との間において，使用電圧が750ボルトを超える直流及び600ボルトを超える交流の場合にあっては，その使用電圧の2倍の電圧を連続して10分間加えたときこれに耐える絶縁耐力を有しなければならない。」のうち，下線部分が誤り。正しくは1.5倍。

法規科目　第3問・第4問の標準問題

解答
〔29〕 ③
〔30〕 ②

（出題）
平成29年度第1回
平成27年度第1回

☞ P.192
A：端末設備等規則第
6条第2項
B：同第1項第一号

〔31〕 「絶縁抵抗等」について述べた次の二つの文章は，[　　　　]。

A　端末設備の機器の金属製の台及び筐体は，接地抵抗が10オーム以下となる
ように接地しなければならない。ただし，安全な場所に危険のないように設
置する場合にあっては，この限りでない。

B　端末設備の機器は，その電源回路と筐体及びその電源回路と事業用電気通
信設備との間において，使用電圧が300ボルト以下の場合にあっては，0.2メ
ガオーム以上の絶縁抵抗を有しなければならない。

　　① Aのみ正しい　　② Bのみ正しい　　③ AもBも正しい
　　④ AもBも正しくない

解 説　②Bのみ正しい。
A　同第6条第2項の規定から「端末設備の機器の金属製の台及び筐体は，接地抵
抗が10オーム以下となるように接地しなければならない。ただし…」のうち，下
線部分が誤り。正しくは「100」。
B　同第6条第1項第一号の規定に照らして，正しい。

（出題）
平成29年度第1回
平成28年度第2回
平成26年度第2回

☞ P.190
A：端末設備等規則第
4条
☞ P.192
B：同第7条

〔32〕 安全性等について述べた次の二つの文章は，[　　　　]。

A　端末設備は，事業用電気通信設備から漏えいする通信の内容を意図的に識
別する機能を有してはならない。

B　通話機能を有する端末設備は，通話中に受話器から過大な誘導雑音が発生
することを防止する機能を備えなければならない。

　　① Aのみ正しい　　② Bのみ正しい　　③ AもBも正しい
　　④ AもBも正しくない

解 説　①Aのみ正しい。
A　同第4条の規定に照らして，正しい。
　　また，「端末設備は，自営電気通信設備から漏えいする…」も出題されている
が，下線部分が誤りである。
B　同第7条の規定から「通話機能を有する端末設備は，通話中に受話器から過大
な誘導雑音が発生することを防止する機能を備えなければならない。」のうち，下
線部分が誤り。正しくは**音響衝撃**。
　　また，「…受話器から過大な音響衝撃が…」と正しい文章も出題されている。

（出題）
平成29年度第2回
A：平成28年度第2回
　　平成26年度第2回

☞ P.192
A：端末設備等規則第
7条
☞ P.190
B：同第5条

〔33〕 安全性等について述べた次の二つの文章は，[　　　　]。

A　通話機能を有する端末設備は，通話中に受話器から過大な音響衝撃が発生
することを防止する機能を備えなければならない。

B　端末設備は，事業用電気通信設備との間で誘導雑音（電気的又は音響的結
合により生ずる発振状態をいう。）を発生することを防止するために総務大臣
が別に告示する条件を満たすものでなければならない。

　　① Aのみ正しい　　② Bのみ正しい　　③ AもBも正しい
　　④ AもBも正しくない

解答
〔31〕　②
〔32〕　①
〔33〕　①

解説　①Aのみ正しい。
A　同第7条の規定に照らして，正しい。
B　同第5条の規定から「端末設備は，事業用電気通信設備との間で誘導雑音(電気的又は音響的結合により生ずる発振状態をいう。)を発生することを防止するために…」のうち，下線部分が誤り。正しくは「鳴音」。

〔34〕　通話機能を有する端末設備は，通話中に受話器から過大な　　　　　が発生することを防止する機能を備えなければならない。

　　① 反響音　　② 誘導雑音　　③ 音響衝撃

(出題)
平成30年度第1回
平成28年度第1回
平成27年度第1回

📖 P.192
端末設備等規則第7条

解説　同第7条第の規定から，答は③音響衝撃。また，通話中に受話器が　　　になった問題も出題されている。

(5) 端末設備等規則　第8条

〔35〕　評価雑音電力とは，通信回線が受ける妨害であって人間の聴覚率を考慮して定められる　　　　　をいい，誘導によるものを含む。

　　① 実効的雑音電力　　② 雑音電力の尖頭値　　③ 漏話雑音電力

(出題)
平成29年度第2回
平成28年度第2回
平成26年度第1回

📖 P.192
端末設備等規則第8条
　第一号

解説　端末設備等規則第8条第一号の規定から，答は①実効的雑音電力。また，誘導が　　　になった問題も出題されている。

〔36〕　「配線設備等」について述べた次の二つの文章は，　　　　　。
A　自営電気通信設備を損傷し，又はその機能に障害を与えないようにするため，総務大臣が別に告示するところにより配線設備等の設置の方法を定める場合にあっては，その方法によるものでなければならない。
B　配線設備等の評価雑音電力(通信回線が受ける妨害であって人間の聴覚率を考慮して定められる実効的雑音電力をいい，誘導によるものを含む。)は，絶対レベルで表した値で定常時においてマイナス64デシベル以下であり，かつ，最大時においてマイナス58デシベル以下であること。

　　① Aのみ正しい　　② Bのみ正しい　　③ AもBも正しい
　　④ AもBも正しくない

(出題)
平成27年度第1回

📖 P.192
A：端末設備等規則第8条第四号
B：同第一号

解説　②Bのみ正しい。
A　端末設備等規則第8条第四号の規定から「自営電気通信設備を損傷し，又はその機能に障害を与えないようにするため，総務大臣が別に告示…。」のうち，下線部分が誤り。正しくは「事業用」。
B　同第一号の規定のとおりで，正しい。

解答
〔34〕　③
〔35〕　①
〔36〕　②

（出題）
平成27年度第2回

☞ P.192
①：端末設備等規則第
8条第二号
②：同第8条第一号
③：同第8条第四号

〔37〕 「配線設備等」について述べた次の文章のうち，<u>誤っているもの</u>は，_____である。

① 配線設備等の電線相互間及び電線と大地間の絶縁抵抗は，直流200ボルト以上の一の電圧で測定した値で1メガオーム以上でなければならない。

② 配線設備等の評価雑音電力（通信回線が受ける妨害であって人間の聴覚率を考慮して定められる実効的雑音電力をいい，誘導によるものを含む。）は，絶対レベルで表した値で定常時においてマイナス64デシベル以下であり，かつ，最大時においてマイナス58デシベル以下でなければならない。

③ 事業用電気通信設備を損傷し，又はその機能に障害を与えないようにするため，電気通信事業者が別に認可するところにより配線設備等の設置の方法を定める場合にあっては，その方法によるものでなければならない。

解説 誤っているものは③
① 端末設備等規則第8条第二号の規定のとおりで，正しい。
② 同第一号の規定のとおりで，正しい。
③ 同第四号の規定から「事業用電気通信設備を損傷し，又はその機能に障害を与えないようにするため，電気通信事業者が別に認可するところにより配線設備等の設置の方法を定める場合にあっては，その方法によるものでなければならない。」のうち，下線部分が誤り。正しくは「総務大臣が別に告示」。

（出題）
平成26年度第2回

☞ P.192
端末設備等規則第8条
第二号

【関連問題】
○ 配線設備等の電線相互間及び電線と大地間の絶縁抵抗は，直流100ボルト以上の一の電圧で測定した値で1メガオーム以上であること。
　解説　端末設備等規則第8条第二号の規定から「配線設備等の電線相互間及び電線と大地間の絶縁抵抗は，直流100ボルト以上の一の電圧で測定した値で1メガオーム以上であること。」のうち，下線部分が誤り。正しくは「200」。

（出題）
平成30年度第1回
平成28年度第1回

☞ P.192
端末設備等規則第8条
第二号

〔38〕 利用者が端末設備を事業用電気通信設備に接続する際に使用する線路及び保安器その他の機器（「配線設備等」という。）の電線相互間及び電線と大地間の絶縁抵抗は，直流_____ボルト以上の一の電圧で測定した値で1メガオーム以上であること。

① 100　　② 200　　③ 300

解説 端末設備等規則第8条第二号の規定から，答は②200。また，1メガオームが_____になった問題も出題されている。

解答
〔37〕 ③
〔38〕 ②

〔39〕　利用者が端末設備を事業用電気通信設備に接続する際に使用する線路及び保安器その他の機器(以下「配線設備等」という。)は，事業用電気通信設備を損傷し，又はその機能に障害を与えないようにするため，総務大臣が別に告示するところにより配線設備等の◻の方法を定める場合にあっては，その方法によるものでなければならない。

(出題)
平成29年度第1回

☞ P.192
端末設備等規則第8条
第四号

　　　① 設置　　② 点検　　③ 運用

解説　[端末設備等規則第8条(配線設備等)第四号]の規定から，答は**①設置**。また，**事業用電気通信設備**が◻になった問題も出題されている。

（6）端末設備等規則　第9条

〔40〕　端末設備を構成する一の部分と他の部分相互間において電波を使用する端末設備にあっては，総務大臣が別に告示するものを除き，使用される無線設備は，一の筐体に収められており，かつ，容易に◻ことができないものでなければならない。

(出題)
平成29年度第2回

☞ P.194
端末設備等規則第9条
第三号

　　　① 開ける　　② 取り外す　　③ 改造する

解説　端末設備等規則第9条第三号の規定から，答は**①開ける**。また，**電波**が◻になった問題も出題されている。

〔41〕　端末設備を構成する一の部分と他の部分相互間において電波を使用する端末設備は，使用する電波の周波数が空き状態であるかどうかについて，総務大臣が別に告示するところにより判定を行い，空き状態である場合にのみ◻ものでなければならない。ただし，総務大臣が別に告示するものについては，この限りでない。

(出題)
平成30年度第2回
平成29年度第1回
平成27年度第1回

☞ P.194
端末設備等規則第9条
第二号

　　　① 直流回路を開く　　② 通信路を設定する　　③ 回線を認識する

解説　端末設備等規則第9条第二号の規定から，答は**②通信路を設定する**。

法規科目 第3問・第4問の標準問題

解答
〔39〕　①
〔40〕　①
〔41〕　②

（出題）
平成30年度第1回
平成27年度第2回

☞ P.192
A：端末設備等規則第
9条第一号
☞ P.194
B：同第9条第三号

〔42〕「端末設備内において電波を使用する端末設備」について述べた次の二つの文章は，[   ]。

A　総務大臣が別に告示する条件に適合する識別符号(端末設備に使用される無線設備を識別するための符号であって，通信路の設定に当たってその照合が行われるものをいう。)を有すること。

B　使用される無線設備は，一の筐体に収められており，かつ，容易に分解することができないこと。ただし，総務大臣が別に告示するものについては，この限りでない。

> ① Aのみ正しい　　② Bのみ正しい　　③ AもBも正しい
> ④ AもBも正しくない

解説

①Aのみ正しい。
A　端末設備等規則第9条第一号の規定のとおりで，正しい。
B　同第三号の規定から「使用される無線設備は，一の筐体に収められており，かつ，容易に分解することができないこと。ただし，総務大臣が別に告示するものについては，この限りでない。」のうち，下線部分が誤り。正しくは「**開ける**」。

（出題）
平成28年度第1回

☞ P.192
①：端末設備等規則第
9条第一号
☞ P.194
②：同第三号
③：同第二号

〔43〕「端末設備内において電波を使用する端末設備」について述べた次の文章のうち，正しいものは，[   ]である。

> ① 電気通信事業者が別に定める条件に適合する識別符号(端末設備に使用される無線設備を識別するための符号であって，通信路の設定に当たってその照合が行われるものをいう。)を有すること。
>
> ② 使用される無線設備は，一の筐体に収められており，かつ，容易に開けることができないこと。ただし，総務大臣が別に告示するものについては，この限りでない。
>
> ③ 使用する電波の周波数が空き状態であるかどうかについて，総務大臣が別に告示するところにより判定を行い，空き状態である場合にのみ直流回路を開くものであること。ただし，総務大臣が別に告示するものについては，この限りでない。

解説

正しいものは②。
① 端末設備等規則第九条第一号の規定から「電気通信事業者が別に定める条件に適合する識別符号(…略…)を有すること。」のうち，下線部分が誤り。正しくは**「総務大臣が別に告示する」**。
② 同第三号の規定のとおりで，正しい。
③ 同第二号の規定から「使用する電波の周波数が空き状態であるかどうかについて，総務大臣が別に告示するところにより判定を行い，空き状態である場合にのみ直流回路を開くものであること。ただし，総務大臣が別に告示するものについては，この限りでない。」のうち，下線部分が誤り。正しくは**「通信路を設定する」**。

解答
〔42〕 ①
〔43〕 ②

〔44〕「端末設備内において電波を使用する端末設備」について述べた次の文章の
うち，正しいものは，◻◻である。

① 識別符号とは，端末設備に使用される配線設備と接続するための符号で
あって，通信路の設定に当たってその登録が行われるものをいう。

② 使用する電波の周波数が空き状態であるかどうかについて，総務大臣が
別に告示するところにより判定を行い，空き状態である場合にのみ直流
回路を開くものであること。ただし，総務大臣が別に告示するものにつ
いては，この限りでない。

③ 使用される無線設備は，一の筐体に収められており，かつ，容易に開け
ることができないこと。ただし，総務大臣が別に告示するものについて
は，この限りでない。

(出題)
平成28年度第2回
平成26年度第2回
③：平成26年度第1回

P.192
①：端末設備等規則第
9条第一号
P.194
②：同第二号
③：同第三号

解説　正しいものは③。

① 端末設備等規則第9条第一号規定から「識別符号とは，端末設備に使用される配
線設備と接続するための符号であって，通信路の設定に当たってその登録が行わ
れるものをいう。」のうち，下線部分が誤り。正しくは「**無線設備を接続**」，「**照合**」。

② 同第二号の規定から「使用する電波の周波数が空き状態であるかどうかについ
て，総務大臣が別に告示するところにより判定を行い，空き状態である場合にの
み直流回路を開くものであること。ただし，総務大臣が別に告示するものについ
ては，この限りでない。」のうち，下線部分が誤り。正しくは「**通信路を設定**」。

③ 同第三号の規定のとおりで，正しい。

〔45〕「端末設備内において電波を使用する端末設備」について述べた次の二つの
文章は，◻◻。

A 総務大臣が別に告示する条件に適合する識別符号(端末設備に使用される
無線設備を識別するための符号であって，通信路の設定に当たってその照合
が行われるものをいう。)を有すること。

B 使用する電波の周波数が空き状態であるかどうかについて，総務大臣が別
に告示するところにより判定を行い，空き状態である場合にのみ通信路を設
定するものであること。ただし，総務大臣が別に告示するものについては，
この限りでない。

① Aのみ正しい　　② Bのみ正しい　　③ AもBも正しい
④ AもBも正しくない

(出題)
平成29年度第2回
B：平成26年度第1回

P.192
A：端末設備等規則第
9条第一号
P.194
B：同第9条第二号

解説　③AもBも正しい。
A 同第9条第一号の規定に照らして，正しい。
B 同第9条第二号の規定に照らして，正しい。

解答
〔44〕③
〔45〕③

〔出題〕
平成30年度第2回

☞ P.194
①：端末設備等規則第
9条第三号
☞ P.192
②：同第8条第四号
☞ P.190
③：同第4条

〔46〕 安全性等について述べた次の文章のうち，誤っているものは， ☐ で
ある。

① 端末設備を構成する一の部分と他の部分相互間において電波を使用する
端末設備にあっては，総務大臣が別に告示するものを除き，使用される
無線設備は，一の筐体に収められており，かつ，容易に開けることがで
きないものでなければならない。
② 配線設備等は，事業用電気通信設備を損傷し，又はその機能に障害を与
えないようにするため，総務大臣が別に告示するところにより配線設備
等の設置の方法を定める場合にあっては，その方法によるものであるこ
と。
③ 端末設備は，事業用電気通信設備から漏えいする通信の内容を意図的に
消去する機能を有してはならない。

解説 誤っているものは③。
① 端末設備等規則第9条第三号の規定に照らして，正しい。
② 同第8条第四号の規定に照らして，正しい。
③ 同第4条から「端末設備は，事業用電気通信設備から漏えいする通信の内容を
意図的に消去する機能を有してはならない。…」のうち，下線部分が誤り。正し
くは「識別」。

3.2 （1）端末設備等規則 第12条，第12条の2

〔出題〕
平成28年度第1回

☞ P.196
A：端末設備等規則別
表第二号第2注3
B：同注1

〔47〕 アナログ電話端末の「選択信号の条件」における押しボタンダイヤル信号に
ついて述べた次の二つの文章は， ☐ 。
A 周期とは，信号送出時間とミニマムポーズの和をいう。
B 高群周波数は，1,300ヘルツから1,700ヘルツまでの範囲内における特定の
四つの周波数で規定されている。

① Aのみ正しい　　② Bのみ正しい　　③ AもBも正しい
④ AもBも正しくない

解説 ①Aのみ正しい。
A 端末設備等規則別表第二号第2注3の規定のとおりで，正しい。
B 同注1の規定から「高群周波数は，1,300ヘルツから1,700ヘルツまでの範囲内に
おける特定の四つの周波数で規定されている。」のうち，下線部分が誤り。高群周
波数は1,209Hz，1,366Hz，1,477Hz，1,633Hzをいうと規定されているので，正し
くは「1,200」。

解答
〔46〕 ③
〔47〕 ①

〔48〕　アナログ電話端末の「選択信号の条件」における押しボタンダイヤル信号について述べた次の文章のうち，正しいものは，　　　　　である。

> ① 周期とは，信号送出時間と信号受信時間の和をいう。
>
> ② 高群周波数は，1,200ヘルツから1,700ヘルツまでの範囲内における特定の四つの周波数で規定されている。
>
> ③ ミニマムポーズとは，隣接する信号間の休止時間の最大値をいう。

(出題)
平成29年度第1回

☞P.196
端末設備等規則第12条
別表第二号

解説　正しいものは②。
① 同第12条別表第二号注3の規定から「周期とは，信号送出時間と信号受信時間の和をいう。」のうち，下線部分が誤り。正しくは「ミニマムポーズ」。
② 同注1の規定に照らして，正しい。
③ 同注2の規定から「ミニマムポーズとは，隣接する信号間の休止時間の最大値をいう。」のうち，下線部分が誤り。正しくは「最小値」。

〔49〕　アナログ電話端末の「選択信号の条件」における押しボタンダイヤル信号について述べた次の文章のうち，誤っているものは，　　　　　である。

> ① 低群周波数は，600ヘルツから1,000ヘルツまでの範囲内における特定の四つの周波数で規定されている。
>
> ② 高群周波数は，1,300ヘルツから1,700ヘルツまでの範囲内における特定の四つの周波数で規定されている。
>
> ③ 周期とは，信号送出時間とミニマムポーズの和をいう。

(出題)
平成29年度第2回
①：平成27年度第2回
②：平成28年度第1回
　　平成27年度第2回

☞P.196
端末設備等規則第12条
別表第二号

解説　誤っているものは②。
① 同第12条別表第二号第2その他の条件注2の規定に照らして，正しい。
② 同注2の規定から「高群周波数は，1,300ヘルツから1,700ヘルツまでの範囲内における特定の四つの周波数で規定されている。」のうち，下線部分が誤り。正しくは「1,200」。
③ 同注3の規定に照らして，正しい。

〔50〕　アナログ電話端末の「選択信号の条件」における押しボタンダイヤル信号について述べた次の文章のうち，誤っているものは，　　　　　である。

> ① ダイヤル番号の周波数は，低群周波数のうちの一つと高群周波数のうちの一つとの組合せで規定されている。
>
> ② 低群周波数は，600ヘルツから900ヘルツまでの範囲内における特定の四つの周波数で規定されている。
>
> ③ ミニマムポーズとは，隣接する信号間の休止時間の最小値をいう。

(出題)
平成30年度第1回
平成26年度第2回
③：平成27年度第2回

☞P.196
①②③：端末設備等規
則第12条別表第二号

解説　誤っているものは②。
① 同第12条別表第二号第1の規定に照らして，正しい。
② 同第2注1の規定から「低群周波数は，600ヘルツから900ヘルツまでの範囲内における特定の四つの周波数…」のうち，下線部分が誤り。正しくは「1,000」。
③ 同注2の規定に照らして，正しい。また，休止時間の最大値という問題も出題されているが，下線部分が誤りである。

法規科目 第3問・第4問の標準問題

解答
〔48〕　②
〔49〕　②
〔50〕　②

〔出題〕
平成27年度第1回
平成26年度第1回

☞ P.196
端末設備等規則別表第
二号

〔51〕 アナログ電話端末の「選択信号の条件」における押しボタンダイヤル信号の低群周波数は，＿＿＿＿＿までの範囲内の特定の四つの周波数で規定されている。

① 400ヘルツから800ヘルツ

② 600ヘルツから1,000ヘルツ

③ 800ヘルツから1,500ヘルツ

解説 ［端末設備等規則別表第二号(押しボタンダイヤル信号の条件)］の規定から，答は②600ヘルツから1,000ヘルツ。なお，高群周波数は1,200ヘルツから1,700ヘルツまでの特定の四つの周波数である。

〔出題〕
平成30年度第2回

☞ P.196
端末設備等規則別表第
二号

〔52〕 アナログ電話端末の「選択信号の条件」において，押しボタンダイヤル信号の高群周波数は，＿＿＿＿＿までの範囲内における特定の四つの周波数で規定されている。

① 1,200ヘルツから1,700ヘルツ　　② 1,300ヘルツから2,000ヘルツ

③ 1,500ヘルツから2,500ヘルツ

解説 端末設備等規則別表第二号の規定から，答は①1,200ヘルツから1,700ヘルツ。

〔出題〕
平成28年度第2回

☞ P.196
端末設備等規則第12条
の2

〔53〕 アナログ電話端末であって，通話の用に供するものは，電気通信番号規則に規定する電気通信番号を用いた警察機関，＿＿＿＿＿機関又は消防機関への通報を発信する機能を備えなければならない。

① 医療　　② 海上保安　　③ 気象

解説 同第12条の2の規定から，答は②海上保安。

（2）端末設備等規則　第17条，第18条

〔出題〕
平成28年度第2回
平成27年度第1回

☞ P.196
①：端末設備等規則第
17条第一号
②：同第二号
③：同第三号

〔54〕 移動電話端末の「基本的機能」について述べた次の文章のうち，正しいものは，＿＿＿＿＿である。

① 発信を行う場合にあっては，発信を確認する信号を送出するものであること。

② 応答を行う場合にあっては，応答を要求する信号を送出するものであること。

③ 通信を終了する場合にあっては，チャネル(通話チャネル及び制御チャネルをいう。)を切断する信号を送出するものであること。

解答
〔51〕 ②
〔52〕 ①
〔53〕 ②
〔54〕 ③

解説　正しいものは③。
① 端末設備等規則第17条第一号の規定から「発信を行う場合にあっては，発信を確認する信号を送出するものであること。」のうち，下線部分が誤り。正しくは「**要求**」。
② 同第二号の規定から「応答を行う場合にあっては，応答を要求する信号を送出するものであること。」のうち，下線部分が誤り。正しくは「**確認**」。
③ 同第三号の規定のとおりで，正しい。

〔55〕　移動電話端末の「基本的機能」又は「発信の機能」について述べた次の文章のうち，誤っているものは，□□□である。

① 発信を行う場合にあっては，発信を要求する信号を送出するものであること。
② 応答を行う場合にあっては，応答を確認する信号を送出するものであること。
③ 自動再発信を行う場合にあっては，その回数は3回以内であること。ただし，最初の発信から2分を超えた場合にあっては，別の発信とみなす。なお，この規定は，火災，盗難その他の非常の場合にあっては，適用しない。

（出題）
平成28年度第1回

P.196
①：端末設備等規則第17条第一号
②：同第二号
P.198
③：同18条第二号

解説　誤っているものは③。
① 端末設備等規則第17条第一号の規定のとおりで，正しい。
② 同第二号の規定のとおりで，正しい。
③ 同第18条第二号の規定から「自動再発信を行う場合にあっては，その回数は3回以内であること。ただし，最初の発信から2分を超えた場合にあっては，別の発信とみなす。」のうち，下線部分が誤り。正しくは「**2回**」，「**3分**」。

〔56〕　移動電話端末は，発信に際して相手の端末設備からの応答を自動的に確認する場合にあっては，電気通信回線からの応答が確認できない場合□□□後1分以内にチャネルを切断する信号を送出し，送信を停止するものでなければならない。

① 選択信号送出終了　　② 通信路設定完了　　③ 周波数捕捉完了

（出題）
平成26年度第2回

P.198
端末設備等規則第18条第一号

解説　端末設備等規則第18条第一号の規定により，答は①**選択信号送出終了**である。

解答
〔55〕　③
〔56〕　①

法規科目　第3問・第4問の標準問題

（出題）
平成26年度第1回

☞ P.196
①：端末設備等規則第
17条第一号
☞ P.198
②：同第18条第二号,
第三号
③：同第19条

〔57〕 移動電話端末の「基本的機能」,「発信の機能」又は「送信タイミング」につい
て述べた次の文章のうち,誤っているものは, ☐ である。

① 発信を行う場合にあっては,発信を確認する信号を送出するものである
こと。
② 自動再発信を行う場合にあっては,その回数は2回以内であること。た
だし,最初の発信から3分を超えた場合にあっては,別の発信とみなす。
なお,この規定は,火災,盗難その他の非常の場合にあっては,適用し
ない。
③ 総務大臣が別に告示する条件に適合する送信タイミングで送信する機能
を備えなければならない。

解 説　誤っているものは①。
① 端末設備等規則第17条第一号の規定から「発信を行う場合にあっては,発信を
確認する信号を送出するものであること。」のうち,下線部分が誤り。正しくは
「**要求**」。
② 端末設備等規則第18条第二号の規定のとおりで,正しい。
③ 端末設備等規則第19条の規定のとおりで,正しい。

（出題）
平成30年度第2回

☞ P.196
①：端末設備等規則第
17条第一号
②：同第二号
☞ P.198
③：第18条第一号

〔58〕 移動電話端末の「基本的機能」又は「発信の機能」について述べた次の文章の
うち,正しいものは, ☐ である。

① 発信を行う場合にあっては,発信を確認する信号を送出するものである
こと。
② 通信を終了する場合にあっては,チャネル(通話チャネル及び制御チャネ
ルをいう。)を切断する信号を送出するものであること。
③ 発信に際して相手の端末設備からの応答を自動的に確認する場合にあっ
ては,電気通信回線からの応答が確認できない場合選択信号送出終了後
2分以内にチャネルを切断する信号を送出し,送信を停止するものであ
ること。

解 説　正しいものは②。
① 端末設備等規則第17条第一号の規定から「発信を行う場合にあっては、発信を
確認する信号を送出するものであること。」のうち,下線部分が誤り。正しくは
「**要求**」。
② 同第二号の規定に照らして,正しい。
③ 第18条第一号の規定から「…電気通信回線からの応答が確認できない場合選択
信号送出終了後2分以内にチャネルを切断する信号を送出…」のうち,下線部分
が誤り。正しくは「**1分**」。

解答
〔57〕 ①
〔58〕 ②

（3）端末設備等規則　第32条の2，第32条の3

〔出題〕
平成30年度第2回

☞P.198
A：端末設備等規則第
32条の2第一号
B：同第32条の3第二
号，同第三号

〔59〕　インターネットプロトコル電話端末の「基本的機能」及び「発信の機能」について述べた次の二つの文章は，　　　　　。

A　発信又は応答を行う場合にあっては，呼の設定を行うためのメッセージ又は当該メッセージに対応するためのメッセージを送出するものであること。

B　自動再発信を行う場合(自動再発信の回数が15回以内の場合を除く。)にあっては，その回数は最初の発信から3分間に2回以内であること。この場合において，最初の発信から3分を超えて行われる発信は，別の発信とみなす。

なお，この規定は，火災，盗難その他の非常の場合にあっては，適用しない。

① Aのみ正しい　　② Bのみ正しい　　③ AもBも正しい
④ AもBも正しくない

解説　③AもBも正しい。
A　端末設備等規則第32条の2第一号の規定に照らして，正しい。
B　同第32条の3第二号，同第三号の規定に照らして，正しい。

（4）端末設備等規則　第32条の10，第32条の11，第32条の12

〔出題〕
平成26年度第1回

☞P.200
①：端末設備等規則第
32条の10第三号
②：端末設備等規則第
32条の11第一号
③：端末設備等規則第
32条の10第二号

〔60〕　インターネットプロトコル移動電話端末の「基本的機能」又は「発信の機能」について述べた次の文章のうち，正しいものは，　　　　　である。

① 通信を終了する場合にあっては，チャネルをブロックする信号を送出するものであること。

② 発信に際して相手の端末設備からの応答を自動的に確認する場合にあっては，電気通信回線からの応答が確認できない場合呼の設定を行うためのメッセージ送出終了後128秒以内に通信終了メッセージを送出するものであること。

③ 応答を行う場合にあっては，応答を伝達する信号を送出するものであること。

解説　正しいものは②。
① 端末設備等規則第32条の10第三号の規定から「通信を終了する場合にあっては，チャネルをブロックする信号を送出するものであること。」のうち，下線部分が誤り。正しくは「切断」。
② 端末設備等規則第32条の11第一号の規定のとおりで，正しい。
③ 端末設備等規則第32条の10第二号の規定から「応答を行う場合にあっては，応答を伝達する信号を送出するものであること。」のうち，下線部分が誤り。正しくは「確認」。

解答
〔59〕　③
〔60〕　②

法規科目　第3問・第4問の標準問題

（出題）
平成27年度第2回

☞ P.200
端末設備等規則第32条
の11第一号

〔61〕 インターネットプロトコル移動電話端末は，発信に際して相手の端末設備からの応答を自動的に確認する場合にあっては，電気通信回線からの応答が確認できない場合呼の設定を行うためのメッセージ送出終了後128秒以内に □□□□ を送出するものでなければならない。

> ① 通信終了メッセージ　　② チャネルを切断する信号
> ③ 応答を確認する信号

解説 端末設備等規則第32条の11第一号の規定から，答は**①通信終了メッセージ**。

（出題）
平成30年度第1回
平成29年度第1回
平成27年度第1回

☞ P.200
①：端末設備等規則第
32条の11第一号
②：同第二号
☞ P.202
③：③：第32条の12

〔62〕 インターネットプロトコル移動電話端末の「発信の機能」又は「送信タイミング」について述べた次の文章のうち，誤っているものは， □□□□ である。

> ① 発信に際して相手の端末設備からの応答を自動的に確認する場合にあっては，電気通信回線からの応答が確認できない場合呼の設定を行うためのメッセージ送出終了後128秒以内に通信終了メッセージを送出するものであること。
> ② 自動再発信を行う場合にあっては，その回数は5回以内であること。ただし，最初の発信から3分を超えた場合にあっては，別の発信とみなす。
> 　なお，この規定は，火災，盗難その他の非常の場合にあっては，適用しない。
> ③ インターネットプロトコル移動電話端末は，総務大臣が別に告示する条件に適合する送信タイミングで送信する機能を備えなければならない。

解説 誤っているものは②。
① 同第32条の11第一号の規定に照らして，正しい。
② 同第二号の規定から「自動再発信を行う場合にあっては，その回数は5回以内であること。ただし，最初の発信から3分を超えた場合にあっては，別の発信とみなす。」のうち，下線部分が誤り。正しくは「3回」。
③ 同第32条の12の規定に照らして，正しい。

（5）端末設備等規則　第34条の8，第34条の9

（出題）
平成29年度第2回

☞ P.202
端末設備等規則第34条
の8第1項

〔63〕 専用通信回線設備等端末は，総務大臣が別に告示する電気的条件及び □□□□ 条件のいずれかの条件に適合するものでなければならない。

> ① 機械的　　② 磁気的　　③ 光学的

解説 端末設備等規則第34条の8第1項の規定から，答は**③光学的**。

解答
〔61〕　①
〔62〕　②
〔63〕　③

220

〔64〕　専用通信回線設備等端末は，[　　　　]に対して直流の電圧を加えるもので
あってはならない。ただし，総務大臣が別に告示する条件において直流重畳
が認められる場合にあっては，この限りでない。

> ① 電気通信回線　② 配線設備　③ 他の端末設備

(出題)
平成28年度第1回

☞ P.202
端末設備等規則第34条
の8第2項

解説　　同第34条の8第2項の規定から，答は**①電気通信回線**。

〔65〕　複数の電気通信回線と接続される専用通信回線設備等端末の回線相互間の
[　　　　]は，1,500ヘルツにおいて70デシベル以上でなければならない。

> ① 漏話減衰量　　② 反射損失　　③ 伝送損失

(出題)
平成28年度第2回

☞ P.202
端末設備等規則第34条
の9

解説　　同第34条の9の規定から，答は**①漏話減衰量**。また，70が[　　　　]になった問題も
出題されている。

〔66〕　専用通信回線設備等端末の「漏話減衰量」及び「電気的条件等」について述べ
た次の二つの文章は，[　　　　]。

A　複数の電気通信回線と接続される専用通信回線設備等端末の回線相互間の
漏話減衰量は，1,500ヘルツにおいて70デシベル以上でなければならない。

B　専用通信回線設備等端末は，自営電気通信設備に対して直流の電圧を加え
るものであってはならない。ただし，総務大臣が別に告示する条件において
直流重畳が認められる場合にあっては，この限りでない。

> ① Aのみ正しい　　② Bのみ正しい　　③ AもBも正しい
> ④ AもBも正しくない

(出題)
平成30年度第1回
平成27年度第2回

☞ P.202
A：端末設備等規則第
34条の9
B：同　第34条
の8第2項

解説　　**①Aのみ正しい**。
A　端末設備等規則第34条の9の規定に照して，正しい。
B　同第34条の8第2項の規定から「専用通信回線設備等端末は，自営電気通信設
備に対して直流の電圧を加えるものであってはならない。ただし，総務大臣が別
に告示する条件において直流重畳が認められる場合にあっては，この限りでな
い。」のうち，下線部分が誤り。正しくは「電気通信回線」。
また，Aの「1,500ヘルツ」を「1,700ヘルツ」とした問題も出題されているが，誤りで
ある。

法規科目　第3問・第4問の標準問題

解答
〔64〕　①
〔65〕　①
〔66〕　①

221

◆第3問・第4問の年度別出題法令一覧

〈凡例：*26-1：試験実施年度・実施回数を示す（平成26年度第1回）〉

出 題 法 令 内 訳	*26-1	26-2	27-1	27-2	28-1	28-2	29-1	29-2	30-1	30-2
端末設備等規則（Ⅰ）										
第2条（定義）　第2項										
一　電話用設備		●問3								●問3
二　アナログ電話用設備					●問3	●問3	●問4	●問3		
三　アナログ電話端末										
四　移動電話用設備	●問3	●問3	●問3					●問3	●問3	●問3
五　移動電話端末										
六　インターネットプロトコル電話用設備										
七　インターネットプロトコル電話端末						●問3			●問3	●問3
八　インターネットプロトコル移動電話用設備										
九　インターネットプロトコル移動電話端末					●問3			●問3		
十　無線呼出用設備										
十一　無線呼出端末										
十二　総合デジタル通信用設備	●問3							●問3	●問3	
十三　総合デジタル通信端末		●問3								
十四　専用通信回線設備		●問3		●問3						
十五　デジタルデータ伝送用設備			●問3		●問3				●問3	
十六　専用通信回線設備等端末										
十七　発信										
十八　応答										
十九　選択信号	●問3						●問3			
二十　直流回路			●問3						●問4	
二十一　絶対レベル					●問4			●問4		
二十二　通話チャネル	●問3					●問3	●問3			
二十三　制御チャネル			●問3					●問3		●問3
第3条（責任の分界）										
第1項	●問3	●問3				●問3	●問3	●問3		
第2項	●問3	●問4				●問3				●問3
第4条（漏えいする通信の識別禁止）	●問3	●問3	●問3	●問3	●問4	●問4	●問3	●問3	●問3	●問4
第5条（鳴音の発生防止）	●問3	●問3	●問4	●問3	●問3	●問4	●問3	●問3		●問3
第6条（絶縁抵抗等）					●問3		●問3			
第1項　第一号，第二号			●問3	●問3	●問3	●問3	●問3		●問3	●問3
第2項			●問3	●問4	●問3				●問3	
第7条（過大音響衝撃の発生防止）		●問3	●問4		●問3	●問3	●問3		●問4	
第8条（配線設備等）										
第一号	●問4		●問4	●問3		●問3	●問3	●問4		
第二号		●問3	●問3	●問3	●問3			●問3	●問3	
第三号										
第四号			●問4	●問3	●問4	●問4	●問4			●問4
第9条（端末設備内において電波を使用する端末設備）										
第一号	●問3	●問4				●問3	●問4	●問4	●問3	
第二号	●問3	●問4							●問3	
第三号	●問3	●問4							●問3	
端末設備等規則（Ⅱ）										
第12条（選択信号の条件）別表第2号	●問4	●問4	●問4	●問4	●問4		●問4	●問4	●問4	
第12条の2（緊急通報機能）						●問4				
第17条（移動電話端末の基本的機能）										
第一号，第二号，第三号	●問4		●問4		●問4	●問4				●問4
第18条（移動電話端末の発信の機能）										
第一号，第二号，第三号	●問4	●問4			●問4					●問4
第19条（移動電話端末の送信タイミング）	●問4									
第32条の2（インターネットプロトコル電話端末の基本的機能）										
第一号，第二号		●問4								●問4
第32条の3（インターネットプロトコル電話端末の発信の機能）										
第一号，第二号		●問4								●問4
第32条の10（インターネットプロトコル移動電話端末の基本的機能）	●問4									
第32条の11（インターネットプロトコル移動電話端末の発信の機能）	●問4		●問4	●問4	●問4		●問4		●問4	
第32条の12（インターネットプロトコル移動電話端末の送信タイミング）			●問4				●問4		●問4	
第34条の8（専用通信回線設備等端末の電気的条件等）										
第1項								●問4		
第2項				●問4	●問4	●問4			●問4	
第34条の9（専用通信回線設備等端末の漏話減衰量）				●問4					●問4	

2019年春（5月26日）実施

令和元年度第1回工事担任者試験
DD第3種
最新試験問題と
解説・解答

試 験 科 目

I　電気通信技術の基礎 ……………………………………224
II　端末設備の接続のための技術及び理論 ………………238
III　端末設備の接続に関する法規 …………………………250

解 答・解 説

I　電気通信技術の基礎　解説・解答 ……………………225
II　端末設備の接続のための技術及び理論　解説・解答 ……239
III　端末設備の接続に関する法規　解説・解答 …………251

電気通信技術の基礎 最新試験問題

第1問　次の各文章の　　　内に，それぞれの　　　の解答群の中から最も適したものを選び，その番号を記せ。　　　　　　　　　　　　　　　　　　　　　　　　　　　　（小計20点）

（1）　図1に示す回路において，抵抗 R_1 に加わる電圧が20ボルトのとき，R_1 は，　(ア)　オームである。ただし，電池の内部抵抗は無視するものとする。　　　　　　　　　　　（5点）

① 4　　② 5　　③ 8

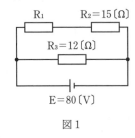

R_1　　　$R_2 = 15 〔Ω〕$

$R_3 = 12 〔Ω〕$

$E = 80 〔V〕$

図1

（2）　図2に示す回路において，回路に流れる交流電流が5アンペアであるとき，端子 a−b 間の交流電圧は，　(イ)　ボルトである。　　　　　　　　　　　　　　　　　　　　　（5点）

① 20　　② 25　　③ 50

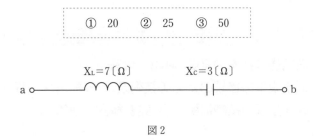

$X_L = 7 〔Ω〕$　　　　$X_C = 3 〔Ω〕$

a　　　　　　　　　　　　　　　　　　　　　　　b

図2

（3）　平行に置かれた2本の直線状の電線に，互いに反対向きに直流電流を流したとき，両電線間には　(ウ)　。　　　　　　　　　　　　　　　　　　　　　　　　　　　　　　　（5点）

①　互いに反発し合う力が働く　　②　互いに引き合う力が働く
③　引き合う力も反発し合う力も働かない

2019年春(5月26日)実施
電気通信技術の基礎 解説・解答

第1問の解説・解答

（1）　図の回路において，R_1 両端の電圧 V_1 が 20〔V〕であるから，R_2 両端の電圧 V_2 は

☞ P.2
②合成抵抗①

$$V_2 = E - V_1 = 80 - 20 = 60 〔V〕$$

また，$V_1 : V_2 = R_1 : R_2$ であるから

$$20 : 60 = R_1 : 15$$

この式において，内項の積は外項の積に等しいので

$$60R_1 = 20 \times 15 = 300 \qquad \therefore R_1 = 5〔Ω〕$$

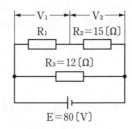

V₁ ← → V₂
R₁　　R₂=15〔Ω〕
R₃=12〔Ω〕
E=80〔V〕

（2）　a−b間の電圧を V，流れる電流を I，回路のインピーダンスを Z とすると

☞ P.12
④L−C直列回路

$$Z = |X_L - X_C| = 7 - 3 = 4〔Ω〕$$

したがって

$$V = Z \cdot I = 4 \times 5 = 20〔V〕$$

（3）　平行に置かれた2本の直線状の電線に直流電流を流すと，一方の電線に流れる電流によって生じた磁界ともう一方の電線に流れる電流の間に電磁力が発生し，電流の方向が同じ向きのときは互いに引き合う力が，反対向きのときは**互いに反発し合う力**が働く。

☞ P.20
⑥平行導体に働く力

解答
第1問
（1）　（ア）　②
（2）　（イ）　①
（3）　（ウ）　①

225

（4） 導線の単位長さ当たりの電気抵抗は，その導線の断面積を3倍にしたとき，　(エ)　倍になる。 （5点）

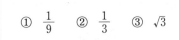

①　$\dfrac{1}{9}$　　②　$\dfrac{1}{3}$　　③　$\sqrt{3}$

第2問　次の各文章の　　　　内に，それぞれの　　　　の解答群の中から最も適したものを選び，その番号を記せ。 （小計20点）

（1）　真性半導体に不純物が加わると，結晶中において共有結合を行う電子に過不足が生じてキャリアが生成されることにより，　(ア)　が増大する。 （4点）

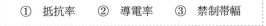

①　抵抗率　　②　導電率　　③　禁制帯幅

（2）　図に示すトランジスタ増幅回路において，正弦波の入力信号電圧 V_I に対する出力電圧 V_{CE} は，この回路の動作点を中心に変化し，コレクタ電流 I_C が最大のとき，V_{CE} は　(イ)　。 （4点）

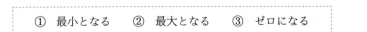

①　最小となる　　②　最大となる　　③　ゼロになる

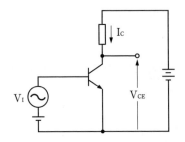

（3）　ダイオードの順方向抵抗は，一般に，周囲温度が　(ウ)　。 （4点）

①　上昇すると大きくなる　　②　上昇しても変化しない
③　上昇すると小さくなる

（4）　導線の単位長さあたりの電気抵抗 R は，導体の断面積を A，抵抗率を ρ とすると R$=\dfrac{\rho}{A}$ で表される。したがって，導体の断面積 A を 3 倍にすると電気抵抗 R は $\dfrac{1}{3}$ 倍になる。

☞ P.4
③導体の電気抵抗

解答
第1問
（4）（エ）②

第2問の解説・解答

（1）　純粋な半導体(真性半導体)の結晶は隣り合った原子が電子を共有する共有結合をしている。ここに不純物原子が加わると，共有結合を行う電子に過不足が生じて自由電子または正孔が生成され，導電率が増大する。

☞ P.22
①半導体の種類

（2）　トランジスタ増幅回路において，入力信号電圧 V_I が増加するとベース電流 I_B が増加し，それにともなってコレクタ電流 I_C が増加してコレクタ抵抗による電圧降下でコレクタ電圧(出力電圧)V_{CE} は低下する。また，入力信号電圧が低下すると，コレクタ電流が減少してコレクタ電圧(出力電圧)V_{CE} は上昇する。したがって，出力電圧 V_{CE} は，この回路の動作点を中心に変化し，コレクタ電流 I_C が最大のとき V_{CE} は最小となる。

☞ P.32
I_C が増加すると…

（3）　半導体は一般に，温度が上昇すると電気抵抗が減少する。したがって，ダイオードの順方向抵抗も周囲温度が上昇すると小さくなる。

☞ P.22
①真性半導体

解答
第2問
（1）（ア）②
（2）（イ）①
（3）（ウ）③

（4）　トランジスタによる増幅回路を構成する場合のバイアス回路は，トランジスタの動作点の設定を行うために必要な　(エ)　を供給するために用いられる。　　　　　　　　　　（4点）

> ① 入力信号　　② 出力信号　　③ 交流電流　　④ 直流電流

（5）　半導体メモリは揮発性メモリと不揮発性メモリに大別され，揮発性メモリの一つに　(オ)　がある。　　　　　　　　　　　　　　　　　　　　　　　　　　　　　　　　（4点）

> ① フラッシュメモリ　　② EPROM　　③ DRAM

第3問　次の各文章の　　　内に，それぞれの　　　　の解答群の中から最も適したものを選び，その番号を記せ。　　　　　　　　　　　　　　　　　　　　　　　　　　　　（小計20点）

（1）　図1，図2及び図3に示すベン図において，A，B及びCが，それぞれの円の内部を表すとき，斜線部分を示す論理式が $A \cdot \overline{B} + B \cdot \overline{C} + \overline{B} \cdot C$ と表すことができるベン図は，　(ア)　である。　　　　　　　　　　　　　　　　　　　　　　　　　　　　　　　　　　　　　（5点）

> ① 図1　　② 図2　　③ 図3

図1　　図2　　図3

（4）　トランジスタ増幅回路は，あらかじめ設定した直流電流値（動作点）を中心に電流を増減させて交流信号を増幅している。バイアス回路は，このトランジスタの動作点を設定するために必要な直流電流を供給するための回路である。

📖 P.30
●トランジスタ回路の
バイアス

（5）　半導体メモリは，電源を切ると記憶した内容が消えてしまう揮発性メモリと電源を切っても記憶した内容が消えない不揮発性メモリに大別され，揮発性メモリにはDRAM（Dynamic Random Access Memory）やSRAM（Static RAM），不揮発性メモリにはフラッシュメモリやEPROM（Erasable Programmable Read Only Memory）などがある。

解答
第2問
（4）（エ）④
（5）（オ）③

第3問の解説・解答

（1）　設問のベン図のうち，$A \cdot \overline{B} + B \cdot \overline{C} + \overline{B} \cdot C$ の論理式で表すことができるベン図は図1である。

📖 P.44
②ベン図と論理式

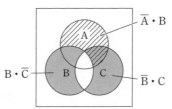

解答
第3問
（1）（ア）①

（2） 表に示す2進数 X_1, X_2 について，各桁それぞれに論理和を求め2進数で表記した後，10進数に変換すると， （イ） になる。 （5点）

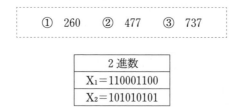

2進数
$X_1=110001100$
$X_2=101010101$

（3） 図4に示す論理回路において，Mの論理素子が （ウ） であるとき，入力a及びbと出力cとの関係は，図5で示される。 （5点）

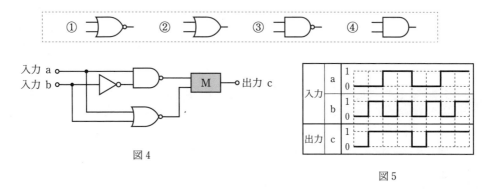

図4

図5

（4） 次の論理関数 X は，ブール代数の公式等を利用して変形し，簡単にすると， （エ） になる。 （5点）

$$X=\overline{A}\cdot(\overline{\overline{B}+\overline{C}})\cdot C+(\overline{A+C})\cdot\overline{B}\cdot C$$

① 0　② $\overline{A}\cdot B\cdot C$　③ $A\cdot\overline{B}+\overline{A}\cdot B\cdot C$

🖙 P.48
③2進数の論理和・論理積
③2進10進変換

（2）　2進数 X_1，X_2 について，各桁それぞれに論理和を求めると

$$X_1\quad 110001100$$
$$X_2\quad \underline{101010101}$$
$$111011101$$

　　　2進数は右側の最下位の桁から順に 1，2，4，8，16，32，64，128，256…の重みを持っているので，2進数 111011101 を10進数に変換すると

$$256+128+64+16+8+4+1=477$$

🖙 P.40
②未知の論理素子①

（3）　図5の入・出力の関係を示す図を左側から見ていくと，入力 a・b が 0・0 のとき出力 c は 0，同様に 0・1 のとき 1，1・0 のとき 1，1・1 のとき 1 である。
　　　図4の回路図に論理レベルを記入すると

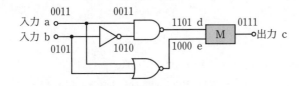

　　　M の入，出力を真理値表にまとめると（d，e が 0・1 の場合は M の出力が 0 か 1 か分からないので＊で示す）
　　　素子 M は，この真理値表に相当する素子であるから **NAND** である。

入力		出力
d	e	c
0	0	1
0	1	＊
1	0	1
1	1	0

🖙 P.42
③論理式の簡略化

（4）　論理関数 X を変形し，簡単にすると

$$X=\overline{A}\cdot(\overline{\overline{B}+\overline{C}})\cdot C+(\overline{\overline{A}+C})\cdot\overline{B}\cdot C$$
$$=\overline{A}\cdot(\overline{\overline{B}}\cdot\overline{\overline{C}})\cdot C+\overline{\overline{A}}\cdot\overline{C}\cdot\overline{B}\cdot C$$
$$=\overline{A}\cdot B\cdot C\cdot C+A\cdot\overline{C}\cdot\overline{B}\cdot C$$

　　　ここに C・C＝C，$\overline{C}$・C＝0 であるから

$$=\overline{A}\cdot B\cdot C$$

解答
第3問
（2）（イ）②
（3）（ウ）③
（4）（エ）②

第4問　次の各文章の［　　　　］内に，それぞれの［　　　］の解答群の中から最も適したものを選び，その番号を記せ。　　　　　　　　　　　　　　　　　　　　　　　　　　　　（小計20点）

（1）　図1において，電気通信回線への入力電力が25ミリワット，その伝送損失が1キロメートル当たり［（ア）］デシベル，増幅器の利得が26デシベルのとき，電力計の読みは，2.5ミリワットである。ただし，入出力各部のインピーダンスは整合しているものとする。　　　　（5点）

①　0.4　　②　0.8　　③　1.2

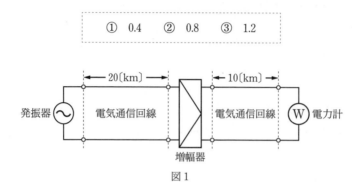

図1

（2）　ケーブルにおける漏話について述べた次の二つの記述は，［（イ）］。　　　　（5点）
　A　平衡対ケーブルを用いて構成された電気通信回線間の電磁結合による漏話は，心線間の相互誘導作用により生ずるものであり，その大きさは，誘導回線の電流に反比例する。
　B　同軸ケーブルの漏話は，導電結合により生ずるが，一般に，その大きさは，通常の伝送周波数帯域において伝送される信号の周波数が低くなると大きくなる。

①　Aのみ正しい　　②　Bのみ正しい　　③　AもBも正しい　　④　AもBも正しくない

（3）　データ信号速度は1秒間に何ビットのデータを伝送するかを表しており，シリアル伝送によるデジタルデータ伝送方式において，図2に示す2進符号によるデータ信号を伝送する場合，データ信号のパルス幅Tが2.5ミリ秒のとき，データ信号速度は［（ウ）］ビット／秒である。
　　（5点）

①　250　　②　400　　③　800

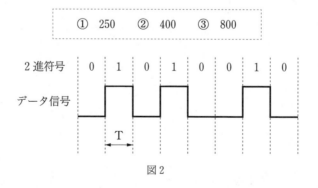

図2

第4問の解説・解答

（1）　電気通信回線の入力電力が 25〔mW〕，電力計の読みが 2.5〔mW〕であるから，伝送量 A は

🖙 P.58
●伝送量の計算例②

$$A = 10 \log_{10} \frac{2.5}{25} = 10 \log_{10} \frac{1}{10} = 10 \log_{10} 10^{-1} = -10 \log_{10} 10 = -10 \,〔dB〕$$

電気通信回線の距離が 20＋10〔km〕＝30〔km〕であるから，その伝送損失を x〔dB/km〕とすると，回線全体の減衰量 L は 30x〔dB〕となる。

増幅器の利得 G が26〔dB〕であるから，伝送量を求める式 A＝−L＋G に代入して

$$-10 = -30x + 26 \qquad 30x = 26 + 10 = 36$$

よって $x = \dfrac{36}{30} = 1.2 \,〔dB/km〕$

（2）　②Bのみ正しい。

🖙 P.62
A：①同軸ケーブル
🖙 P.64
B：②平衡対ケーブル

A　平衡対ケーブルを用いた電気通信回線間の電磁結合による漏話の大きさは，誘導回線の電流に**比例**するので，記述は誤りである。

B　同軸ケーブルの漏話は導電結合により生じ，伝送される信号の周波数が低くなると表皮効果が薄れて漏話が大きくなるので，記述は正しい。

（3）　シリアル伝送によるデジタルデータ伝送方式において，図のデータ信号を伝送するときのデータ信号速度 S は，信号のパルス幅 T が 2.5〔ms〕であり，1〔s〕＝1,000〔ms〕であるから

$$\frac{1,000}{2.5} = 400 \,〔b/s〕$$

解答
第4問
（1）　（ア）　③
（2）　（イ）　②
（3）　（ウ）　②

（4）　特性インピーダンスが Z_0 の通信線路に負荷インピーダンス Z_1 を接続する場合，　(エ)　のとき，接続点での入射電圧波は，逆位相で全反射される。　　　　　　　　　（5点）

① $Z_1 = 0$　　② $Z_1 = \dfrac{Z_0}{2}$　　③ $Z_1 = Z_0$

第5問　次の各文章の□□□内に，それぞれの┊┄┄┄┊の解答群の中から最も適したものを選び，その番号を記せ。　　　　　　　　　　　　　　　　　　　　　　　　　　（小計20点）

（1）　複数のユーザが同一伝送路を時分割して利用する多元接続方式である TDMA 方式では，一般に，基準信号を基に　(ア)　同期を確立する必要がある。　　　　　　　　　（4点）

① 調　歩　　② スタッフ　　③ フレーム

（2）　デジタル信号の変調において，デジタルパルス信号の 1 と 0 に対応して正弦搬送波の周波数を変化させる方式は，一般に，　(イ)　といわれる。　　　　　　　　　　　　（4点）

① ASK　　② FSK　　③ PSK

（3）　デジタル信号の伝送において，ハミング符号や　(ウ)　符号は，伝送路などで生じたビット誤りの検出や訂正のための符号として利用されている。　　　　　　　　（4点）

① B8ZS　　② CRC　　③ マンチェスタ

（4）　特性インピーダンス Z_0 の通信線路に負荷インピーダンス Z_1 を接続するとき，接続点で入射電圧波が逆位相で全反射されるのは $Z_1＝0$ の場合である。$Z_1＝∞$ の場合は同位相で全反射され，$Z_1＝Z_2$ の場合は反射が生じない。

☞ P.60
(c) m＝－1の場合

解答
第4問
（4）（エ）①

第5問の解説・解答

（1）　**TDMA**（Time Division Multiple Access：時分割多元接続）は複数のユーザが一つの伝送路を時分割して利用する方式であり，時間をフレーム単位に区切り，各フレームをさらに分割したスロットを各ユーザに割り当てている。そのため，フレーム内の正しい時間位置を識別して信号を伝送できるように**フレーム同期**を確立する必要がある。

☞ P.74
②多元接続方式

（2）　デジタルパルス信号の1と0に対応して正弦搬送波の周波数を変化させるデジタル信号の変調方式は，**FSK**（Frequency Shift Keying：周波数偏移変調）である。

☞ P.68
②デジタル変調

（3）　デジタル伝送では，一般に伝送路などで生じるビット誤りの検出や訂正を行う誤り制御方式が用いられ，誤り制御を行う符号形式には**CRC**符号やハミング符号がある。

☞ P.74
●CRC符号とハミング符号

解答
第5問
（1）（ア）③
（2）（イ）②
（3）（ウ）②

（4）　デジタル伝送方式における雑音などについて述べた次の二つの記述は，　（エ）　。　（4点）

  A　再生中継伝送を行っているデジタル伝送方式では，中継区間で発生した雑音や波形ひずみは，一般に，次の中継区間には伝達されない。

  B　アナログ信号をデジタル信号に変換する過程で生ずる雑音には，量子化雑音がある。

① Aのみ正しい　　② Bのみ正しい　　③ AもBも正しい　　④ AもBも正しくない

（5）　デジタル信号の伝送系における品質評価尺度の一つに，測定時間中のある時間帯にビットエラーが集中的に発生しているか否かを判断するための指標となる　（オ）　がある。　（4点）

① ％ES　　② MOS　　③ BER

（4）　③AもBも正しい。

A　再生中継伝送を行っているデジタル伝送方式では，中継区間で発生した雑音や波形ひずみは再生中継器で規定のパルスに復元され，次の中継区間には伝達されないので，記述は正しい。

B　アナログ信号をデジタル信号に変換するPCM（パルス符号化変調）では，その過程で量子化雑音が発生するので，記述は正しい。

📖 P.74
A：⑥再生中継器…
📖 P.72
B：量子化雑音は…

（5）　ある時間帯にビットエラーが集中的に発生しているか否かを判断するための指標となる品質評価尺度は％ES（Percent Errored Second）である。なお，MOS（Mean Opinion Score）は電話網の通話に対する満足度を評価する指標，BER（Bit Error Rate）は平均的な誤り率を示す指標である。

📖 P.76
◎％ES

解答
第5問
（4）（エ）③
（5）（オ）①

第1問　次の各文章の　　　　内に，それぞれの　　　　の解答群の中から最も適したものを選び，その番号を記せ。 (小計25点)

（1）GE-PON システムで用いられている OLT 及び ONU の機能などについて述べた次の記述のうち，正しいものは，　(ア)　である。 (5点)

> ① OLT は，ONU がネットワークに接続されるとその ONU を自動的に発見し，通信リンクを自動で確立する。
> ② ONU からの上り信号は，OLT 配下の他の ONU からの上り信号と衝突しないよう，OLT があらかじめ各 ONU に対して，異なる波長を割り当てている。
> ③ GE-PON では，光ファイバ回線を光スプリッタで分岐し，OLT〜ONU 相互間を上り／下りともに最大の伝送速度として毎秒10ギガビットで双方向通信を行うことが可能である。

（2）アナログ電話サービスの音声信号などと ADSL サービスの信号を分離・合成する機器である　(イ)　は，受動回路素子で構成されている。 (5点)

> ① メディアコンバータ　② ADSL モデム　③ ADSL スプリッタ

（3）IP 電話には，0AB〜J 番号が付与されるものと，　(ウ)　で始まる番号が付与されるものがある。 (5点)

> ① 020　② 050　③ 080

2019年春（5月26日）実施
端末設備の接続のための技術及び理論 解説・解答

第1問の解説・解答

（1）　正しいものは①。

　①　P2MP（Point to Multipoint）ディスカバリについての記述であり，正しい。

　②　ONU からの上り信号は，他の ONU からの上り信号と衝突しないよう，OLT が配下の ONU に対して**異なる時間**を割り当て，各 ONU からの上り信号を時間的に分離しているので，記述は誤りである。

　③　GE-PON の最大の伝送速度は **1Gbit/s** であるので，記述は誤りである。

P.114
(3)GE-PON

（2）　ADSL サービスの信号とアナログ電話サービスの音声信号などを分離・合成する機器は **ADSL スプリッタ**である。ADSL スプリッタはコンデンサやコイル・抵抗などその動作に電源を必要としない受動回路素子で構成されている。

P.88
②ADSL スプリッタ
は…

（3）　IP 電話には，固定電話と同じ番号構成の 0AB ～ J 番号が付与されるものと，050 で始まる番号が付与されるものがある。

P.92
③IP 電話の電話番号

解答
第1問
（1）　（ア）　①
（2）　（イ）　③
（3）　（ウ）　②

239

（4） IEEE802.3at Type1 として標準化された PoE 機能を利用すると，100BASE-TX のイーサネットで使用している LAN 配線の信号対又は予備対(空き対)の （エ） 対を使って，PoE 機能を持つ IP 電話機に給電することができる。 （5点）

① 1 　 ② 2 　 ③ 4

（5） IEEE802.11 において標準化された無線 LAN について述べた次の二つの記述は，（オ）。 （5点）

A 5GHz 帯の無線 LAN では，ISM バンドとの干渉によるスループットの低下がない。

B CSMA/CA 方式では，送信端末からの送信データが他の無線端末からの送信データと衝突しても，送信端末では衝突を検知することが困難であるため，送信端末は，アクセスポイント(AP)からの ACK 信号を受信することにより，送信データが正常に AP に送信できたことを確認する。

① Aのみ正しい 　 ② Bのみ正しい 　 ③ AもBも正しい 　 ④ AもBも正しくない

第2問　次の各文章の　　　　内に，それぞれの　　　　の解答群の中から最も適したものを選び，その番号を記せ。 （小計25点）

（1） HDLC 手順では，フレーム同期をとりながらデータの透過性を確保するために，受信側において，開始フラグシーケンスである （ア） を受信後に，5 個連続したビットが1のとき，その直後のビットの0は無条件に除去される。 （5点）

① 01111110 　 ② 10101010 　 ③ 11111111

（2） CATV センタとユーザ宅間の映像配信用ネットワークの一部に同軸伝送路を使用しているネットワークを利用したインターネット接続サービスにおいて，ネットワークに接続するための機器としてユーザ宅内には，一般に，（イ） が設置される。 （5点）

① ケーブルモデム 　 ② ブリッジ 　 ③ DSU

（4）　IEEE802.3at Type1 として標準化されている PoE 機能は，100BASE-TX の
　　　イーサネットで使用している LAN 配線の信号対または予備対(空き対)の２対を
　　　使って，PoE 対応の IP 電話機に給電する方式である。

☞ P.96
●IP 電話機などへの
　電力供給

（5）　③AもBも正しい。
　　A　5GHz 帯 の 無線 LAN は，2.4GHz 帯 を 使用する ISM(Industry Science
　　　Medical：産業科学医療)バンドと周波数帯が異なるので，ISM バンドを使用
　　　する機器との干渉によるスループットの低下がないので，記述は正しい。
　　B　IEEE802.11 で標準化された CSMA/CA(Carrier Sense Multiple Access/
　　　Collision Avoidannce：搬送波感知多重アクセス／衝突回避)方式では，送信
　　　端末はアクセスポイント（AP）からの ACK 信号を受信することにより，送信
　　　データが正常に AP に送信できたことを確認しているので，記述は正しい。

☞ P.98
4 無線 LAN

解答
第1問
（4）（エ）②
（5）（オ）③

第２問の解説・解答

（1）　HDLC(High-Level Data Link Control)手順では，データの前後にフラグシ
　　　ーケンス 01111110 を付けたフレーム形式でデータ伝送を行う。フレーム同期を
　　　とりながらデータの透過性を確保するため，送信側では開始フラグシーケンスを
　　　送信後にビット１が５個連続したときは，その直後にビット０を挿入し，受信側
　　　では開始フラグシーケンスである 01111110 を受信後にビット１が５個連続した
　　　ときは，その直後のビット０を無条件に除去している。

☞ P.108
●フラグシーケンス
　(F)

（2）　CATV(Cable Television)センタとユーザ宅の間の映像配信用ネットワークの
　　　一部に同軸伝送路を利用するインターネット接続サービスでは，ネットワークに
　　　接続するためにユーザ宅内に設置される機器は**ケーブルモデム**である。

☞ P.122
●CATVインター
　ネット

解答
第2問
（1）（ア）①
（2）（イ）①

（3）　光アクセスネットワークには，電気通信事業者のビルから集合住宅の MDF 室などまでの区間には光ファイバケーブルを使用し，MDF 室などから各戸までの区間には（ウ）方式を適用して既設の電話用配線を利用する方法がある。　　　　　　　　　　　　　　　　（5点）

> ①　HFC　　②　PLC　　③　VDSL

（4）　光アクセスネットワークの設備構成のうち，電気通信事業者のビルから配線された光ファイバの 1 心を光スプリッタを用いて分岐し，個々のユーザにドロップ光ファイバケーブルで配線する構成を採る方式は，（エ）方式といわれる。　　　　　　　　　　　　　　　　（5点）

> ①　SS　　②　ADS　　③　PDS

（5）　TCP/IP のプロトコル階層モデル（4 階層モデル）において，インターネット層の直近上位に位置する層は（オ）層である。　　　　　　　　　　　　　　　　（5点）

> ①　ネットワークインタフェース　　②　トランスポート　　③　アプリケーション

第 3 問　次の各文章の　　　　内に，それぞれの　　　　の解答群の中から最も適したものを選び，その番号を記せ。　　　　　　　　　　　　　　　　（小計25点）

（1）　Web ページへの来訪者のコンピュータ画面上に，連続的に新しいウィンドウを開くなど，来訪者のコンピュータに来訪者本人が意図しない動作をさせる Web ページは，一般に，（ア）といわれる。　　　　　　　　　　　　　　　　（5点）

> ①　ガンブラー　　②　セッションハイジャック　　③　ブラウザクラッシャー

（3）　光アクセスネットワークには，電気通信事業者のビルから集合住宅の MDF 室などまでの区間は光ファイバケーブルを使用し，MDF 室などからユーザ宅までの区間には既設の電話用配線を利用する VDSL（Very high-bit-rate Digital Subscriber Line：超高速デジタル加入者線伝送）方式を用いる方法がある。VDSL 方式は ADSL（Asymmetric Digital Subscriber Line：非対称デジタル加入者線伝送）と同様の方式で，ADSL に比べて高速の通信が可能であるが短い距離でしか利用できないので，既設の集合住宅などで利用されている。

（4）　電気通信事業者のビルから配線された光ファイバの 1 心を光スプリッタで分岐し，個々のユーザにドロップ光ファイバケーブルで配線する光アクセスネットワークの設備構成は **PDS**（Passive Double Star）である。PDS は，PON（Passive Optical Network）ともいわれる。

📖 P.112
②PDS 構成は…

（5）　TCP/IP のプロトコル階層モデル（4 階層モデル）において，インターネット層の直近上位に位置する層は**トランスポート**層である。

📖 P.116
(2) TCP/IP

解答
第2問
（3）（ウ）③
（4）（エ）③
（5）（オ）②

第3問の解説・解答

（1）　Web ブラウザからアクセスした Web ページを表示するコンピュータ画面で，新しいウィンドウを開き続けたり，アラートメッセージを表示し続けたり，本人が意図しない動作をする Web ページは**ブラウザクラッシャー**である。

解答
第3問
（1）（ア）③

（2） ネットワークを介してサーバに連続してアクセスし，セキュリティホールを探す場合などに
利用される手法は，一般に，　（イ）　といわれる。　　　　　　　　　　　　　　　（5点）

　　　　① スプーフィング　　② ポートスキャン　　③ スキミング

（3） スイッチングハブのフレーム転送方式におけるカットアンドスルー方式について述べた次の
記述のうち，正しいものは，　（ウ）　である。　　　　　　　　　　　　　　　　（5点）

　　　① 有効フレームの先頭から64バイトまでを受信した後，異常がなければフレームの転送
　　　　を開始する。
　　　② 有効フレームの先頭から宛先アドレスの6バイトまでを受信した後，フレームが入力
　　　　ポートで完全に受信される前に，フレームの転送を開始する。
　　　③ 有効フレームの先頭からFCSまでを受信した後，異常がなければフレームを転送す
　　　　る。

（4） ネットワークインタフェースカード(NIC)に固有に割り当てられた　（エ）　は，一般に，
MAC アドレスといわれ，6バイト長で構成される。　　　　　　　　　　　　　　（5点）

　　　　① 物理アドレス　　② 論理アドレス　　③ 有効アドレス

（5） IPv4 ネットワークにおいて，IPv4 パケットなどの転送データが特定のホストコンピュータ
へ到達するまでに，どのような経路を通るのかを調べるために用いられる Windows の tracert
コマンドは，　（オ）　メッセージを用いる基本的なコマンドの一つである。　　（5点）

　　　　① HTTP　　② ICMP　　③ DHCP

（2）　ネットワークを通じた攻撃手法の一つで，サーバのポート番号を順次アクセスして，セキュリティホールを探し出す不正アクセス行為はポートスキャンである。

📖 P.130
●ネットワークを…

（3）　正しいものは②。
①　フラグメントフリー方式についての記述なので，誤りである。
②　カットアンドスルー方式についての記述なので，正しい。
③　ストアアンドフォワード方式についての記述なので，誤りである。

📖 P.100
●スイッチングハブの
　フレーム転送方式…

（4）　6バイト長（48ビット）で構成されたMACアドレスといわれる識別番号は，ネットワークインタフェースカード（NIC）に固有に割り当てられた物理アドレスである。

📖 P.100
●MACアドレス…

（5）　tracertコマンドはICMPメッセージを用いる基本的なコマンドの一つで，IPv4ネットワークで転送するデータが特定のホストコンピュータへ到達するまでに，どのような経路を通るのかを調べるために用いられる。

📖 P.122
(3) tracert

技術科目　最新試験問題　2019年春（5月26日）実施

解答
第3問
（2）　（イ）　②
（3）　（ウ）　②
（4）　（エ）　①
（5）　（オ）　②

第4問　次の各文章の□□□□内に，それぞれの[□□□□]の解答群の中から最も適したものを選び，その番号を記せ。　(小計25点)

（1）　光配線システム相互や光配線システムと機器との接続に使用される光ファイバや光パッチコードの接続などに用いられる　(ア)　コネクタは，接合部がねじ込み式で振動に強い構造になっている。　(5点)

① SC　② FC　③ MU

（2）　石英系光ファイバについて述べた次の二つの記述は，　(イ)　。　(5点)
A　LAN配線に用いられるマルチモード光ファイバは，モード分散の影響により，シングルモード光ファイバと比較して伝送帯域が狭い。
B　ステップインデックス型光ファイバのコアの屈折率は，クラッドの屈折率より僅かに小さい。

① Aのみ正しい　② Bのみ正しい　③ AもBも正しい　④ AもBも正しくない

（3）　UTPケーブルを図に示す8極8心のモジュラコネクタに，配線規格T568Bで決められたモジュラアウトレットの配列でペア1からペア4を結線するとき，ペア1のピン番号の組合せは，　(ウ)　である。　(5点)

① 1番と2番　② 3番と6番　③ 4番と5番　④ 7番と8番

コネクタ前面図

第4問の解説・解答

（1） 設問の光コネクタのうち，接合部がねじ込み式で振動に強い構造のものは **FC**
型である。ST 型はバヨネット締結型，MU 型はプシュプル型である。

（2） ①**Aのみ正しい。**

　　A　マルチモード光ファイバはモード分散があるため，モード分散のないシング
　　　ルモード光ファイアに比べて伝送帯域が狭いので，記述は正しい。

　　　　分散は，光信号パルスが光ファイバ中を伝搬する間に，その波形に時間的な
　　　広がりが生じ，伝送帯域が狭くなる現象である。

　　B　ステップインデックス型光ファイバのコアの屈折率は，クラッドの屈折率よ
　　　り僅かに**大きい**ので，記述は誤りである。

☞ P.138
(1)光ファイバケーブ
　ル

（3） 配線規格 568B で決められた配列で UTP ケーブルを接続するとき，ペア1の
ピン番号の組合わせは**4番と5番**である。

☞ P.146
(3)RJ-45 モジュラ
　コネクタの配線規格

解答

第4問

（1）（ア）②
（2）（イ）①
（3）（ウ）③

（4） Windows のコマンドプロンプトから入力される ping コマンドは，調べたいパーソナルコンピュータ(PC)のIPアドレスを指定することにより，初期設定値の ［（エ）］ バイトのデータを送信し，PC からの返信により接続の正常性を確認することができる。 （5点）

① 32 ② 64 ③ 128

（5） UTP ケーブルの配線試験において，ワイヤマップ試験で検出できないものには，［（オ）］ がある。 （5点）

① 断 線 ② 漏 話 ③ 対交差

（4） Windows の ping コマンドは，調べたい PC の IP アドレスを指定して初期設定値の32バイトのデータを 4 回送信し，相手からの返信により接続の正常性を確認する。

📖 P.122
(2) ping

（5） ワイヤマップ試験では，断線や対交差は検出できるが，漏話を検出することはできない。

📖 P.148
(1) ワイヤマップ試験

解答
第4問
（4）（エ）①
（5）（オ）②

端末設備の接続に関する法規 最新試験問題

第1問　次の各文章の＿＿＿＿内に，それぞれの　　　　の解答群の中から，「電気通信事業法」又は「電気通信事業法施行規則」に規定する内容に照らして最も適したものを選び，その番号を記せ。

（小計25点）

（1）　電気通信事業法又は電気通信事業法施行規則に規定する用語について述べた次の文章のうち，正しいものは，　(ア)　である。　　　　　　　　　　　　　　　　　　（5点）

① 電気通信回線設備とは，送信の場所と受信の場所との間を接続する伝送路設備及びこれと一体として設置される交換設備並びにこれらの附属設備をいう。

② 音声伝送役務とは，おおむね3キロヘルツ帯域の音声その他の音響を伝送交換する機能を有する電気通信設備を他人の通信の用に供する電気通信役務であってデータ伝送役務を含むものをいう。

③ データ伝送役務とは，音声その他の音響を伝送交換するための電気通信設備を他人の通信の用に供する電気通信役務をいう。

（2）　電気通信事業法に規定する「秘密の保護」及び「検閲の禁止」について述べた次の二つの文章は，　(イ)　。　　　　　　　　　　　　　　　　　　　　　　　　　　　　　（5点）

A　電気通信事業者の取扱中に係る通信の秘密は，侵してはならない。電気通信事業に従事する者は，在職中電気通信事業者の取扱中に係る通信に関して知り得た他人の秘密を守らなければならない。その職を退いた後においても，同様とする。

B　電気通信事業者の取扱中に係る通信は，犯罪捜査に必要であると総務大臣が認めた場合を除き，検閲してはならない。

① Aのみ正しい　　② Bのみ正しい　　③ AもBも正しい　　④ AもBも正しくない

（3）　利用者は，端末設備又は自営電気通信設備を　(ウ)　するときは，工事担任者資格者証の交付を受けている者に，当該工事担任者資格者証の種類に応じ，これに係る工事を行わせ，又は実地に監督させなければならない。ただし，総務省令で定める場合は，この限りでない。

（5点）

① 開　通　　② 接　続　　③ 設　置

端末設備の接続に関する法規 解説・解答

第1問の解説・解答

（1）　正しいものは①。

① 電気通信事業法（以下，法という）第9条第一号の規定に照らして，正しい。

② 同施行規則第2条第2項第一号の規定から「音声伝送役務とは，おおむね3キロヘルツ帯域の音声その他の音響を伝送交換する機能を有する電気通信設備を他人の通信の用に供する電気通信役務であってデータ伝送役務を含むものをいう。」のうち，下線部分が誤り。正しくは「4キロヘルツ」，「以外の」。

③ 同第二号の規定から「データ伝送役務とは，音声その他の音響を伝送交換するための電気通信設備を他人の通信の用に供する電気通信役務をいう。」のうち，下線部分が誤り。正しくは「専ら符号又は影像」。

☞ P.156
①：法第9条第一号

☞ P.154
②：同施行規則第2条第2項第一号
③：同第二号

（2）　①Aのみ正しい。

A 法第4条第1項，同第2項の規定に照らして，正しい。

B 法第3条の規定から「電気通信事業者の取扱中に係る通信は，犯罪捜査に必要であると総務大臣が認めた場合を除き，検閲してはならない。」のうち，下線のような規定はなく，いかなる場合も検閲してはならないので，誤りである。

☞ P.156
A：法第4条第1項，第2項

☞ P.154
B：同第3条

（3）　法第71条第1項の規定から，答は②接続。

☞ P.164
法第71条第1項

解答
第1問
（1）（ア）①
（2）（イ）①
（3）（ウ）②

（4）　総務大臣は，次の（ⅰ）～（ⅲ）のいずれかに該当する者に対し，工事担任者資格者証を交付する。

（ⅰ）　工事担任者試験に合格した者

（ⅱ）　工事担任者資格者証の交付を受けようとする者の　（エ）　で，総務大臣が総務省令で定める基準に適合するものであることの認定をしたものを修了した者

（ⅲ）　前記（ⅰ）及び（ⅱ）に掲げる者と同等以上の知識及び技能を有すると総務大臣が認定した者

（5点）

① 育成講座　　② 認定学校等　　③ 養成課程

（5）　総務大臣は，電気通信事業者が特定の者に対し不当な差別的取扱いを行っていると認めるときは，当該電気通信事業者に対し，利用者の利益又は　（オ）　を確保するために必要な限度において，業務の方法の改善その他の措置をとるべきことを命ずることができる。　　（5点）

① 国民の利便　　② 社会の秩序　　③ 公共の利益

第2問　次の各文章の　　　　　内に，それぞれの　　　　　の解答群の中から，「工事担任者規則」，「端末機器の技術基準適合認定等に関する規則」，「有線電気通信法」，「有線電気通信設備令」又は「不正アクセス行為の禁止等に関する法律」に規定する内容に照らして最も適したものを選び，その番号を記せ。ただし，　　　　　内の同じ記号は，同じ解答を示す。　　　　（小計25点）

（1）　工事担任者規則に規定する「資格者証の種類及び工事の範囲」について述べた次の文章は，
　　　（ア）。
（5点）

A　AI第二種工事担任者は，アナログ伝送路設備に端末設備等を接続するための工事のうち，端末設備等に収容される電気通信回線の数が50以下であって内線の数が200以下のものに限る工事を行い，又は監督することができる。また，総合デジタル通信用設備に端末設備等を接続するための工事のうち，総合デジタル通信回線の数が毎秒64キロビット換算で100以下のものに限る工事を行い，又は監督することができる。

B　DD第三種工事担任者は，デジタル伝送路設備に端末設備等を接続するための工事のうち，接続点におけるデジタル信号の入出力速度が毎秒1ギガビット以下であって，主としてインターネットに接続するための回線に係るものに限る工事を行い，又は監督することができる。ただし，総合デジタル通信用設備に端末設備等を接続するための工事を除く。

① Aのみ正しい　　② Bのみ正しい　　③ AもBも正しい　　④ AもBも正しくない

（4） 法第72条第2項の規定にもとづく法第46条第3項第二号の規定から，答は③養成課程。

📖 P.160
法第46条第3項第二号

（5） 法第29条第1項の規定から，答は③公共の利益。

📖 P.158
法第29条第1項

解答
第1問
（4） （エ） ③
（5） （オ） ③

第2問の解説・解答

法規科目 最新試験問題 2019年春（5月26日）実施

（1） ②Bのみ正しい。

📖 P.170
工担規則第4条

　A　工事担任者規則第4条の規定から「AI第二種工事担任者は，アナログ伝送路設備に端末設備等を接続するための工事…。また，総合デジタル通信用設備に端末設備を接続するための工事のうち，総合デジタル通信回線の数が毎秒64キロビット換算で<u>100</u>以下のものに限る工事を行い，又は，監督することができる。」のうち，下線部分が誤り。正しくは「50」。

　B　同第4条の規定のとおりで，正しい。

解答
第2問
（1） （ア） ②

（2） 端末機器の技術基準適合認定等に関する規則において，   （イ）   に接続される端末機器に表示される技術基準適合認定番号の最初の文字は，Ｃと規定されている。 （5点）

> ①　総合デジタル通信用設備　　②　移動電話用設備　　③　アナログ電話用設備

（3） 有線電気通信法の「有線電気通信設備の届出」において，有線電気通信設備（その設置について総務大臣に届け出る必要のないものを除く。）を設置しようとする者は，有線電気通信の方式の別，設備の設置の場所及び設備の概要を記載した書類を添えて，設置の工事の開始の日の   （ウ）   前まで（工事を要しないときは，設置の日から   （ウ）   以内）に，その旨を総務大臣に届け出なければならないと規定されている。 （5点）

> ①　10日　　②　2週間　　③30日

（4） 有線電気通信設備令に規定する用語について述べた次の文章のうち，誤っているものは，   （エ）   である。 （5点）

> ①　平衡度とは，通信回線の中性点と大地との間に起電力を加えた場合におけるこれらの間に生ずる電圧と通信回線の端子間に生ずる電圧との比をデシベルで表わしたものをいう。
> ②　高周波とは，周波数が4,500ヘルツを超える電磁波をいう。
> ③　絶縁電線とは，絶縁物のみで被覆されている電線をいう。

（5） 不正アクセス行為の禁止等に関する法律において，アクセス制御機能とは，特定電子計算機の特定利用を自動的に制御するために当該特定利用に係るアクセス管理者によって当該特定電子計算機又は当該特定電子計算機に電気通信回線を介して接続された他の特定電子計算機に付加されている機能であって，当該特定利用をしようとする者により当該機能を有する特定電子計算機に入力された符号が当該特定利用に係る識別符号であることを確認して，当該特定利用の制限の全部又は一部を   （オ）   するものをいう。 （5点）

> ①　強　化　　②　緩　和　　③　解　除

（2）　①総合デジタル通信用設備。

　　端末機器の技術基準適合認定等に関する規則において，技術基準適合認定番号の最初の文字がＣと規定されている端末機器は総合デジタル通信用設備である。

☞ P.176
適合認定等規則様式第七号

（3）　②2週間。

　　有線電気通信法第3条第1項の規定から，答は2週間。

☞ P.176
有線法第3条第1項

（4）　誤っているものは②。

　①　有線電気通信設備令第1条第十一号の規定に照らして，正しい。

　②　同第九号の規定から「高周波とは，周波数が4,500ヘルツを超える電磁波をいう。」のうち，下線部分が誤り。正しくは3,500。

　③　同第二号の規定に照らして，正しい。

☞ P.180
①：設備令第1条第十一号
②：同第九号
③：同第二号

（5）　③解除。

　　不正アクセス行為の禁止等に関する法律第2条第3項の規定から，答は解除。

☞ P.182
不正アクセス禁止法第2条第3項

解答
第2問
（2）　（イ）　①
（3）　（ウ）　②
（4）　（エ）　②
（5）　（オ）　③

255

第3問　次の各文章の　　　内に，それぞれの　　　の解答群の中から，「端末設備等規則」に規定する内容に照らして最も適したものを選び，その番号を記せ。　　　　　　　　（小計25点）

（1）　用語について述べた次の文章のうち，誤っているものは，　(ア)　である。　　　（5点）

> ①　移動電話用設備とは，電話用設備であって，端末設備又は自営電気通信設備との接続において電波を使用するものをいう。
> ②　総合デジタル通信用設備とは，電気通信事業の用に供する電気通信回線設備であって，主として64キロビット毎秒を単位とするデジタル信号の伝送速度により，符号，音声その他の音響又は影像を統合して伝送交換することを目的とする電気通信役務の用に供するものをいう。
> ③　選択信号とは，交換設備の動作の開始を制御するために使用する信号をいう。

（2）　「絶縁抵抗等」について述べた次の文章のうち，正しいものは，　(イ)　である。　　　（5点）

> ①　端末設備の機器の金属製の台及び筐体は，接地抵抗が100オーム以下となるように接地しなければならない。ただし，安全な場所に危険のないように設置する場合にあっては，この限りでない。
> ②　端末設備の機器は，その電源回路と筐体及びその電源回路と事業用電気通信設備との間において，使用電圧が300ボルト以下の場合にあっては，0.4メガオーム以上の絶縁抵抗を有しなければならない。
> ③　端末設備の機器は，その電源回路と筐体及びその電源回路と事業用電気通信設備との間において，使用電圧が750ボルトを超える直流及び600ボルトを超える交流の場合にあっては，その使用電圧の2倍の電圧を連続して10分間加えたときこれに耐える絶縁耐力を有しなければならない。

（3）　端末設備を構成する一の部分と他の部分相互間において電波を使用する端末設備にあっては，総務大臣が別に告示するものを除き，使用される無線設備は，一の筐体に収められており，かつ，容易に　(ウ)　ことができないものでなければならない。　　　（5点）

> ①　取り外す　　②　開ける　　③　改造する

第3問の解説・解答

（1）　誤っているものは③。

① 端末設備等規則第2条第2項第四号の規定に照らして，正しい。

② 同第十二号の規定に照らして，正しい。

③ 同第十九号の規定から「選択信号とは，交換設備の動作の開始を制御するために使用する信号をいう。」のうち，下線部分が誤り。正しくは「主として相手の端末設備を指定」。

☞ P.188
①：端末設備等規則第2条第2項第四号
②：同第十二号
☞ P.190
③：同第十九号

（2）　正しいものは①。

① 同第6条第2項の規定に照らして，正しい。

② 同第1項第一号の規定から「絶縁抵抗は，使用電圧が300ボルト以下の場合にあっては，0.4メガオーム以上…」のうち，下線部分が誤り。正しくは「0.2」。

③ 同第1項第二号の規定から「絶縁耐力は，使用電圧が750ボルトを超える直流及び600ボルトを超える交流の場合にあっては，その使用電圧の2倍の電圧を連続して10分間加えたとき…」のうち，下線部分が誤り。正しくは「1.5倍」。

☞ P.192
①：端末設備等規則第6条第2項
②：同第6条第1項第一号
③：同第二号

（3）　同第9条第三号の規定から，答は②開ける。

☞ P.194
端末設備等規則第9条第三号

解答
第3問
（1）　（ア）　③
（2）　（イ）　①
（3）　（ウ）　②

法規科目　最新試験問題　2019年春（5月26日）実施

（4）　責任の分界について述べた次の二つの文章は，　(エ)　。　　　　　　　　　　（5点）

　A　利用者の接続する端末設備は，事業用電気通信設備との技術的インタフェースを明確にする
　　ため，事業用電気通信設備との間に分界点を有しなければならない。

　B　分界点における接続の方式は，端末設備を電気通信回線ごとに事業用電気通信設備から容易
　　に切り離せるものでなければならない。

> ①　Aのみ正しい　　②　Bのみ正しい　　③　AもBも正しい　　④　AもBも正しくない

（5）　評価雑音電力とは，通信回線が受ける妨害であって人間の聴覚率を考慮して定められる
　　　(オ)　をいい，誘導によるものを含む。　　　　　　　　　　　　　　　　　（5点）

> ①　実効的雑音電力　　②　漏話雑音電力　　③　雑音電力の尖頭値

第4問　次の各文章の　　　　　内に，それぞれの　　　　　の解答群の中から，「端末設備等規則」に規定
　　する内容に照らして最も適したものを選び，その番号を記せ。　　　　　　　　（小計25点）

（1）　アナログ電話端末の「選択信号の条件」における押しボタンダイヤル信号について述べた次の
　　　二つの文章は，　(ア)　。　　　　　　　　　　　　　　　　　　　　　　　（5点）

　A　高群周波数は，1,300ヘルツから1,700ヘルツまでの範囲内における特定の四つの周波数で規
　　定されている。

　B　周期とは，信号送出時間とミニマムポーズの和をいう。

> ①　Aのみ正しい　　②　Bのみ正しい　　③　AもBも正しい　　④　AもBも正しくない

（2）　絶対レベルとは，一の　(イ)　に対する比をデシベルで表したものをいう。　　（5点）

> ①　有効電力の1ミリワット　　②　有効電力の1ワット
> ③　皮相電力の1ミリワット　　④　皮相電力の1ワット

（4）　②Bのみ正しい。

　　A　同第3条第1項の規定から「利用者の接続する端末設備は，事業用電気通信設備との技術的インタフェースを明確にするため，事業用電気通信設備との間に分界点を有しなければならない。」のうち，下線部分が誤り。正しくは「責任の分界」。

　　B　同第3条第2項の規定に照らして，正しい。

☞ P.190
A：端末設備等規則第
　3条第1項
B：同第2項

（5）　同第8条第一号の規定から，①実効的雑音電力

☞ P.192
端末設備等規則第8条
　第一号

解答
第3問
（4）　（エ）　②
（5）　（オ）　①

第4問の解説・解答

（1）　②Bのみ正しい。

　　A　同別表第二号第2注1の規定から「高群周波数は，1,300ヘルツから1700ヘルツまでの…」のうち，下線部分が誤り。正しくは「1200」。

　　B　同注3の規定に照らして，正しい。

☞ P.196
端末設備等規則別表第
　二号

（2）　同第2条第2項第二十一号の規定から，答は③皮相電力の1ミリワット。

☞ P.190
端末設備等規則第2条
　第2項第二十一号

解答
第4問
（1）　（ア）　②
（2）　（イ）　③

法規科目　最新試験問題　２０１９年春（5月26日）実施

（3）　端末設備は，事業用電気通信設備との間で　(ウ)　（電気的又は音響的結合により生ずる発振状態をいう。）を発生することを防止するために総務大臣が別に告示する条件を満たすものでなければならない。　　　　　　　　　　　　　　　　　　　　　　　　　　　　（5点）

> ①　鳴　音　　②　漏　話　　③　側　音

（4）　移動電話端末の「基本的機能」について述べた次の文章のうち，誤っているものは，　(エ)　である。　　　　　　　　　　　　　　　　　　　　　　　　　　　　（5点）

> ①　発信を行う場合にあっては，発信を要求する信号を送出するものであること。
> ②　応答を行う場合にあっては，応答を要求する信号を送出するものであること。
> ③　通信を終了する場合にあっては，チャネル（通話チャネル及び制御チャネルをいう。）を切断する信号を送出するものであること。

（5）　インターネットプロトコル移動電話端末の「送信タイミング」又は「発信の機能」について述べた次の文章のうち，誤っているものは，　(オ)　である。　　　　　　　　　　　　　　（5点）

> ①　インターネットプロトコル移動電話端末は，総務大臣が別に告示する条件に適合する送信タイミングで送信する機能を備えなければならない。
> ②　発信に際して相手の端末設備からの応答を自動的に確認する場合にあっては，電気通信回線からの応答が確認できない場合呼の設定を行うためのメッセージ送出終了後128秒以内に通信終了メッセージを送出するものであること。
> ③　自動再発信を行う場合にあっては，その回数は5回以内であること。ただし，最初の発信から3分を超えた場合にあっては別の発信とみなす。
> 　　なお，この規定は，火災，盗難その他の非常の場合にあっては，適用しない。

（3）　同第5条の規定から，答は①鳴音。

P.190
端末設備等規則第5条

（4）　誤っているものは②。
①　同第17条第一号の規定に照らして，正しい。
②　同第二号の規定から「応答を行う場合にあっては，応答を要求する信号を送出するものであること。」のうち，下線部分が誤り。正しくは「確認」。
③　同第三号の規定に照らして，正しい。

P.196
①：端末設備等規則第
　　17条第一号
②：同第二号
③：同第三号

（5）　誤っているものは③。
①　同第32条の12の規定に照らして，正しい。
②　同第32条の11第一号の規定に照らして，正しい。
③　同第二号，第三号の規定から「自動再発信を行う場合にあっては，その回数は5回以内であること。ただし，最初の発信から3分を超えた場合にあっては…」のうち，下線部分が誤り。正しくは「3回」。

P.202
①：端末設備等規則第
　　32条の12
P.200
②：同第32条の11第一
　　号
③：同第二号，第三号

法規科目　最新試験問題　2019年春（5月26日）実施

解答
第4問
（3）（ウ）①
（4）（エ）②
（5）（オ）③

2019年秋（11月24日）実施

令和元年度第２回工事担任者試験

DD第３種

最新試験問題と
解説・解答

試 験 科 目

I　電気通信技術の基礎 ⋯⋯⋯⋯⋯⋯⋯⋯⋯⋯⋯⋯⋯264

II　端末設備の接続のための技術及び理論 ⋯⋯⋯⋯⋯278

III　端末設備の接続に関する法規 ⋯⋯⋯⋯⋯⋯⋯⋯⋯290

解 答 ・ 解 説

I　電気通信技術の基礎 解説・解答 ⋯⋯⋯⋯⋯⋯⋯⋯265

II　端末設備の接続のための技術及び理論 解説・解答 ⋯279

III　端末設備の接続に関する法規 解説・解答 ⋯⋯⋯⋯291

第1問　次の各文章の ▢ 内に，それぞれの ⌐ ⌐ の解答群の中から最も適したものを選び，その番号を記せ。　　　　　　　　　　　　　　　　　　　　　　　　　　　　　（小計20点）

（1）　図1に示す回路において，抵抗 R_2 に4アンペアの電流が流れているとき，この回路に接続されている電池 E の電圧は， ▢（ア）▢ ボルトである。ただし，電池の内部抵抗は無視するものとする。　　　　　　　　　　　　　　　　　　　　　　　　　　　　　　　　　　　　　（5点）

> ① 24　　② 36　　③ 42

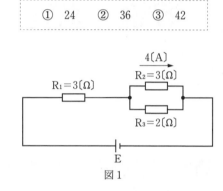

図1

（2）　図2に示す回路において，端子 a－b 間に68ボルトの交流電圧を加えたとき，この回路に流れる電流は， ▢（イ）▢ アンペアである。　　　　　　　　　　　　　　　　　　　　　（5点）

> ① 2　　② 4　　③ 17

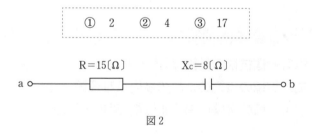

図2

（3）　磁界中に置かれた導体に電流が流れると，電磁力が生ずる。フレミングの左手の法則では，左手の親指，人差し指及び中指をそれぞれ直角にし， ▢（ウ）▢ の方向とすると，親指は電磁力の方向となる。　　　　　　　　　　　　　　　　　　　　　　　　　　　　　　　　　　　　（5点）

> ①　人差し指を磁界，中指を電流　　　②　人差し指を電流，中指を起電力
>
> ③　人差し指を電流，中指を磁界　　　④　人差し指を磁界，中指を起電力

2019年秋(11月24日)実施
電気通信技術の基礎　解説・解答

第1問の解説・解答

（1）　図の回路において，R_1 両端の電圧を V_1，R_2，R_3 両端の電圧を V_2，R_1，R_2，R_3 に流れる電流をそれぞれ I_1，I_2，I_3 とすると

☞ P.4
●直流回路の計算例

$$\frac{R_2}{R_3}=\frac{I_3}{I_2} \text{ であるから } \frac{3}{2}=\frac{I_3}{4} \text{ よって } I_3=\frac{3}{2}\times4=6〔A〕$$

$$I_1=I_2+I_3=4+6=10〔A〕$$

つぎに，E_1，E_2 を求めると

$$E_1=I_1・R_1=10\times3=30〔V〕$$
$$E_2=I_2・R_2=4\times3=12〔V〕$$

したがって

$$E=E_1+E_2=30+12=42〔V〕$$

（2）　図の回路において，a−b 間の電圧を V，インピーダンスを Z，流れる電流を I とすると

☞ P.12
③R-C直列回路

$$Z^2=R^2+X_c{}^2=15^2+8^2=289$$
$$Z=\sqrt{289}=17〔Ω〕$$

$$I=\frac{V}{Z}=\frac{68}{17}=4〔A〕$$

（3）　フレミングの左手の法則では，親指を電磁力の方向とすると，人差し指は磁界，中指は電流の方向を表している。

☞ P.18
④フレミングの法則

解答
第1問
（1）　（ア）　③
（2）　（イ）　②
（3）　（ウ）　①

（4） R オームの抵抗，L ヘンリーのコイル及び C ファラドのコンデンサを直列に接続した RLC 直列回路のインピーダンスは，共振時に ┌ (エ) ┐ となる。 （5点）

① ゼ ロ　② 最 大　③ 最 小

第2問　次の各文章の ┌──────┐ 内に，それぞれの ┌┈┈┈┈┐ の解答群の中から最も適したものを選び，その番号を記せ。 （小計20点）

（1）　半導体の pn 接合の接合面付近には，拡散と再結合によって自由電子などのキャリアが存在しない ┌ (ア) ┐ といわれる領域がある。 （4点）

① 禁制帯　② 絶縁層　③ 空乏層

（2）　図1に示す波形の入力電圧 V_I を ┌ (イ) ┐ に示す回路に加えると，出力電圧 V_o は，図2に示すような波形となる。ただし，ダイオードは理想的な特性を持ち，$|V| > |E|$ とする。 （4点）

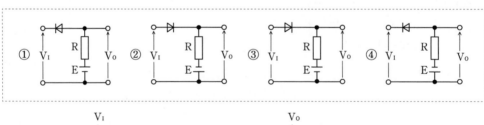

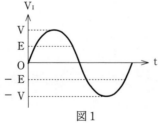
図1

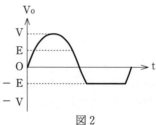
図2

266

（4）　抵抗 R，コイル L，コンデンサ C を直列に接続した回路のインピーダンス Z は，共振時には Z＝R と最小になる。

✎ P.16
●直列共振回路…

解答
第1問
（4）（エ）③

第2問の解説・解答

（1）　半導体の pn 接合の接合面付近には，自由電子などのキャリアが存在しない空乏層といわれる領域がある。

✎ P.22
②PN 接合半導体と…

（2）　図2の波形は，図1の入力波形の－E 以下の先端部分を切り取るクリッパの出力波形であり，②の回路が該当する。①回路は E 以上の先端部分を，③は E 以下の部分を，④は－E 以上の部分を切り取るクリッパの回路である。

✎ P.26
●クリッパ回路

解答
第2問
（1）（ア）③
（2）（イ）②

（3）　LEDは，pn接合ダイオードに[（ウ）]を加えて発光させる半導体光素子である。　（4点）

> ①　順方向の電圧　　②　逆方向の電圧　　③　磁　界

（4）　トランジスタ回路の三つの接地方式のうち，入出力電流がほぼ等しくなる回路は，[（エ）]
接地方式である。　（4点）

> ①　エミッタ　　②　ベース　　③　コレクタ

（5）　電源を切っても記憶されている情報が残る不揮発性メモリのうち，データの書き込みをユーザ側で行えるメモリは，一般に，[（オ）]といわれる。　（4点）

> ①　RAM　　②　マスクROM　　③　PROM

第3問　次の各文章の[　　　]内に，それぞれの[　　]の解答群の中から最も適したものを選び，その番号を記せ。　（小計20点）

（1）　表1に示す2進数のX_1，X_2を用いて，計算式（加算）$X_0 = X_1 + X_2$からX_0を求め2進数で表示すると，[（ア）]である。　（5点）

> ①　11101111　　②　110110010　　③110010010

表1

2進数
$X_1 = 11100111$
$X_2 = 10101011$

（3）　LED(発光ダイオード)は順方向の電圧(アノード側に＋，カソード側に－)を加えるとpn接合面から発光するpn接合ダイオードである。

☞ P.24
①ダイオードの種類⑥

（4）　入出力電流がほぼ等しくなるトランジスタの接地方式は**ベース接地方式**で，高周波特性がよい接地方式である。電流増幅率は1より小さい。

☞ P.30
●各接地方式の特徴

（5）　電源を切っても記憶されているデータが残る不揮発性メモリのうち，ユーザ側でデータの書き込みを行うことができる半導体メモリは，**PROM**(Programmable Read Only Memory)である。マスクROM(Mask Read Only Memory)はチップの製造時にデータの書き込みが行われ，製造後の書き換えや消去はできない。また，RAM(Random Access Memory)は自由に読み書きができる揮発性メモリで，電源を切るとデータが失われる。

解答
第2問
（3）　（ウ）　①
（4）　（エ）　②
（5）　（オ）　③

第3問の解説・解答

（1）　2進数 X_1，X_2 を加算すると

$$
\begin{array}{r}
X_1 \quad 11100111 \\
+) \ X_2 \quad 10101011 \\
\hline
110010010
\end{array}
$$

☞ P.48
②2進数の加算

解答
第3問
（1）　（ア）　③

（2） 表2は，2入力の論理回路における入力論理レベルA及びBと出力論理レベルCとの関係を表した真理値表を示したものである。この論理回路の論理式が，C＝$\overline{\overline{A}+B}$＋$\overline{A}$・Bで表されるとき，出力論理レベルCは，表2の出力論理レベルのうちの　（イ）　である。　　　（5点）

① C1　　② C2　　③ C3

表2

入力論理レベル		出力論理レベル		
A	B	C1	C2	C3
0	0	0	0	1
0	1	1	1	0
1	0	0	1	0
1	1	0	0	1

（3） 図1に示す論理回路において，Mの論理素子が　（ウ）　であるとき，入力a及びbと出力cとの関係は，図2で示される。　　　（5点）

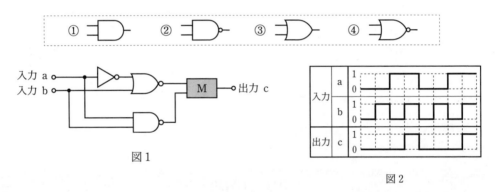

図1

図2

（4） 次の論理関数Xは，ブール代数の公式等を利用して変形し，簡単にすると，　（エ）　になる。　　　（5点）

$$X＝(A＋B)・(\overline{A}＋\overline{C})＋(\overline{A}＋B)・(B＋\overline{C})$$

① B　　② B＋$\overline{C}$　　③ $\overline{A}$・B＋B・$\overline{C}$

（2）　設問の論理式を簡略化にすると

$$C=\overline{\overline{A}+B}+\overline{A}\cdot B$$

$$=\overline{\overline{A}}\cdot\overline{B}+\overline{A}\cdot B$$

$$=A\cdot\overline{B}+\overline{A}\cdot B$$

この式の真理値表を求めると

☞ P.42
③論理式の簡略化

入力		出力
A	B	C
0	0	0
0	1	1
1	0	1
1	1	0

よって，この論理回路の出力論理レベルは C2 である。

（3）　図1の回路図に図2にしたがって論理レベルを記入する。

☞ P.40
②未知の論理素子①

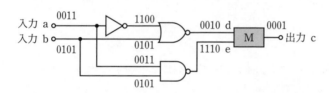

素子Mの入，出力を真理値表にまとめると（入力 d, e が 1, 0 のときの出力 c の値は分からないので＊で表す）

入力		出力
d	e	c
0	0	1
0	1	0
1	0	＊
1	1	0

素子Mは，この真理表に相当する真理値表を持つ素子であるから NOR である。

（4）　論理関数Xを変形し，簡略化すると

$$X=(A+B)\cdot(\overline{A}+\overline{C})+(\overline{A}+B)\cdot(B+\overline{C})$$

$$=A\cdot\overline{A}+A\cdot\overline{C}+\overline{A}\cdot B+B\cdot\overline{C}+\overline{A}\cdot B+\overline{A}\cdot\overline{C}+B\cdot B+B\cdot\overline{C}$$

ここに $\overline{A}\cdot A=0$, $B\cdot B=B$, $B\cdot\overline{C}+B\cdot\overline{C}=B\cdot\overline{C}$ であるから

$$=\overline{A}\cdot B+B+\overline{C}\cdot(A+B+\overline{A})$$

ここに $\overline{A}+A=1$ であるから

$$=B\cdot(\overline{A}+1)+\overline{C}\cdot(1+B)$$

ここに $\overline{A}+1=1$, $1+B=1$ であるから

$$=B+\overline{C}$$

☞ P.42
③論理式の簡略化

解答
第3問
（2）　（イ）　②
（3）　（ウ）　④
（4）　（エ）　②

第4問　次の各文章の　　　　内に，それぞれの　　　　の解答群の中から最も適したものを選び，その番号を記せ。ただし，　　　　内の同じ記号は，同じ解答を示す。　　　　　　　　　　（小計20点）

（1）　図において，電気通信回線への入力電力が150ミリワット，電気通信回線の長さが　(ア)　キロメートル，その伝送損失が1キロメートル当たり1.5デシベル，増幅器の利得が50デシベルのとき，電力計の読みは15ミリワットである。ただし，入出力各部のインピーダンスは整合しているものとする。　　　　　　　　　　（5点）

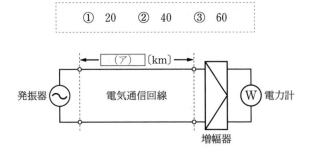

（2）　無限長の一様線路における入力インピーダンスは，その線路の特性インピーダンス　(イ)　。　　　　　　　　　　（5点）

（3）　電力線からの誘導作用によって通信線（平衡対ケーブル）に誘起される　(ウ)　電圧は，一般に，電力線の電圧に比例する。　　　　　　　　　　（5点）

　　　　① 放　電　　② 電磁誘導　　③ 静電誘導

第4問の解説・解答

（1）　電気通信回線の入力電力が150〔mW〕，電力計の読みが15〔mW〕であるから，伝送量 A は

📖 P.58
●伝送量の計算例

$$A = 10\log_{10}\frac{15}{150} = 10\log_{10}\frac{1}{10} = 10\log_{10}10^{-1} = -10\,\text{〔dB〕}$$

　　電気通信回線の伝送損失が 1.5〔dB/km〕であるから，その長さを ℓ〔km〕とすると，電気通信回線の減衰量 L は 1.5ℓ〔dB〕，また，増幅器の利得 G が50〔dB〕であるから，伝送量 A を求める式 A＝－L＋G に代入して

$$-10 = -1.5\ell + 50$$

$$1.5\ell = 60 \qquad \therefore \ell = \frac{60}{1.5} = 40\,\text{〔km〕}$$

（2）　無限長の一様な線路の特性インピーダンスは線路のどの点をとっても一定であり，これは入力端においても同じである。したがって，無限長の一様線路における入力インピーダンスは，その線路の特性インピーダンスと等しい。

📖 P.58
1 特性インピーダンス

（3）　電力線から通信線への誘導作用には，電力線に流れる電流による電磁誘導電圧と電力線の電圧による静電誘導電圧がある。したがって，電力線の電圧に比例して変化するものは静電誘導電圧である。

📖 P.64
3 静電誘導・電磁誘導

解答
第4問
（1）　（ア）　②
（2）　（イ）　②
（3）　（ウ）　③

273

(4) 平衡対ケーブルにおける誘導回線の信号電力を P_s ミリワット，被誘導回線の漏話による電力を P_x ミリワットとすると，漏話減衰量は，$\boxed{(エ)}$ デシベルである。　　　　　（5点）

① $10 \log_{10} \dfrac{P_s}{P_x}$　　② $10 \log_{10} \dfrac{P_x}{P_s}$　　③ $20 \log_{10} \dfrac{P_s}{P_x}$　　④ $20 \log_{10} \dfrac{P_x}{P_s}$

第5問　次の各文章の $\boxed{}$ 内に，それぞれの $\boxed{}$ の解答群の中から最も適したものを選び，その番号を記せ。　　　　　（小計20点）

(1) 振幅変調によって生じた上側波帯と下側波帯のいずれかを用いて信号を伝送する方法は，$\boxed{(ア)}$ 伝送といわれる。　　　　　（4点）

① DSB　　② SSB　　③ VSB

(2) 標本化定理によれば，サンプリング周波数を，アナログ信号に含まれている $\boxed{(イ)}$ の2倍以上にすると，元のアナログ信号の波形が復元できるとされている。　　　　　（4点）

① 最低周波数　　② 平均周波数　　③ 最高周波数

(3) デジタル伝送路などにおける伝送品質の評価尺度の一つであり，測定時間中に伝送された符号(ビット)の総数に対する，その間に誤って受信された符号(ビット)の個数の割合を表したものは $\boxed{(ウ)}$ といわれる。　　　　　（4点）

① BER　　② %EFS　　③ %SES

（4）　漏話減衰量は誘導回線の信号電力と被誘導回線の漏話電力との比を相対レベルで表したもので，信号電力を P_S，漏話電力を P_X とすると，漏話減衰量は $10\log_{10}\dfrac{P_S}{P_X}$ で表される。

☜ P.62
②漏話減衰量

解答
第4問
（4）　（エ）　①

第5問の解説・解答

（1）　振幅変調を行うと搬送波の周波数の両側に上側波帯と下側波帯ができるが，上側波帯と下側波帯のいずれかの側波帯だけを用いて信号を伝送する方式は **SSB**（単側波帯伝送）である。

☜ P.68
①アナログ変調

（2）　標本化定理では「アナログ信号に含まれる**最高周波数の2倍以上**の周波数で標本化すれば，元のアナログ信号の波形を復元できる」とされている。

☜ P.70
(1)標本化

（3）　デジタル伝送路などにおいて，測定時間中に伝送された符号（ビット）の総数に対する，その間に誤って受信された符号（ビット）の個数の割合を表した伝送品質の評価尺度は**BER**（Bit Error Rate：符号誤り率）である。

☜ P.76
③BER

解答
第5問
（1）　（ア）　②
（2）　（イ）　③
（3）　（ウ）　①

（4） 光ファイバ通信における光変調に用いられる外部変調方式では，光を透過する媒体の屈折率，吸収係数などを変化させることにより，光の属性である強度，周波数，　（エ）　などを変化させている。　　　　　　　　　　　　　　　　　　　　　　　　　　　　（4点）

① 速　度　　② 位　相　　③ スピンの方向

（5） 伝送媒体に光ファイバを用いて双方向通信を行う方式として，　（オ）　技術を利用して，上り方向の信号と下り方向の信号にそれぞれ別の光波長を割り当てることにより，1心の光ファイバで上り方向の信号と下り方向の信号を同時に送受信可能とする方式がある。　　（4点）

① PAM　　② PWM　　③ WDM

276

（4）　光ファイバ通信に用いられる光変調方式には，内部変調方式と外部変調方式がある。外部変調方式では，光を透過する媒体の屈折率や吸収係数などを変化させることにより，光の属性である強度，周波数，位相などを変化させることにより情報を伝送している。

P.78
(2)外部変調方式

（5）　1心の光ファイバで上り方向と下り方向の信号を同時に送受信するため，上り方向と下り方向の信号に波長の違う光を割り当てることにより，1心の光ファイバで双方向通信を行う方式は**WDM**(Wavelength Division Multiplexing：波長分割多重)である。

P.78
③光ファイバ伝送方式
④

解答
第5問
（4）（エ）②
（5）（オ）③

端末設備の接続のための技術及び理論 最新試験問題

第1問　次の各文章の　　　内に，それぞれの　　　　の解答群の中から最も適したものを選び，その番号を記せ。　　　　　　　　　　　　　　　　　　　　　　　　　　　　　　　　　　（小計25点）

（1）　GE-PON において，OLT からの下り方向の通信では，OLT は，どの ONU に送信するフレームかを判別し，送信するフレームの　（ア）　に送信先の ONU 用の識別子を埋め込んだものをネットワークに送出する。　　　　　　　　　　　　　　　　　　　　　　　　　　　（5点）

①　送信元アドレスフィールド　　②　宛先アドレスフィールド　　③　プリアンブル

（2）　IP 電話のプロトコルとして用いられている SIP は，IETF の RFC3261 として標準化された　（イ）　プロトコルであり，IPv4 及び IPv6 の両方で動作する。　　　　　　　　　　（5点）

①　ネットワーク管理　　②　呼制御　　③　経路制御

（3）　IEEE802.3at Type1 として標準化された PoE において，100BASE-TX のイーサネットで使用している LAN 配線の予備対（空き対）の 2 対 4 心を使って，PoE 対応の IP 電話機に給電する方式は，　（ウ）　といわれる。　　　　　　　　　　　　　　　　　　　　　　　　（5点）

①　ファントムモード　　②　オルタナティブ A　　③　オルタナティブ B

（4）　ツイストペアケーブルを使用したイーサネットによる LAN を構成する機器において，対向する機器間の通信速度，通信モード（全二重／半二重）などについて適切な選択を自動的に行う機能は，一般に，　（エ）　といわれる。　　　　　　　　　　　　　　　　　　（5点）

①　オートネゴシエーション　　②　セルフラーニング　　③　P2MP ディスカバリ

2019年秋（11月24日）実施
端末設備の接続のための技術及び理論　解説・解答

第1問の解説・解答

（1）　GE-PON の下り方向の通信では，電気通信事業者の OLT（Optical Line Terminal：光加入者線終端装置）から配下の ONU（Optical Network Unit：光加入者線網装置）に放送形式で配信されるので，OLT は送信するフレームのプリアンブルに相手の ONU 用の識別子を埋め込んでネットワークに送出している。

☞ P.114
(3)GE-PON

技術科目　最新試験問題　2019年秋（11月24日）実施

（2）　SIP は IETF（インターネット技術標準化委員会）において標準化された IP 電話の呼制御プロトコルであり，TCP/IP プロトコル階層のアプリケーション層で動作し，インターネット層のプロトコルには依存しないので，IPv4 及び IPv6 の両方で動作する。

☞ P.92
(2)IP 電話の呼制御プロトコル

（3）　100BASE-TX のイーサネットで使用している LAN 配線の 4 対 8 心のうち，予備対（空き対）の 2 対 4 心を使用して，PoE 対応の IP 電話機などに給電する方式は，**オルタナティブB**である。また，信号対に使用している 2 対 4 心を使用して給電する方式はオルタナティブAといわれている。

☞ P.96
●IP 電話機などへの電力の供給

（4）　ツイストペアケーブルを使用したイーサネット LAN において，対向する機器間で通信速度，通信モードなどの情報を交換して自動的に最適化する機能は，オートネゴシエーションである。

解答

第1問
（1）（ア）③
（2）（イ）②
（3）（ウ）③
（4）（エ）①

（5）　アナログ電話回線を使用して ADSL 信号を送受信するための機器である　（オ）　は，データ信号を変調・復調する機能を持ち，変調方式には DMT 方式が用いられている。　　（5点）

> ①　ADSL スプリッタ　　②　ADSL モデム　　③　DSU

第2問　次の各文章の[＿＿＿]内に，それぞれの[＿＿＿]の解答群の中から最も適したものを選び，その番号を記せ。　　　　　　　　　　　　　　　　　　　　　　　　　（小計25点）

（1）　デジタル信号を送受信するための伝送路符号化方式のうち　（ア）　符号は，図に示すように，ビット値 0 のときは信号レベルを変化させず，ビット値 1 が発生するごとに，信号レベルを 0 から高レベルへ，高レベルから 0 へ，0 から低レベルへ，低レベルから 0 へと，1 段ずつ変化させる符号である。　　（5点）

> ①　NRZ　　②　NRZI　　③　MLT-3

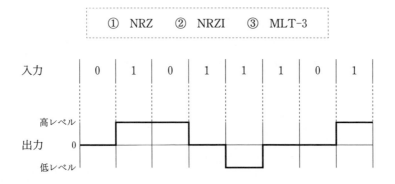

（2）　光アクセスネットワークの設備形態のうち，電気通信事業者側の設備とユーザ側に設置されたメディアコンバータなどとの間で，1 心の光ファイバを 1 ユーザが専有する形態を採る方式は，　（イ）　方式といわれる。　　（5点）

> ①　SS　　②　ADS　　③　PDS

（5）　アナログ電話回線を使用して ADSL 信号を送受信するための機器であって，データ信号を変調・復調する機能を持つものは ADSL モデムであり，変調は，一般に DMT 方式である。

☞ P.88
(1) ADSL モデムの概要

解答
第1問
（5）　（オ）　②

第2問の解説・解答

（1）　図の符号化方式は MLT-3（Multi Level Transmission-3）である。MLT-3 は高レベル・0・低レベルの3値を使用する多値符号である。

☞ P.106
(3) 伝送路符号形式

（2）　電気通信事業者側とユーザ側に設置されたメディアコンバータなどとの間で，1心の光ファイバを1ユーザが占有する光アクセスネットワークの設備構成は SS（Single Star）である。

☞ P.112
①SS 構成は…

解答
第2問
（1）　（ア）　③
（2）　（イ）　①

（3） OSI 参照モデル（7 階層モデル）の物理層について述べた次の記述のうち，正しいものは，
　　　　(ウ) である。 （5点）

> ①　端末が送受信する信号レベルなどの電気的条件，コネクタ形状などの機械的条件など
> 　　を規定している。
> ②　異なる通信媒体上にある端末どうしでも通信できるように，端末のアドレス付けや中
> 　　継装置も含めた端末相互間の経路選択などの機能を規定している。
> ③　どのようなフレームを構成して通信媒体上でのデータ伝送を実現するかなどを規定し
> 　　ている。

（4） IPv4 において，複数のホストで構成される特定のグループに対して 1 回で送信を行う方式
　　は (エ) といわれ，映像や音楽の会員向けストリーミング配信などに用いられる。 （5点）

> ①　ユニキャスト　　②　マルチキャスト　　③　ブロードキャスト

（5） IPv6 アドレスの表記は， (オ) ずつ 8 ブロックに分け，各ブロックを16進数で表示し，
　　各ブロックをコロン（：）で区切る。 （5点）

> ①　32ビットを 4 ビット　　②　64ビットを 8 ビット
> ③　128ビットを16ビット

第3問　次の各文章の □□□□□ 内に，それぞれの ┌┈┈┐ の解答群の中から最も適したものを選び，そ
　　の番号を記せ。 （小計25点）

（1）　考えられる全ての暗号鍵や文字の組合せを試みることにより，暗号の解読やパスワードの解
　　　析を実行する手法は，一般に， (ア) 攻撃といわれる。 （5点）

> ①　バッファオーバフロー　　②　DDoS　　③　ブルートフォース

（3）　正しいものは①。

① レイヤ1（物理層）についての記述であり，正しい。

② レイヤ3（ネットワーク層）についての記述なので，誤りである。

③ レイヤ2（データリンク層）についての記述なので，誤りである。

📖 P.104
①OSI 参照モデル

（4）　IPv4 において，複数のホストで構成される特定のグループに対して，1回で送信を行う方式は**マルチキャスト**である。マルチキャスト通信はマルチキャストアドレスを用いてグループ内のすべての端末に送信する。

（5）　IPv6 アドレスは128ビットで構成されており，この128ビットを16ビットずつ8 ブロックに分け，各ブロックを16進数で表示し，各ブロックをコロン（：）で区切って，次のように表記している。　（例）2001：AB8：0：0：8：800：200C：123D

📖 P.120
①IPv6 アドレス

解答
第2問
（3）　（ウ）　①
（4）　（エ）　②
（5）　（オ）　③

第3問の解説・解答

（1）　パスワードの解析や暗号の解読をする手法に辞書攻撃やブルートフォース攻撃がある。辞書にある単語だけでなく，文字・数字・記号など考えられるすべての組合せや考えられるすべての暗号鍵を試みる手法は，**ブルートフォース攻撃**である。

📖 P.128
●なりすましや不正アクセス…

解答
第3問
（1）　（ア）　③

（2）　ウイルス感染及び感染防止対策について述べた次の二つの記述は，　（イ）　。　　　（5点）

　A　インターネットからダウンロードしたファイルを実行するとウイルスに感染するおそれがあるが，Webページを閲覧しただけではウイルスに感染することはない。

　B　OSやアプリケーションを最新の状態にするために，アップデートを行うことはウイルス感染防止対策として有効である。

---

　　①　Aのみ正しい　　　②　Bのみ正しい　　　③　AもBも正しい　　　④　AもBも正しくない

（3）　スイッチングハブのフレーム転送方式におけるストアアンドフォワード方式について述べた次の記述のうち，正しいものは，　（ウ）　である。　　　（5点）

---

　　①　有効フレームの先頭からFCSまでを受信した後，異常がなければフレームを転送する。

　　②　有効フレームの先頭から64バイトまでを受信した後，異常がなければフレームを転送する。

　　③　有効フレームの先頭から宛先アドレスの6バイトまでを受信した後，フレームが入力ポートで完全に受信される前に，フレームを転送する。

（4）　ルータは，OSI参照モデル（7階層モデル）における　（エ）　層が提供する機能を利用して，異なるLAN相互を接続することができる。　　　（5点）

---

　　①　トランスポート　　　②　データリンク　　　③　ネットワーク

（5）　IETFのRFC4443として標準化されたICMPv6のICMPv6メッセージには，大きく分けて　（オ）　メッセージと情報メッセージの2種類がある。　　　（5点）

---

　　①　PTP　　　②　エラー　　　③　転送

（2）　②　Bのみ正しい。

A　Webページを閲覧しただけでもウイルスに感染することがあるので，記述は誤りである。

B　正しい記述である。

（3）　正しいものは①。

①　ストアアンドフォワード方式についての記述なので，正しい。

②　フラグメントフリー方式についての記述なので，誤りである。

③　カットアンドスルー方式についての記述なので，誤りである。

☜ P.100
④スイッチングハブ

（4）　ルータは，OSI参照モデル第3層のネットワーク層の機能を利用して，異なるLAN間相互を接続する装置である。

☜ P.100
⑤ルータ

（5）　ICMPv6（Internet Control Message Protocol for IPv6）はIPv6に不可欠なプロトコルであり，宛先到達不能（Destination Unreachable）などのエラーメッセージとエコー要求（Echo Request）などの情報メッセージと2種類がある。

☜ P.120
④ICMPv6

解答
第3問
（2）（イ）②
（3）（ウ）①
（4）（エ）③
（5）（オ）②

第4問　次の各文章の□□□□□内に，それぞれの□□□□□の解答群の中から最も適したものを選び，その番号を記せ。　　　　　　　　　　　　　　　　　　　　　　　　　　　　（小計25点）

（1）　シングルモード光ファイバでは，コアとクラッドの屈折率を比較すると，　(ア)　となっている。　　　　　　　　　　　　　　　　　　　　　　　　　　　　　　　　　　　　（5点）

> ①　コアがクラッドより僅かに小さい値
> ②　コアがクラッドより僅かに大きい値
> ③　コアとクラッドが全く同じ値

（2）　光ファイバの接続について述べた次の二つの記述は，　(イ)　。　　　　（5点）
　A　メカニカルスプライス接続は，Ｖ溝により光ファイバどうしを軸合わせして接続する方法を用いており，接続工具には電源を必要としない。
　B　コネクタ接続は，光コネクタにより光ファイバを機械的に接続する接続部に接合剤を使用するため，再接続できない。

> ①　Ａのみ正しい　　②　Ｂのみ正しい　　③　ＡもＢも正しい　　④　ＡもＢも正しくない

（3）　1000BASE-T イーサネットの LAN 配線工事では，一般に，カテゴリ　(ウ)　以上の UTP ケーブルの使用が推奨されている。　　　　　　　　　　　　　　　　　　　　　　　　（5点）

> ①　5e　　②　6　　③　6A

第4問の解説・解答

（1）　シングルモード光ファイバのコアとクラッドの屈折率は，**コアがクラッドより
僅かに大きい値**である。また，ステップインデックス型やグレーデットインデッ
クス型のマルチモード光ファイバの屈折率もコアがクラッドより僅かに大きい値
である。

☞ P.138
(1)光ファイバケーブ
ル

（2）　①　Aのみ正しい。

A　正しい記述である。

B　コネクタ接続は光コネクタを用いて機械的に接続する方法で，接続替えが行
われる個所など用いられ，接合剤を使用しないので再接続が可能である。した
がって，記述は誤りである。

☞ P.142
A：●メカニカルスプ
ライス接続は…
B：●…コネクタ接続
は…

（3）　1000BASE-T イーサネットの LAN 配線工事では，一般にカテゴリ 5e 以上の
UTP ケーブルの使用が推奨されている。カテゴリ 5e は ANSI（アメリカ規格協
会）が定めた ANSI/TIA/EIA の規格であり，JIS のカテゴリ 5 に相当するケー
ブルである。

解答
第4問
（1）　（ア）　②
（2）　（イ）　①
（3）　（ウ）　①

（４）　UTP ケーブルへのコネクタ成端時における結線の配列誤りには，　(エ)　，クロスペア，リバースペアなどがあり，このような配線誤りの有無を確認する試験は，一般に，ワイヤマップ試験といわれる。　　　　　　　　　　　　　　　　　　　　　　　　　　　　（5点）

---
①　ツイストペア　　②　スプリットペア　　③　ショートリンク

（５）　無線 LAN の構築において，IEEE802.　(オ)　規格の機器を用いると，電子レンジなど ISM バンドを使用する機器からの電波干渉を避けることができる。　　　　　　（5点）

---
①　11b　　②　11g　　③　11ac

（4） UTPケーブルへのコネクタ成端時における結線の配列誤りには，**スプリット ペア**，**クロスペア**，**リバースペア**などがある。

🔖 P.148
(1)ワイヤマップ試験

（5） 無線LANには2.4GHz帯，5GHz帯，60GHz帯の規格があり，IEEE802.11b や11gは2.4GHz帯を使用している。2.4GHz帯はISM(Industry Science Medical：産業・科学・医療)バンドを使用しているので，電子レンジなどISM 機器との電波干渉によるスループットの低下が考えられるが，IEEE802.11ac は 5GHz帯を使用しているので，ISM機器からの電波干渉を避けることができる。

技術科目 最新試験問題 2019年秋（11月24日）実施

解答
第4問
（4）（エ）②
（5）（オ）③

第1問　次の各文章の　　　　内に，それぞれの　　　　の解答群の中から，「電気通信事業法」又は「電気通信事業法施行規則」に規定する内容に照らして最も適したものを選び，その番号を記せ。

(小計25点)

（1）　電気通信事業法又は電気通信事業法施行規則に規定する用語について述べた次の文章のうち，<u>誤っている</u>ものは，　(ア)　である。　　　　　　　　　　　　　　　（5点）

> ①　電気通信設備とは，電気通信を行うための機械，器具，線路その他の電気的設備をいう。
>
> ②　端末設備とは，電気通信回線設備の一端に接続される電気通信設備であって，一の部分の設置の場所が他の部分の設置の場所と同一の構内（これに準ずる区域内を含む。）又は同一の建物内であるものをいう。
>
> ③　端末系伝送路設備とは，端末設備又は事業用電気通信設備と接続される伝送路設備をいう。

（2）　電気通信事業法に規定する「利用の公平」，「秘密の保護」又は「検閲の禁止」について述べた次の文章のうち，正しいものは，　(イ)　である。　　　　　　　　　　　　　（5点）

> ①　電気通信事業者は，電気通信役務の提供について，不当な差別的取扱いをしてはならない。
>
> ②　電気通信事業に従事する者は，在職中電気通信事業者の取扱中に係る通信に関して知り得た人命に関する情報は，警察機関等に通知し，これを秘匿しなければならない。その職を退いた後においても，同様とする。
>
> ③　電気通信事業者の取扱中に係る通信は，犯罪捜査に必要であると総務大臣が認めた場合を除き，検閲してはならない。

（3）　電気通信事業法は，電気通信事業の公共性にかんがみ，その運営を適正かつ合理的なものとするとともに，その公正な競争を促進することにより，電気通信役務の円滑な提供を確保するとともにその利用者の　(ウ)　を保護し，もって電気通信の健全な発達及び国民の利便の確保を図り，公共の福祉を増進することを目的とする。　　　　　　　　　　　　　　　（5点）

> ①　権　利　　②　利　益　　③　秘　密

2019年秋（11月24日）実施
端末設備の接続に関する法規　解説・解答

第1問の解説・解答

（1）　誤っているものは③。

① 電気通信事業法（以下，法という）第2条第二号の規定に照らして，正しい。

② 法第52条第1項の規定に照らして，正しい。

③ 法施行規則第3条第1項第一号の規定から「端末系伝送路設備とは，端末設備又は事業用電気通信設備と接続される伝送路設備をいう。」のうち，下線部分が誤り。正しくは「自営」。

（2）　正しいものは①。

① 法第6条の規定に照らして，正しい。

② 法第4条第2項の規定から「電気通信事業に従事する者は，在職中電気通信事業者の取扱中に係る通信に関して知り得た人命に関する情報は，警察機関等に通知し，これを秘匿しなければならない。その職を退いた後においても，同様とする。」のうち，下線部分が誤り。正しくは「他人の通信の秘密を守ら」。

③ 法第3条の規定から「電気通信事業者の取扱中に係る通信は，犯罪捜査に必要であると総務大臣が認めた場合を除き，検閲してはならない。」のうち，下線の部分は規定にないので，誤りである。

（3）　法第1条の規定から，答は②利益。

📖 P.154
①：法第2条第二号
📖 P.160
②：同第52条第1項
📖 P.158
③：法施行規則第3条第1項第一号

📖 P.156
①：法第6条
②：法第4条第2項
📖 P.154
③：法第3条

📖 P.154
法第1条

解答
第1問
（1）（ア）③
（2）（イ）①
（3）（ウ）②

（4）　登録認定機関による技術基準適合認定を受けた端末機器であって電気通信事業法の規定により表示が付されているものが総務省令で定める技術基準に適合していない場合において，総務大臣が電気通信回線設備を利用する他の利用者の　（エ）　の発生を防止するため特に必要があると認めるときは，当該端末機器は，同法の規定による表示が付されていないものとみなす。（5点）

> ①　電気通信設備への損傷　　②　通信への妨害　　③　端末設備との間で鳴音

（5）　電気通信事業者は，電気通信回線設備を設置する電気通信事業者以外の者からその電気通信設備（端末設備以外のものに限る。以下「自営電気通信設備」という。）をその電気通信回線設備に接続すべき旨の請求を受けたとき，その自営電気通信設備の接続が，総務省令で定める技術基準に適合しないときは，その　（オ）　ことができる。（5点）

> ①　設備を検査する　　②　仕様の改善を指示する　　③　請求を拒む

第2問　次の各文章の　　　　　内に，それぞれの　　　　　の解答群の中から，「工事担任者規則」，「端末機器の技術基準適合認定等に関する規則」，「有線電気通信法」，「有線電気通信設備令」又は「不正アクセス行為の禁止等に関する法律」に規定する内容に照らして最も適したものを選び，その番号を記せ。　　　　　　　　　　　　　　　　　　　　　　　　　　　　　　（小計25点）

（1）　工事担任者規則に規定する「資格者証の種類及び工事の範囲」について述べた次の文章のうち，誤っているものは，　（ア）　である。　　　　　　　　　　　　　　　　（5点）

> ①　DD第二種工事担任者は，デジタル伝送路設備に端末設備等を接続するための工事のうち，接続点におけるデジタル信号の入出力速度が毎秒100メガビット（主としてインターネットに接続するための回線にあっては，毎秒1ギガビット）以下のものに限る工事を行い，又は監督することができる。ただし，総合デジタル通信用設備に端末設備等を接続するための工事を除く。
> ②　DD第三種工事担任者は，デジタル伝送路設備に端末設備等を接続するための工事のうち，接続点におけるデジタル信号の入出力速度が毎秒1ギガビット以下であって，主としてインターネットに接続するための回線に係るものに限る工事を行い，又は監督することができる。ただし，総合デジタル通信用設備に端末設備等を接続するための工事を除く。
> ③　AI第三種工事担任者は，アナログ伝送路設備に端末設備を接続するための工事のうち，端末設備に収容される電気通信回線の数が1のものに限る工事を行い，又は監督することができる。また，総合デジタル通信用設備に端末設備を接続するための工事のうち，総合デジタル通信回線の数が毎秒64キロビット換算で1のものに限る工事を行い，又は監督することができる。

（4）　法第55条第1項の規定から，答は②通信への妨害。

📖 P.162
法第55条第1項

（5）　法第70条第1項第一号の規定から，答は③請求を拒む。

📖 P.164
法第70条第1項第一号

解答
第1問
（4）（エ）②
（5）（オ）③

第2問の解説・解答

（1）　誤っているものは③。

　①②　工事担任者規則第4条の規定のとおりで，いずれも正しい。

　③　同第4条の規定から「AI第三種工事担任者は，アナログ伝送路設備に端末設備を接続するための工事…。また，総合デジタル通信用設備に端末設備を接続するための工事のうち，総合デジタル通信回線の数が<u>毎秒64キロビット換算</u>で1のものに限る工事を行い，又は監督することができる。」のうち，下線部分が誤り。正しくは「**基本インタフェース**」。

📖 P.170
工担規則第4条

解答
第2問
（1）（ア）③

（2）　端末機器の技術基準適合認定等に関する規則において，[　（イ）　]に接続される端末機器に表示される技術基準適合認定番号の最初の文字は，Ｄと規定されている。　　　　　　　　（5点）

> ①　専用通信回線設備　　②　総合デジタル通信用設備　　③　アナログ電話用設備

（3）　有線電気通信法の「技術基準」において，有線電気通信設備（政令で定めるものを除く。）の技術基準により確保されるべき事項の一つとして，有線電気通信設備は，人体に危害を及ぼし，又は[　（ウ）　]ようにすることが規定されている。　　　　　　　　　　　　　　　　（5点）

> ①　通信の秘密を侵さない　　②　物件に損傷を与えない
> ③　利用者の利益を阻害しない

（4）　有線電気通信設備令に規定する用語について述べた次の文章のうち，正しいものは，[　（エ）　]である。　　　　　　　　　　　　　　　　　　　　　　　　　　　　　　（5点）

> ①　絶縁電線とは，絶縁物又は保護物で被覆されている電線をいう。
> ②　ケーブルとは，絶縁物のみで被覆されている光ファイバ以外の電線をいう。
> ③　強電流電線とは，強電流電気の伝送を行うための導体（絶縁物又は保護物で被覆されている場合は，これらの物を含む。）をいう。

（5）　不正アクセス行為の禁止等に関する法律は，不正アクセス行為を禁止するとともに，これについての罰則及びその再発防止のための都道府県公安委員会による援助措置等を定めることにより，電気通信回線を通じて行われる電子計算機に係る犯罪の防止及びアクセス制御機能により実現される電気通信に関する[　（オ）　]を図り，もって高度情報通信社会の健全な発展に寄与することを目的とする。　　　　　　　　　　　　　　　　　　　　　　　　　　　　　　（5点）

> ①　安全の確保　　②　秩序の維持　　③　公正な競争

（2）　端末機器の技術基準適合認定等に関する規則様式第七号の規定から，答は①専
　　用通信回線設備。

P.176
適合認定等規則様式第
七号表

（3）　有線電気通信法第5条第2項第二号の規定から，答は②物件に損傷を与えな
　　い。

P.178
有線法第5条第2項第
二号

（4）　正しいものは③。
　　①　有線電気通信設備令第1条第二号の規定から，「絶縁電線とは，絶縁物又は
　　　保護物で被覆されている電線をいう。」のうち，下線部分が誤り。正しくは「絶
　　　縁物のみ」。
　　②　同第三号の規定から「ケーブルとは，絶縁物のみで被覆されている光ファイ
　　　バ以外の電線をいう。」のうち，下線部分が誤り。正しくは「光ファイバ並びに
　　　光ファイバ以外の絶縁物及び保護物」。
　　③　同第四号の規定に照らして，正しい。

P.180
①：設備令第1条第二
号
②：同第三号
③：同第四号

（5）　不正アクセス行為の禁止等に関する法律第1条の規定から，答は②秩序の維
　　持。

P.182
不正アクセス禁止法第
1条

法規科目　最新試験問題　2019年秋（11月24日）実施

解答
第2問
（2）　（イ）　①
（3）　（ウ）　②
（4）　（エ）　③
（5）　（オ）　②

第3問　次の各文章の　　　　　内に，それぞれの　　　　　の解答群の中から，「端末設備等規則」に規定する内容に照らして最も適したものを選び，その番号を記せ。　　　　　　　　　　　（小計25点）

（1）　用語について述べた次の文章のうち，<u>誤っているもの</u>は，　(ア)　である。　　　（5点）

> ①　アナログ電話用設備とは，電話用設備であって，端末設備又は自営電気通信設備を接続する点においてアナログ信号を入出力とするものをいう。
> ②　デジタルデータ伝送用設備とは，電気通信事業の用に供する電気通信回線設備であって，デジタル方式により，専ら符号又は影像の伝送交換を目的とする電気通信役務の用に供するものをいう。
> ③　インターネットプロトコル移動電話端末とは，端末設備であって，インターネットプロトコル移動電話用設備又はデジタルデータ伝送用設備に接続されるものをいう。

（2）　責任の分界又は安全性等について述べた次の文章のうち，正しいものは，　(イ)　である。
　　（5点）

> ①　利用者の接続する端末設備は，事業用電気通信設備との責任の分界を明確にするため，事業用電気通信設備との間に分界点を有しなければならない。
> ②　端末設備は，事業用電気通信設備との間で側音（電気的又は音響的結合により生ずる発振状態をいう。）を発生することを防止するために総務大臣が別に告示する条件を満たすものでなければならない。
> ③　通話機能を有する端末設備は，通話中に受話器から過大な誘導雑音が発生することを防止する機能を備えなければならない。

（3）　直流回路とは，端末設備又は自営電気通信設備を接続する点において2線式の接続形式を有するアナログ電話用設備に接続して電気通信事業者の　(ウ)　の動作の開始及び終了の制御を行うための回路をいう。　　　　　　　　　　　　　　　　　　　　　　　　　　　　　　（5点）

> ①　伝送設備　　②　回線設備　　③　交換設備

第3問の解説・解答

（1） 誤っているものは③。

① 端末設備等規則第2条第2項第二号の規定に照らして，正しい。

② 同第十五号の規定に照らして，正しい。

③ 同第九号の規定から「インターネットプロトコル移動電話端末とは，端末設備であって，インターネットプロトコル移動電話用設備又はデジタルデータ伝送用設備に接続されるものをいう。」のうち下線の部分は規定にないので，誤りである。

☞ P.188
①：端末設備等規則第2条第2項第二号
☞ P.190
②：同第十五号
☞ P.188
③：同第九号

（2） 正しいものは①。

① 端末設備等規則第3条第1項の規定に照らして，正しい。

② 同第5条の規定から「端末設備は，事業用電気通信設備との間で<u>側音</u>（電気的又は音響的結合により生ずる発振状態をいう。）を発生することを防止…」のうち，下線部分が誤り。正しくは「鳴音」。

③ 同第7条の規定から「通話機能を有する端末設備は，通話中に受話器から過大な<u>誘導雑音</u>が発生することを防止…」のうち，下線部分が誤り。正しくは音響衝撃。

☞ P.190
①：端末設備等規則第3条第1項
②：同第5条
☞ P.192
③：同第7条

（3） 端末設備等規則第2条第2項第二十号の規定から，答は③交換設備。

☞ P.190
端末設備等規則第2条第2項第二十号

解答
第3問
（1） （ア） ③
（2） （イ） ①
（3） （ウ） ③

（4）　「絶縁抵抗等」について述べた次の二つの文章は，　(エ)　。　　　　　　　　　（5点）

　　A　端末設備の機器の金属製の台及び筐体は，接地抵抗が10オーム以下となるように接地しなければならない。ただし，安全な場所に危険のないように設置する場合にあっては，この限りでない。

　　B　端末設備の機器は，その電源回路と筐体及びその電源回路と事業用電気通信設備との間において，使用電圧が300ボルト以下の場合にあっては，0.2メガオーム以上の絶縁抵抗を有しなければならない。

　　　①　Aのみ正しい　　②　Bのみ正しい　　③　AもBも正しい　　④　AもBも正しくない

（5）　「絶縁抵抗等」において，端末設備の機器は，その電源回路と筐体及びその電源回路と事業用電気通信設備との間において，使用電圧が750ボルトを超える直流及び600ボルトを超える交流の場合にあっては，その使用電圧の1.5倍の電圧を連続して　(オ)　分間加えたときこれに耐える絶縁耐力を有しなければならないと規定されている。　　　　　　　　　（5点）

　　　①　3　　②　10　　③　15

第4問　次の各文章の　　　　　内に，それぞれの　　　　　の解答群の中から，「端末設備等規則」に規定する内容に照らして最も適したものを選び，その番号を記せ。　　　　　　（小計25点）

（1）　専用通信回線設備等端末は，　(ア)　に対して直流の電圧を加えるものであってはならない。ただし，総務大臣が別に告示する条件において直流重畳が認められる場合にあっては，この限りでない。　　　　　　　　　（5点）

　　　①　配線設備　　②　他の端末設備　　③　電気通信回線

（2）　アナログ電話端末の「選択信号の条件」における押しボタンダイヤル信号について述べた次の文章のうち，正しいものは，　(イ)　である。　　　　　　　　　（5点）

　　　①　周期とは，信号送出時間と信号受信時間の和をいう。
　　　②　高群周波数は，1,200ヘルツから1,700ヘルツまでの範囲内における特定の四つの周波数で規定されている。
　　　③　ミニマムポーズとは，隣接する信号間の休止時間の最大値をいう。

（4） ②Bのみ正しい。

    A　端末設備等規則第6条第2項の規定から「端末設備の機器の金属製の台及び筐体は，接地抵抗が<u>10</u>オーム以下となるように接地しなければならない。…」のうち，下線部分が誤り。正しくは「100」。

    B　同第1項第一号の規定に照らして，正しい。

☞ P.192
端末設備等規則第6条
　第2項
同第1項第一号

（5）　端末設備等規則第6条第1項第二号の規定から，答は②10。

☞ P.192
端末設備等規則第6条
　第1項第二号

解答

第3問
（4）（エ）②
（5）（オ）②

第4問の解説・解答

（1）　端末設備等規則第34条の8第2項の規定から，答は③電気通信回線。

☞ P.202
端末設備等規則第34条
　の8第2項

（2）　正しいものは②。

    ①　端末設備等規則別表第二号の規定から「周期とは，信号送出時間と<u>信号受信時間</u>の和をいう。」のうち，下線部分が誤り。正しくは「ミニマムポーズ」。

    ②　同表の規定に照らして，正しい。

    ③　同表の規定から「ミニマムポーズとは，隣接する信号間の休止時間の<u>最大値</u>をいう」のうち，下線部分が誤り。正しくは「最小値」。

☞ P.196
端末設備等規則別表第
　二号

解答

第4問
（1）（ア）③
（2）（イ）②

（3）「端末設備内において電波を使用する端末設備」について述べた次の二つの文章は，
　　　　（ウ）　。　　　　　　　　　　　　　　　　　　　　　　　　　　　　　　（5点）

　A　総務大臣が別に告示する条件に適合する識別符号（端末設備に使用される無線設備を識別す
　　るための符号であって，通信路の設定に当たってその照合が行われるものをいう。）を有するこ
　　と。
　B　使用される無線設備は，一の筐体に収められており，かつ，容易に分解することができない
　　こと。ただし，総務大臣が別に告示するものについては，この限りでない。

　　　①　Aのみ正しい　　　②　Bのみ正しい　　　③　AもBも正しい　　　④　AもBも正しくない

（4）　移動電話端末は，発信に際して相手の端末設備からの応答を自動的に確認する場合にあって
　　は，電気通信回線からの応答が確認できない場合　（エ）　後1分以内にチャネルを切断する信
　　号を送出し，送信を停止するものでなければならない。　　　　　　　　　　　（5点）

　　　　　①　通信路設定完了　　　②　選択信号送出終了　　　③　周波数捕捉完了

（5）　インターネットプロトコル電話端末の「基本的機能」又は「発信の機能」について述べた次の文
　　章のうち，誤っているものは，　（オ）　である。　　　　　　　　　　　　　（5点）

　　　①　発信又は応答を行う場合にあっては，呼の設定を行うためのメッセージ又は当該メッ
　　　　セージに対応するためのメッセージを送出するものであること。
　　　②　通信を終了する場合にあっては，呼の切断，解放若しくは取消しを行うためのメッセー
　　　　ジ又は当該メッセージに対応するためのメッセージを送出するものであること。
　　　③　自動再発信を行う場合（自動再発信の回数が15回以内の場合を除く。）にあっては，そ
　　　　の回数は最初の発信から2分間に3回以内であること。この場合において，最初の発信
　　　　から2分を超えて行われる発信は，別の発信とみなす。
　　　　　なお，この規定は，火災，盗難その他の非常の場合にあっては，適用しない。

（3）　①Aのみ正しい。

　A　端末設備等規則第9条第一号の規定に照らして，正しい。

　B　同第三号の規定から「使用される無線設備は，一の筐体に収められており，かつ，容易に<u>分解</u>することができないこと。…」のうち，下線部分が誤り。正しくは「開ける」。

📖 P.192
端末設備等規則第9条
　第一号
📖 P.194
同第三号

（4）　端末設備等規則第18条第一号の規定から，答は②選択信号送出終了。

📖 P.198
端末設備等規則第18条
　第一号

（5）　誤っているものは③。

　①②　端末設備等規則第32条の2第一号，同第二号の規定に照らして，正しい。

　③　第32条の3第二号の規定から「自動再発信を行う場合(……)にあっては，その回数は最初の発信から<u>2分間に3回</u>以内であること。…最初の発信から<u>2分</u>を超えて行われる発信は，別の発信とみなす。」のうち，下線部分が誤り。正しくは「3分間に2回，3分」。

📖 P.198
①：端末設備等規則第
　32条の2第一号
②：同第二号
③：同第32条の3第二
　号

解答
第4問
（3）（ウ）①
（4）（エ）②
（5）（オ）③

電気通信工事担任者の会

〒170-0002
　東京都豊島区巣鴨1-48-3　白石ビル3F
　URL　http://www.koutankai.gr.jp

主な事業

◎工事担任者資格ならびに電気通信主任技術者資格取得のた
　めの受験対策セミナーの実施。
　・個別企業セミナー（全国）
　・オープンセミナー（関東地方）
◎工事担任者資格ならびに電気通信主任技術者資格取得のた
　めの書籍の販売とそれに付随した相談の実施。

工事担任者試験

DD3種受験マニュアル　2020年版

～受験の手続きから合格まで～　　　　　Ⓒ 電気通信工事担任者の会　2020

2020年2月20日　第1版第1刷発行

編　者　電気通信工事担任者の会
発行者　平 山　　勉
発行所　株式会社　電波新聞社
〒141-8715 東京都品川区東五反田1-11-15
電話　03-3445-8201 販売管理部
振替　東京00150-3-51961
URL　http://www.dempa.co.jp/

編集・DTP　株式会社　タイプアンドたいぽ
印刷所　　　奥村印刷株式会社
製本所　　　株式会社　堅省堂

Printed in Japan　　ISBN978-4-86406-040-0　　落丁・乱丁本はお取替えいたします
　　　　　　　　　　　　　　　　　　　　　　　定価はカバーに表示してあります